U0182006

计算光学显微成像丛书

Computational Light Microscopy Series

光强传输方程

Transport of Intensity Equation

陈　钱　左　超　著

科学出版社

北　京

内 容 简 介

本书为"计算光学显微成像丛书"的第二分册,深入系统地阐述了基于光强传输方程的非干涉相位复原及定量相位显微成像的关键基础理论与关键技术。从光强传输方程的基本原理、方程求解、光强轴向微分的差分估计、部分相干成像等几个方面介绍了其在光学成像领域,特别是定量相位显微领域的研究现状与最新进展,并对其现存问题进行了简述,对今后的研究方向给予了建议。

本书可作为高等学校光电、计算机、自动化等专业的研究生、高年级本科生的教材,同时也可供光学信息处理、显微学与生物医学光学相关领域的研究人员学习与参考。

图书在版编目(CIP)数据

光强传输方程 / 陈钱,左超著. —北京:科学出版社,2022.5

(计算光学显微成像丛书)

ISBN 978-7-03-072212-6

Ⅰ.①光… Ⅱ.①陈… ②左… Ⅲ.①电子显微术—研究 Ⅳ.①TN27

中国版本图书馆 CIP 数据核字(2022)第 079099 号

责任编辑:李涪汁 / 责任校对:杨聪敏
责任印制:赵 博 / 封面设计:许 瑞

科 学 出 版 社 出版

北京东黄城根北街 16 号
邮政编码:100717
http://www.sciencep.com

北京中科印刷有限公司印刷
科学出版社发行 各地新华书店经销

*

2022 年 5 月第 一 版 开本:720 × 1000 1/16
2025 年 2 月第三次印刷 印张:16 1/2
字数:355 000

定价:179.00 元

(如有印装质量问题,我社负责调换)

丛 书 序

　　判天地之美，析万物之理。探索微观世界的奥秘是人类前赴后继的追求。自400多年前显微镜问世以来，光学显微技术经历了不断的革新。显微镜以越来越高的分辨率与成像质量，引导人类向无尽的微观世界发起无穷的探索。它已经从安东尼·范·列文虎克时代简单的单透镜装置，发展成为一种极为重要且精密的观察与计量科学仪器，广泛地应用于生物、化学、物理、冶金、酿造、医学等各种科研活动，对人类的发展做出了卓越的贡献。特别是在生命科学领域，光学显微技术引领着人类打开微生物世界的大门，为生命科学研究与现代临床疾病诊断提供有力的影像学依据，成为推动生命科学和基础医学进步不可或缺的工具。

　　一个典型的现代光学显微系统主要由照明系统、样品系统、成像系统、光探测器四部分构成。照明光照射样品并与其发生作用(如吸收、反射、散射、激发荧光等)，成像系统将样品透射/反射/散射/激发的光场收集并聚焦在光探测器表面，光探测器像素和样品之间通过建立一种直接的一一对应关系来获取图像，光场的强度由光探测器离散采集并经过图像处理器数字化处理后形成计算机可显示的图像。这种"所见即所得"的成像方式受强度成像机理、探测器技术水平、光学系统设计、成像衍射极限等因素限制，以及受单视角、相位丢失、光谱积分、二维平面成像等因素的制约，导致高维度样品信息的缺失或丢失。但随着基于大数据、人工智能的"智能制造""智能诊疗"时代的来临，人们不再满足于单一定性的强度图像，开始逐渐关注显微成像的定量化、多维度、高分辨、高通量、多模态以及实时性，从而从多方面最大化地获取反映观测样品本质的物理/生化参量。例如，我们一方面需要显微成像系统能够对无色透明的生物细胞组织实现无标记、多维度、高分辨、宽视场成像观察，另一方面需要显微成像系统能够小型化、便携式，以满足当今迅速增长的即时检验与远程医疗的应用需求。采用传统光学成像系统设计思路想要获得成像性能的少量提升，通常意味着硬件成本的急剧增加，甚至难以实现工程化应用。当前光学系统设计与加工工艺均已趋于成熟，光探测器规模尺寸、像元大小、响应灵敏度等已接近物理极限，单纯依靠硬件水平提升很难满足这些极具挑战性的需求。因此，迫切需要引入新概念、新机理、新理论对显微成像技术与系统进行变革，在此背景下诞生了"计算光学显微成像"这一全新的成像理论。

　　"计算光学显微成像"是近十年来出现的一个新术语。它可以被视为"计算成像"(computational imaging)的一个分支，也可以理解为"计算成像"技术在光学显微镜领域的延伸和应用。计算成像是于 20 世纪 90 年代中期，随着成像电子学的发展，计算机数据处理能力的增强，在光场调控、孔径编码、压缩感知、全息成像等光电信息处理技术取得了重大进展的大背景下，光学成像领域和计算机视觉领域的研究人员不约而同地探索出的一种新型成像模式。计算成像将光学调控与信息处理有机结合，为突破传统成像系统中的诸多限制性因素提供了新手段与新思路。对于"计算成像"，目前国际上并没有清晰的界定和严格的定义。目前普遍被接受的一种说法是：计算成像是通过光学系统和信号处理的有机结合与联合优化来实现特定的成像系统特性，它所得到的图像或信息是二者简单相加所不能达到的。它可以摆脱传统成像系统的限制，并且能够创造新颖的图像应用。计算成像技术的实现方法与传统成像技术有着实质上的差别，给光学成像领域注入了新的活力。21 世纪初，计算成像技术在斯坦福大学、麻省理工学院、哥伦比亚大学、杜克大学、南加州大学、微软研究院等国际著名大学和研究机构的研究学者的推动下得以迅猛发展，发展了波前编码成像、光场成像、时间编码成像、孔径编码成像、偏振成像、高光谱成像、单像素成像、结构光三维成像、数字全息成像、无透镜成像、定量相位成像、衍射层析成像、穿透散射介质成像等一系列计算光学成像的新概念与新体制。近年来，光学成像技术的发展已经由传统的强度、彩色成像发展进入计算光学成像时代。通过将光学系统的信息获取能力与计算机的信息处理能力相结合，实现相位、光谱、偏振、光场、相干度、折射率、三维形貌等高维度视觉信息的高性能、全方位采集。

　　将"计算成像"的思想应用于光学显微成像中，便有了"计算光学显微成像"。与传统光学显微成像技术"先成像，后处理"的成像方式截然不同，计算光学显微成像采用的是"先调制，再拍摄，最后解调"的成像方式。其将光学系统(照明、光学器件、光探测器)与数字图像处理算法作为一个整体考虑，并在设计时一同进行综合优化。前端成像元件与后端数据处理二者相辅相成，构成一种"混合光学-数字计算成像系统"。不同于传统光学显微成像的"所见即所得"，计算光学显微成像通过对照明与成像系统人为引入可控的编码或者"扭曲"(如结构照明，孔径编码，传递函数调制，探测器可控位移等)并作为先验知识，目的是将物体或者场景更多的本质信息调制到传感器所能拍摄到的原始图像(又被称作中间像，intermediate image，因为该图像往往无法直接使用或观测)信号中。在解调阶段，基于几何光学、波动光学等理论通过对场景目标经光学系统成像再到探测器这一完整图像生成过程建立精确的正向数学模型，再经求解该正向成像模型的"逆问题"，以计算重构(如相干解调，相位复原，光场调控，压缩感知，单像素重建，反卷积，最优化重建)的方式来获得场景目标的高质量的图像或者所感兴趣的其他物理信息。正如其名，"计算光学显微成像"中的图像并不是直接拍摄到的，而是计算出来的。这种计算成像方法实质上就是在样品和图像之间建立了某种特定的联系，这种联系可以是线性的也可以是非线性的，可以突破一一对应的直接采样形式，实现非直接的采样形式，使得采样形式更加灵活，更能充分发挥不同传感器的特点与性能。这种新型的成像方式将有望改变成像系统获取信息方式，赋予其诸多传统光学显微成像技术难以获得的革命性的优势，例如，提高成像质量(信噪比、对比度、动态范围)，简化成像系统(无透镜，缩小体积，降低成本)，突破光学系统与图像采集设备的物理限制(衍射极限，采样极限，成像维度、分辨率、视场尺寸)，使显微成像系统在信息获取能力、功能、性能指标(相位，相干度，三维形貌，景深延拓，模糊复原，重聚焦，改变视角)等方面获得显著提升，最终实现显微成像设备的高性能、小型化、智能化。

近年来，计算光学显微成像也已逐步进入了我国光学成像、光学测量、光信息学计算机视觉以及生物医学光子学领域科研人员的视野，在光学信息获取与处理领域占据了越来越重要的地位。如果读者您曾阅读过一些中文书籍或综述文章，可能会对如下的字眼感到无比熟悉："国内该领域的研究起步较晚，到目前为止研究水平与欧美发达国家相比还存在一定差距……"这里笔者认为这句话只说对了前一半。近五年来，以"计算光学显微成像"为议题的国际会议与专题研讨会在国内也逐步兴起。国内包括南京理工大学在内的众多高校与科研院所，如清华大学、浙江大学、北京航空航天大学、北京理工大学、西北工业大学、南京大学、西安电子科技大学、暨南大学、山东大学、天津大学、上海大学、中国科学院上海光学精密机械研究所、中国科学院西安光学精密机械研究所、中国科学院光电研究院等均已成立计算光学成像实验室或研究课题组，对该方向开展了针对性的研究工作，已进入"百花齐放、百家争鸣"的繁荣阶段，在压缩感知、单像素成像、光场成像、数字全息、光谱成像、相位成像、穿透散射介质成像等领域取得了一系列媲美国际同行的重要研究成果。

作为本丛书的作者，我们南京理工大学"智能计算成像"研究团队从事计算光学显微成像的研究已有近十年之久，针对计算显微成像所涵盖的若干关键方法与技术，包括数字全息显微成像、基于光强传输方程的非干涉相位成像、迭代法相位复原方法、三维荧光反卷积成像、衍射层析成像、叠层成像与傅里叶叠层成像技术等进行了深入系统的研究工作。建立了部分相干光场下的广义光强传输方程，形成了"非干涉定量相位测量"理论与方法，为定量相位成像由"干涉"走向"非干涉"奠定了理论基础。研制出世界上首台非干涉、多模态定量相位显微镜，实现了活细胞无标记动态三维显微成像，有力推动了传统光学显微镜的更新换代。研究成果引起了国内外同行的极大关注。我们的研究在国际上引领了"计算光学显微成像"这一全新研究方向，填补了我国在此领域的技术空白。

本丛书旨在为"计算光学显微成像"这一新兴领域提供一个全面综合的框架，并介绍其最新进展与发展趋势。光源、光学元件、光调制器、光电传感器等先进的光机电组件，数据处理能力日益提升、存储空间日益递增的计算机/并行处理计算单元以及最优化理论、压缩感知、深度学习等新型数学与算法工具三方面的并行发展与无缝结合，使各种计算光学显微成像新系统与新体制性能更高、速度更快、功能更强大。虽然近年来国内一些出版社和科学传播机构已经敏锐地看到计算光学显微成像这一跨学科领域广阔的蓝海前景，积极译介了一些国外名家名著，但系统性地介绍"计算光学显微成像"这一新兴领域的相关研究著作寥若晨星。因此，在我国还未形成真正意义上的计算光学显微成像研究学术共同体的当下，"计算光学显微成像丛书"的出版可谓适时而必要。

本丛书首册《信息光学与显微学基础》为此领域提供了必要的理论基础，可以作为相关领域的参考书或者大学教材使用。后续分册包括光强传输方程显微成像、数字全息显微成像、差分相衬显微成像、傅里叶叠层显微成像、无透镜片上显微成像、光场显微成像、结构光照明超分辨显微成像等内容。每个分册对该成像技术的基本原理、发展现状以及典型应用进行了具有针对性的介绍。这些分册的内容源自从我们课题组成长出的青年学者的研究成果，并在此基础上修改、扩充、完善而成。他们在当今计算光学显微成像多个新兴分支方向做出了深入系统且富有创造力的研究成果。这些分册共同铸就了计算光学显微成像领域的全貌，揭示了各种光学调控机制与信息处理算法的独特魅力，并为理解计算光学显微成像的本质，促进技术相互交融、借鉴发展提供了颇有意义的参照。

从"机械化、自动化"到"信息化、智能化"是光学显微镜发展的大势所趋，我们坚信，计算光学显微成像定将会继续加快其发展的步伐，并在未来不久成为光学显微与生物医学光子学中占有主导地位的研究领域。望本丛书能够为该领域提供一些全面而深入的见解，也借此机会对处在不同职业生涯阶段的研究人员发出一份诚挚的邀请，希望他们踏着书中有形无迹的斑驳花影，攀登瑶台，一起来探索这个新兴且激动人心的领域中的无边深邃的美景，并为这个新兴的学科发展做出贡献。

这套丛书的出版首先要感谢国家重点研发计划"重大科学仪器设备开发"重点专项、国家自然科学基金委国家重大科研仪器研制项目、江苏省前沿引领技术基础研究专项、江苏省重点研发计划、国家自然科学基金等项目的支持。感谢南京理工大学智能计算成像实验室各位青年作者对学术的执着追求和勤勉精进的努力。还要特别感谢使这套丛书面世的责任编辑们的辛勤劳动。

陈 钱 左 超

2021 年 11 月

前　言

　　自 400 多年前显微镜问世以来，光学显微技术经历了不断的革新，显微镜以越来越高的分辨率与成像质量，引导人类向无尽的微观世界发起无穷的探索，成为推动生命科学和基础医学进步不可或缺的重要工具。2014 年，随着新型荧光探针与成像机理的出现，荧光显微技术已实现从 2D 宽场到 3D 共聚焦/双光子与超分辨的跨越。但受强度(振幅)探测机理所限，对无色透明物体(如细胞)的成像依赖染色标记，而外源性荧光标记物会干扰细胞机体的正常代谢活动，光漂白与光毒性也会阻碍对细胞的长时间连续观测。此外，细胞内某些重要组分(如小分子，脂类)的特异性不高，荧光标记往往难以获得细胞全貌。

　　在研究活细胞的动态过程及其各项生理活动时，无标记显微是一种最为理想的探测手段。当光通过几乎透明的物体(如细胞)时，其振幅几乎不变，然而透射光的相位则包含了关于样品的重要信息，如形貌与折射率分布。1932 年，Zernike 基于这种想法发明了相差显微镜：利用光的衍射和干涉特性并根据空间滤波的原理改变物光波的频谱相位，成功将相位差转换成振幅差，从而大大地提高了透明相位物体在光学显微镜下的可分辨性。相衬法的发明具有划时代的意义，Zernike 因此获得 1953 年的诺贝尔物理学奖。

　　时至今日，Zernike 的思想仍然给人们带来源源不断的感悟和启发，新型的无标记显微技术不断涌现，其中"定量相位成像"技术可以说是其中最有前景的技术之一。区别于传统相差显微镜只能够定性提升强度对比，定量相位显微技术能够对由样品物理厚度和折射率系数所决定的相位信息进行准确量化与测量。然而提到"相位测量"或者"定量相位成像"，人们往往都会下意识地联想到"激光"与"干涉"。的确，半个多世纪以来，相位定量测量仍与"激光"和"干涉"密不可分。它虽在精密光学测量、引力波探测等领域展现出重大应用前景，但复杂的干涉装置、散斑噪声与相干衍射极限等固有缺陷，长期以来一直无法从根本上得到解决，成为其在生物显微成像应用领域的关键阻碍。而部分相干干涉虽然不足以产生干涉，但显微学家与生物学家们总是习惯性地采用部分相干(科勒)照明，以获得高信噪比、高分辨率的成像质量；此外他们还是喜欢采用相衬成像技术去"看见"相位物体，以弥补无法获得定量相位信息的缺憾。

虽然相位物体无法直接观察得到，它们却无时无刻、巧妙隐晦地强调着自身的存在。夜晚闪烁的星空、雨天车窗外扭曲的视野，以及晴天游泳池底明暗相间的网络结构，这些常见的情景都蕴含了相位与光强之间千丝万缕的联系。1983 年，Teague 首次利用一个二阶椭圆偏微分方程建立了光强在传播过程中的变化量与相位之间的定量关系，该方程称为光强传输方程(transport of intensity equation，TIE)。通过求解光强传输方程，我们仅需要测量待测光波场在不同传输距离上的光强分布，即可以定量复原出相位信息，且不需要借助干涉或额外的参考光。

近年来，光强传输方程已得到国内外学者的广泛研究与关注，发展迅速，成果显著，在自适应光学、X 射线衍射光学、电子显微学以及光学显微成像等领域展现了巨大的应用潜力。现如今，光强传输方程已经发展成为最具代表性的相位复原方法之一，为定量相位成像提供了一种新型的非干涉手段。但时至今日，国内外尚无对该领域进行归纳总结的专著，因此本书的出版恰逢其机。本书将深入、系统地介绍基于光强传输方程的非干涉相位复原及定量相位显微成像的基础理论与关键技术。从光强传输方程的基本原理、方程求解、光强轴向微分的差分估计、部分相干成像等几个方面介绍了其在光学成像领域，特别是定量相位显微领域的研究现状与最新进展，并对其现存问题进行了简述，对今后的研究方向给予了建议。本书可作为高等学校光电、计算机、自动化等专业的研究生、高年级本科生的教材，同时也可供光学信息处理、显微学与生物医学光学相关领域的研究人员学习与参考。相信通过本书的介绍，作为读者的您将会被带入一个全新的领域——严格的相干和干涉测量不再是定量相位成像的先决条件，基于光强传输的方法将为新一代无标记三维显微技术开辟崭新途径，并在生物医学的各个分支领域得到广泛应用。

本书是在三项国家自然科学基金(计算光学成像中的光学调控与信息处理，国家自然科学基金优秀青年基金项目(项目号：61722506)；基于三维光强传输的无标记、非干涉、高分辨率相位层析显微成像研究，国家自然科学基金青年项目(项目号：11574152)；基于光强传输方程的无透镜相位显微与衍射层析成像研究，国家自然科学基金面上项目(项目号：61505081))以及江苏省基金项目(高性能智能化三维显微成像关键技术研究，江苏省重点研发计划(产业前瞻与共性关键技术)(项目号：BE2017162)；计算光学成像中的光学调控与信息处理，江苏省杰出青年基金项目(项目号：BK20170034))的研究成果的基础上撰写的，在此感谢国家自然科学基金与江苏省基金项目的资助。参与本书撰写的人员来自南京理工大学陈钱教授领衔的教育部"光谱成像与信息处理"长江学者创新团队以及左超教授带领的南京理工大学智能计算成像实验室。全书由陈钱、左超共同撰写与统稿。书籍修改、内容完善以及文字校样过程中，李加基、孙佳嵩、范瑶、张佳琳、卢林芄、张润南等博士研究生做出了大量工作，在此向他们深表谢意。由于笔者时间仓促，水平有限，书中难免存在疏漏与不足之处，在此由衷地期望读者不吝指正。

陈　钱　左　超

2021 年 11 月

目　录

符 号 约 定

符号	定义
$\boldsymbol{x} = (x, y)$	空域横向二维坐标/lateral 2D spatial coordinate
z	空域纵向坐标/longitudinal spatial coordinate
$\boldsymbol{r} = (\boldsymbol{x}, z)$	空域三维坐标/3D spatial coordinate
$\boldsymbol{u} = (u, v)$	频域横向二维坐标/lateral 2D spatial frequency coordinate
η	频域纵向坐标/longitudinal spatial frequency coordinate
$\boldsymbol{f} = (\boldsymbol{u}, \eta)$	空域三维坐标/3D spatial coordinate
$r = \|\boldsymbol{x}\| = \sqrt{x^2 + y^2}, \theta = \arctan(y/x)$	极坐标/polar coordinates
$\rho = \|\boldsymbol{u}\| = \sqrt{u^2 + v^2}, \vartheta = \arctan(v/u)$	频域极坐标/polar coordinates in frequency domain
$\boldsymbol{k} \equiv (k_x, k_y, k_z)$	三维 Ewald 球内 k 空间频域坐标/3D spatial frequency coordinate in k-space
$(u_x, u_y, u_z) \equiv (u, v, \eta)$	三维频域坐标/3D spatial frequency coordinate
$(x, y, u, v) = (\boldsymbol{x}, \boldsymbol{u})$	相空间坐标/coordinate in phase space
λ	波长/wavelength
k_0	真空中的波数/wave number in vacuum
k_m	介质中的波数/wave number in medium
n_0	背景介质折射率/background refractive index
$n(\boldsymbol{r})$	折射率/refractive index
Δn	物体与背景介质折射率之差/refractive index difference between object and environment
j	虚数单位/imaginary unit
δ	脉冲函数/impulse function
ω	角频率/angular frequency
(α, β, γ)	角谱/angular spectrum

续表

符号	定义
∇	梯度(哈密顿算子)/gradient
Ω	二维空间开区间/open bounded domain in 2D space
$\partial\Omega$	分段平滑边界/piecewise smooth boundary
$\bar{\Omega}$	二维空间闭区间/closed bounded domain in 2D space
$\mathbb{R}^2$	二维实数空间/2D real space
$\mathbb{R}^N$	多维实数空间/N-dimensional real space
∇_x	三维空间中的横向梯度/transverse gradient in 3D space
$\otimes$	卷积/convolution operation
$\underset{x}{\otimes}$	四维相空间中空域卷积/spatial convolution in 4D phase space
$\underset{u}{\otimes}$	四维相空间中频域卷积/spatial frequency convolution in 4D phase space
$\underset{x,u}{\otimes}$	四维相空间卷积/convolution in 4D phase space
$\hat{\ }$	变量傅里叶变换/Fourier transform of the corresponding variable
$\bar{\ }$	变量值估计/estimated value of the corresponding variable

1 引 言

> > >

在物理学与数学中，周期信号的"相位"(phase)是一个实值标量，它描述了每个完整周期内波形上各个点的相对位置，通常以弧度(角度)作为单位。在波动光学领域，相位的概念仅限于波动光学分支中的单色相干光波场：其可用二维复振幅(complex amplitude)函数描述，光学范畴内的"相位"就定义为这个复振幅函数的幅角部分[1, 2]。相对于相位而言，光波的振幅(amplitude)部分通常更容易被人们所理解与接受。因为振幅的平方，又称为光强度(intensity)(在光度学中一般称为辐照度[3](irradiance))，就是我们亲眼所见光波场的映照，代表光的能量[4]。人眼或现有的成像器件，仅能探测到光的强度或振幅，而相位信息却完全丢失了。一个重要的原因是光波场的振荡接近 10^{15}Hz 量级[5]，远远高于人眼(通常为 30Hz)与成像器件(目前最高速的摄像机帧率也仅能达到 10^8Hz 量级[6])的响应速度。

相位的重要性可以用 Oppenheim 文章[7]中一个简单而有趣的例子来表明(图 1-1)：给定两幅不同的图像，在频域中交换它们的相位部分而保留它们的振幅部分不变，那么当利用傅里叶变换回到空域之后，两幅图像的大致样貌几乎可以互换。这个简单的例子表明了图像中携带绝大部分信息的并非是振幅成分，而是相位成分(注：这个例子可能不太恰当，因为这里的相位是指图像频谱的相位成分，而不是光场的相位分量)。相位的重要性在某些特定领域显得尤为突出，如在光学测量、材料物理学、自适应光学、X 射线衍射光学、电子显微学、生物医学成像等领域，大部分被测样本都属于吸收很小的相位物体——这类物体的振幅透过率分布是均匀的，但其折射率或厚度的空间分布是不均匀的，从而它们对光波振幅部分改变较小，对相位部分改变却非常大。由于人眼或其他光探测器都只能判断物体所导致的振幅变化而无法判断其相位的变化，因此也就不能"看见"相位物体(图 1-2)，换言之，不能区分相位物体内厚度或折射率不同的各部分。所以对于这些领域，相位信息的获取就显得尤为重要。

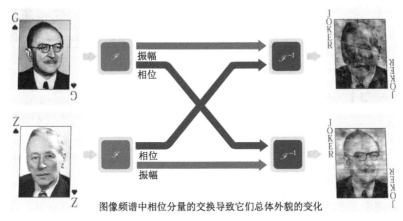

G
振幅
相位
JOKER
Z
相位
振幅
图像频谱中相位分量的交换导致它们总体外貌的变化

图 1-1　举例说明图像相位的重要性

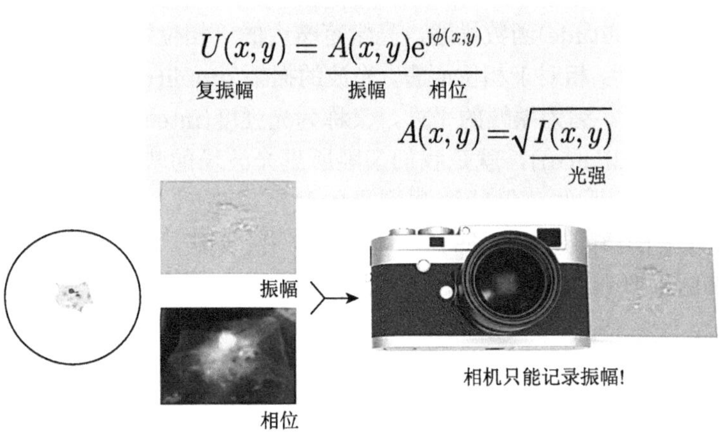

$U(x,y) = A(x,y)e^{j\phi(x,y)}$
复振幅
振幅
相位
$A(x,y) = \sqrt{I(x,y)}$
光强
振幅
相位
相机只能记录振幅!

图 1-2　光探测器与人眼仅对光强/振幅敏感而无法直接探测相位信息

相位复原是光学测量与成像技术领域的一个重要研究课题，无论在生物医学还是工业检测领域，相位成像技术都发挥着不可或缺的作用。相位成像技术，特别是针对生物样品和弱吸收透明物体的显微成像技术，有着悠久的发展历史。生物细胞的细胞质和大部分细胞器的光学吸收系数很小，几乎无色透明，而传统明场显微技术基于样品的光学吸收(振幅)构建图像而丢失了相位信息，通常图像对比度很低，且很难观察到有用的细胞细节。为克服这一困难，最常用的方法是对样本进行染色或标记，利用细胞内不同组分对不同化学或荧光染料所具有的不同亲和性(吸附作用)，形成足够的光强反差或是生成不同的光谱，从而达到细胞成像的目的(图 1-3)。荧光显微镜是利用外源性产生衬度进行相位成像的最常见方式[8]，该技术通过选择性地标记细胞内的特异性分子从而针对性地显示细胞的结构与功能特性(形态学信息)。进一步地，借助激光共聚焦显微镜和多光子显微镜的光学切片能力，细胞器和蛋白质复合物的结构可以三维可视化[9, 10]。随着新型荧光分子探针的出现和光学成像方法的改进，研究者开发出多种超出普通共聚焦显微镜分辨率的三维超分辨率成像方法。结构光照明荧光显微术(SIM)[11]、受激发射损耗显微技术(STED)[12]、光敏定位显微技术(PALM)[13]、随机光学重构显微技术(STORM)[14]等正是这类超分辨率荧光显微镜的典型技术。其中 STED 与 PALM 作为远场超分辨光学成像的代表技术于 2014 年获得诺贝尔化学奖。这些方法利用单分子成像极高的定位精度和变种荧光蛋白(PA-GFP)的荧光激发及漂白特性，可大幅突破光学显微镜的分辨率极限，在被荧光标记的活细胞上看到纳米尺度的精细结构。2014 年诺贝尔化学奖"超分辨荧光显微镜的发展"证明了荧光显微镜的重要性。然而，这类方法仍然需要荧光染料和荧光蛋白作为生物标记物，因此不适合非荧光或不易进行荧光标记的样品。此外，荧光剂的光漂白和光毒性也阻碍了对活细胞的长时程连续观测[15]。

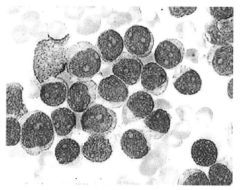 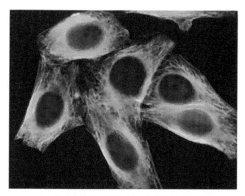

(a) 化学染色技术将无色透明的相位物体　　　　　(b) 荧光标记技术将无色透明的相位物体
　　　变成吸收物体　　　　　　　　　　　　　　　　　变成自发光物体

图 1-3　两种典型的细胞标记手段

　　尽管大部分生物细胞无色透明且不改变通过入射光的振幅成分，但是细胞器各组分折射率分布并不均匀，会对入射光引入相位延迟。基于这一思想，1942 年 Zernike 发明了相差显微术(Zernike phase contrast, ZPC)[16]，以傅里叶光学中经典的空间滤波器原理对相位信息进行可视化(图 1-4(a))。该方法在物镜孔径平面引入相位掩模，将未受扰动的入射光分量(直透光)相移 π / 2 (四分之一波长)，而后与空间频率较高的物体散射光发生干涉，有效地将物体的相位信息直接转化为强度对比，从而极大地提高了透明相位物体在光学显微镜下的可分辨性

(图 1-4(b))。相差显微术的发明解决了未染色生物细胞这类样本的观察难题，揭开了细胞无标记成像的新篇章。它的发明人 Zernike 因此获得 1953 年的诺贝尔物理学奖。随后，Nomarski 于 1952 年发明了基于偏振分光原理的微分干涉相差显微术[17](differential interference contrast microscopy，DIC)。DIC 显微镜中的相位衬度与样品沿剪切方向的相位梯度成比例，显示出与样品光密度变化相对应的 3D 物理浮雕外观(图 1-4(d))。

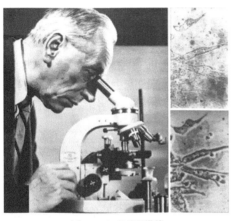

(a) Zernike相差显微镜

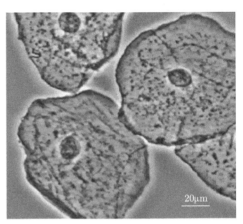

(b) 未染色细胞的Zernike
相差显微像

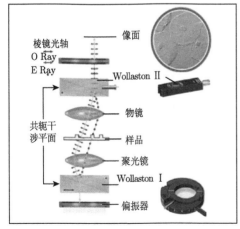

(c) DIC显微镜

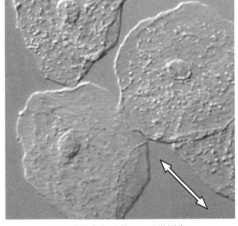

(d) 未染色细胞的DIC显微图像
（箭头部分代表DIC的剪切方向）

图 1-4　**Zernike 相差显微镜和微分干涉相差显微镜及其在未染色待测细胞上的成像结果**

　　作为最典型的两种相差显微方法，相差显微术与微分干涉相差显微术均无需对样本染色就可实现对细胞这类相位物体的可视化，因此在生物医学等领域得到了广泛应用，使得传统显微技术获得了质的飞跃。由于它们简单而有效，目前这两种相差显微技术几乎成为所有生物显微镜的"标配"，成了明场显微技术亲密无间的合作伙伴。然而这两种方法最终获得的图像强度与相位分布之间并非呈线性关系，致使它们只适用于成像时定性地提升对比度，而样品物理厚度与折射率系数所决定的相位特性并不能由这些图像量化出来，这给细胞的定量测量带来了极大不便。另一方面，伴随这些相差方法而来的"光晕"(halo)与"阴影"(shadow)等伪影(artifact)还会导致后续图像分析与处理(如细胞计数、分割)的复杂化。得益于数字图像传感器的出现和信息光学技术的进步，定量相位测量(phase measurement)技术与定量相位成像技术(quantitative phase imaging，QPI)[18, 19]这一新兴领域应运而生，它将光学、成像理论与计算方法进行创新结合，可以定量地重构出样品的相位信息，从而突破了相差相位方法中的局限性。细胞的定量相位图像与固定、染色或荧光标记等这些可能影响细胞功能和限制生物学观察的常规制备技术相比，可以在最低样品操作成本的前提下，确定细胞的结构特征与其生物物理参数。

自光学相干干涉原理在19世纪80年代首次被证明是一种潜在的测量工具以来，干涉测量在光学计量学中发挥着不可取代的作用。目前，高精密激光干涉仪的光程测量精度已可达到激光波长的百分之一，而2016年探测到引力波的美国路易斯安那州和华盛顿州的激光干涉引力波探测器LIGO[20, 21]实际上就是一个臂长达4km的巨型迈克耳孙干涉仪(图1-5)，其测量精度更是达到一个质子大小的1/10000。尽管干涉测量技术多年来得到了突飞猛进的发展，但其基本原理仍然没有改变：干涉测量方法通过引入额外的参考光，将不可见相位信息转换成为强度信号——干涉条纹，这样就可以通过传统成像器件采集并加以分析。通过一系列的条纹分析算法，就可以将相位从干涉图中解调出来。经过数十年的发展，经典的干涉测量术已经日趋成熟，并繁衍出多个分支，如电子散斑干涉[22, 23]、干涉显微[24-26]、数字全息等[27-31]。它们的基本原理极其类似，且发展几乎也是并行的。特别是数字全息显微术(图1-6)，由于其数字记录、数值再现的独特优势与灵活性，在近十年取得了非常大的进展，已经成为定量相位测量与显微的一个新标杆[32-35]。尽管如此，以数字全息为基础的干涉定量显微成像方法并没有撼动传统显微成像方式在生命科学界的地位，并带来预期的革命性成果和技术变革。究其原因主要是其通过干涉实现"定量相位测量"方式存在以下问题：

(1)数字全息显微技术往往依赖于高度时间相干(如激光)和空间相干(如针孔滤波)的光源以及复杂的光学结构(如需要额外参考光路)；

(2)由于激光的高相干性，数字全息显微技术易受到相干散斑噪声的影响，不仅限制了成像分辨率的提高，而且影响了成像质量；

(3)由于光源的高度空间相干性，成像分辨率受限于相干衍射极限(仅为传统非相干光学显微镜衍射极限的一半)；

(4)参考光路的引入导致测量过程对外界干扰非常敏感(如：环境震动、气流扰动等)；

(5)从干涉图中解调测量得到的相位被包裹在2π范围内，需要额外的相位解包裹以获得真实的连续相位分布。

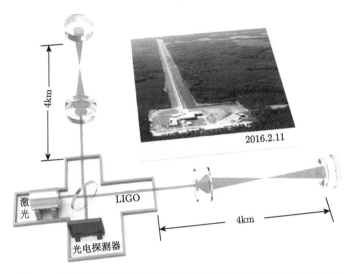

图 1-5　美国路易斯安那州和华盛顿州的激光干涉引力波探测器

为了弥补上述传统干涉相位成像方法中的缺陷，近年来许多学者逐渐将研究的注意力转向低相干全息术或白光干涉显微技术，相继提出了空间光干涉显微技术(spatial light interference microscopy，SLIM)[36]，白光衍射相位显微技术(white-light diffraction phase microscopy，WDPM)[37]，四波横向剪切干涉法(quadriwave lateral shearing interferometry，QWLSI)[38]，τ干涉(τ interferometry)[39]等新型干涉显微方法。这些方法所采用的宽光谱照明极大降低了相干噪声，共路干涉光路结构也使干涉系统的稳定性得到一定的增强。但与此同时，相对应的光学系统也变得更加复杂，且难以与现有生物显微镜系统直接相兼容或需要附加额外的光学组件，这也在一定程度上阻碍了它们在生物医学成像领域的广泛应用。

与干涉测量原理不同的是，相位测量的另一大类方法并不借助于光的干涉效应，我们称之为非干涉相位测量技术。非干涉相位测量技术的一大分支被称为波前传感技术，如夏克–哈特曼(Shack-Hartmann)波前传感器[40-42](图1-7(a))、四棱锥波前传感器[43-45](图1-7(b))、模式波前传感器[46, 47]等。其中夏克–哈特曼波前传感器是采用几何光学原理的相位测量方法，其最早出现的目的是满足自适应光学与天文探测学的需要。在这些领域，光波场的相位一般被称为波前像差(wavefront aberration)，用来表示理想光学系统参考波阵面与实际测量光学系统波阵面之间的差别。夏克-哈特曼波前传感器的雏形是由天文学家 Hartmann[40]于 1900 年提出的哈特曼光阑，其利用由许多小孔组成的按一定规律排列的光阑对被检测波前进行细分探测。哈特曼法虽然系统简单，但精度与光能利用效率低。到了 1971 年，Shack 和 Platt[42]用微透镜阵列代替哈特曼点阵光阑，显著提升了光能利用率。微透镜阵列将入射的光线聚焦到传感器上，形成焦点点阵(图 1-7(a))。由于焦点点阵质心相对于参考(理想无像差情况)规则间距排列的焦点阵列的位置偏差与待测波前的相位梯度成正比，因此可以通过数值积分重建波前(相位)分布。目前，夏克-哈特曼波前传感器的应用领域已从自适应光学与天文探测学拓展到了

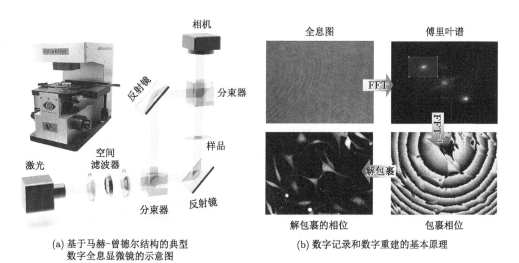

(a) 基于马赫-曾德尔结构的典型
　　数字全息显微镜的示意图

(b) 数字记录和数字重建的基本原理

图 1-6　数字全息显微术

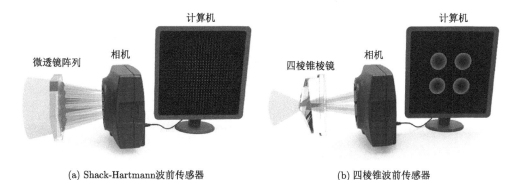

(a) Shack-Hartmann波前传感器

(b) 四棱锥波前传感器

图 1-7　两种典型的波前传感技术

光束质量评价[48, 49]、光学元件检测[50, 51]、激光大气通信[52, 53]、显微相差校正[54, 55]、眼科视力矫正[56-58]等众多领域。但是由于微透镜物理尺寸的限制,探测的信号并没有充分利用成像器件的所有有效像素,导致恢复相位的空间分辨率很低,所以夏克-哈特曼波前传感器很少直接被作为一种成像技术而采用,特别是在定量相位成像与显微成像领域。

另一类非常重要的非干涉相位测量技术称为相位复原(phase retrieval)。由于直接测量光波场的相位分布非常困难,而测量光波场的振幅/强度却十分容易,因此可将由强度分布来复原(估算)相位这一过程考虑为一个数学上的"逆问题",通过求解这类从光强反演相位逆问题的方法就被统称为相位复原法。相位复原法可以细分为两小类:迭代法(iterative method)与直接法(deterministic method)。迭代相位复原起源于电子显微镜的思想。1972 年,Gerchberg 和 Saxton[59, 60]首次提出了迭代相位复原算法,称为 GS(Gerchberg-Saxton)算法。该方法指明:当待测光波场在像平面(imaging plane)和远场衍射平面(diffraction plane)的光强分布已知时,光场波前相位可以通过衍射计算迭代的方式求解出来。随着相位复原问题的成功解决,GS 算法也激起了各领域研究者们极大的兴趣,随后被推广到 X 射线衍射成像[61-63](被称为相干衍射成像,CDI)(图 1-8(a))、自适应光学[64, 65]、光学相位显微[66-70]等众多领域。在 X 射线成像中存在一个重要的问题是物体的散射通常非常微弱,导致未散射的光束会淹没在非目标信号之中。该问题可以通过引入一个截止光阑以阻挡未散射的射线束来解决,从而避免其能量过强而损坏探测器。但该方法的代价是不仅仅零频直透光会被截止,还有一部分的低空间频率信息也会被挡住而无法被复原。Miao 等[71]通过采用额外电子显微镜图像作为先验来补偿 X 射线衍射成像数据中丢失的低空间频率信息,在一定程度上解决了这个问题。该工作同时也极大地推动了相干衍射成像技术的快速兴起与广泛普及。

(a) 相干衍射成像:平面波照亮样品,远场衍射模式由探测器测量　　(b) 叠层成像:由聚焦光学孔径产生相干探针,通过二维网格上的探针扫描扩展样本,并从一系列部分重叠区域收集分离模式

图 1-8　两种主要的迭代相位复原法原理图

GS 算法的开创性意义毋庸置疑,但也存在一些问题和局限性。有些问题可能是迭代算法本身造成的,例如算法经过最初几次迭代后收敛速度减慢甚至陷入停

滞、限于局部最优等[72-74]。自 GS 算法被提出以来，为了改善算法收敛性以及适应不同的应用背景，各种新的算法不断涌现，1973 年 Misell[75]指出迭代相位复原不仅适用于像平面和远场傅里叶平面的光强分布，还可以拓展到两幅或者多幅不同离焦量的图像之间迭代，利用更多测量值的约束来提高算法的准确性和收敛性。与原来的 GS 算法相比，Misell 的改进算法更加灵活实用，并且打开了改进 GS 算法的新思路。时至今日，针对多波长、相位调制、照明调制等进行改进的算法还在不断涌现，如多传播距离[76, 77]、多照明波长[78]、相位调制[79, 80]和散斑照明调制[81, 82]。GS 算法中存在的另一部分问题是求解逆问题所固有的，例如解的存在性和唯一性问题[83-86]。显然，当物体尺寸太小，很难获取其近场图像时（只能采集其远场衍射图案），想要通过 GS 算法准确复原物函数则存在着很大挑战。一般来说，二维信号与其傅里叶频谱的幅值之间并不具有一一对应的关系，也就是说二者间的映射并不唯一（不同的物体可能产生相同的远场衍射图案），因此，该情况下的相位复原问题是病态的。Bates[83]对此问题进行了详细分析，并指出（并没有给出严格证明）在物体支持域已知的情况下，物体可由其自相关函数（远场衍射图案）"唯一地"确定（当然，这里的"唯一"需要排除一些无关紧要的特殊情况，如位置平移、相位共轭和图像镜像等）。1982 年，Fienup[87]在分析了 GS 算法的优化原理后指出 GS 是一种误差下降算法，本质与最速下降算法相同。该项工作首次从最优化角度为相位复原问题的可解性奠定了理论基础，同时也为算法的停滞问题找到了合理解释：由于相位复原问题本身的非凸性，通过误差下降搜索是无法保证收敛的全局极小值的。Fienup[87, 88]基于控制论思想对 GS 算法进行改进，提出了混合输入输出（hybrid input-output，HIO）算法，证明其在目标平面上只使用支持信息，有助于避免迭代算法陷入局部极小值。该算法在更新对象估计的方式上进行了大量的分析与改进，包括混合投影反射[89]、差分映射[90]、松弛平均交替反射[91]和正负交替反转法[92]。这些想法看似容易实现，但实际应用起来依赖大量的参数调校与经验设置。Marchesini[93]对这些方法进行了统一分析，得到一个令人沮丧的结果——当只能拍摄一幅衍射图样时，其实没有一个算法能在各种复杂的情况下都保证稳定收敛到正确解。Marchesini[63]提出的另一个重要创新是"shrink-wrap"算法，其可对目标的支持域进行动态自适应估计（随着迭代过程而慢慢收缩），实验证明其非常适于重建纳米晶体中的原子排布。

叠层（ptychography）是另一种迭代相位复原方法，它起源于电子显微镜[94]。2004 年 Faulkner 与 Rodenburg[95, 96]将叠层成像的思想引入 GS 与 HIO 算法，提出了一种新型的迭代相位复原方法——叠层迭代引擎（ptycholographic iterative engine，PIE）。如图 1-8(b)所示，在叠层成像的实现中，对象被范围受限的光场照亮，并记录对应的衍射图案。重复此过程，直到感兴趣的目标区域被完全扫描。得到空间相互交叠的"子孔径"的衍射图像被用作强度约束,光束覆盖区域的复振幅分布可以通过类似于 GS 和 HIO 的迭代相位复原算法重建。与 GS 和 HIO 相比,PIE 由于叠层成像所获取的大量光强数据信息存在高度冗余,从而使相位复原问题的非凸性得以大大缓解,这不但极大改善了传统迭代相位复原算法(如 GS 算法与 HIO 算法)的收敛性,还完全消除了正确解和其复共轭之间的歧义性问题[86]。在随后的十年中,迭代相位复原方法得到了广泛的研究和改进,在探针(照明光)复原[97-102]、扫描位置误差校正[103-105]、相干模式分解[106-109]、横向分辨率的提高[110-113]以及轴向多层样品层析[114-117]等方面涌现了大量研究成果。目前,该方法已在 X 射线衍射成像[118-121]、电子显微成像[122-124]、可见光相位成像[125-127]等不同领域得到了广泛应用。

　　2013 年,Zheng 等[128]进一步将叠层成像从空域发展到了频域,提出了空域叠层成像的对偶形式——傅里叶叠层成像。在傅里叶叠层成像中的"叠层"是发生在频谱域的:样品不再是被一个有限支持域的照明光束在空域进行扫描,而是被不同角度的照明光束(通常是一个 LED 阵列)所依次照射;所采集的强度图像也不是位于远场的衍射图案,而是直接在空域拍摄样品的低分辨率聚焦图像。成像系统有限孔径在傅里叶叠层成像中成为频域"子孔径",而照明光束角度的改变则实现了频域子孔径的交叠扫描。正是由于这样清晰的对偶特性,傅里叶叠层成像技术在提出伊始就与传统叠层成像技术交融借鉴,相差补偿[129]、位置误差校正[130, 131]、相干模式分解[132-134]以及三维衍射层析[135-137]等核心问题在短短几年内被相继攻克,现阶段已与空域叠层成像并驾齐驱发展。傅里叶叠层成像的核心优势在于其不仅仅能获得待测样品的相位信息,还在基于最优化的交叠更新过程中实现了频域的合成孔径,有效促进了成像分辨率的提高[131, 138, 139]。与传统的频域合成孔径超分辨率算法不同,在傅里叶叠层成像交叠更新算法中相位复原与频域合成孔径是同时完成的,这也正是傅里叶叠层成像技术本身的优美之处。通常情况下,傅里叶叠层成像采用低数值孔径(NA)的低倍率物镜以获得较大的观察视场(FOV),再采用较大角度范围内的照明光束依次照射样品在频域进行合成孔径,最后可将最终成像的等效数值孔径提升到物镜与照明数值孔径之和,且同时保持了低倍率物镜的大视场,从而可以提高成像空间带宽积(SBP)。例如,2017 年,Sun 等[140]报道了一种基于高照度的分辨率增强型 FPM(reFPM)实验系统,其中采用 0.4NA 的 10×物镜结合高数值孔径聚光镜下的可编程 LED 阵列照明最终实现了等效数值孔径高达 1.6NA 的超分辨大视场成像(相干成像的横向分辨率为 308nm),宽视场为 2.34mm^2(图 1-9)。如前所述,迭代相位复原有效地解决了"从光强直接重构相位"的科学难题,在一定程度上促进了相位测量技术从干涉到非干涉的演变。特别是离焦迭代相位复原算法与叠层成像技术极大地促进了自适应光学以及以 X 射线、电子显微成像领域为代表的衍射成像学的发展与进步。然而尽管如此，迭代相位复原算法仍然存在两大缺陷：①通常需要大量的光强采集以保证算法的良好收敛特性；②需要大量迭代与复杂运算以获得较为理想的重构结果。这两大缺点致使迭代相位复原算法难以应用在对于成像速度和实时性要求较高的场合。此外，迭代相位复原算法往往还需要光波场的传播严格遵守标量衍射定律，该假设仅局限于完全相干光场而无法适用于部分相干光场。因此，重建结果的准确性极大依赖于光源的相干性[141]。

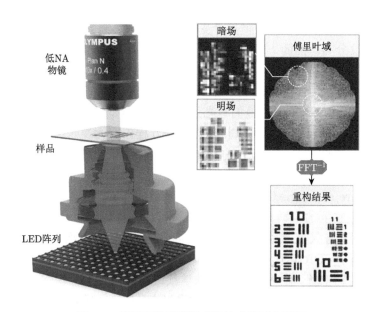

图 1-9 傅里叶叠层显微成像技术的基本原理

与迭代法不同，另一类基于传播相位复原方法以非迭代方式直接复原相位。这个想法可以说是由 Teague[142, 143]首先提出的。1982 年，他首先指出，在傍轴近似下，可以利用传播能量守恒(Helmholtz 方程)导出一个二阶椭圆型偏微分方程，其阐明了沿着光轴方向上光强度的变化量与垂直于光轴平面上光波的相位的定量关系[142]。Teague 认为该方程可以作为一种相位复原方法。他将这个方程命名为光强传输方程(transport of intensity equation)，即本书的主题。在 1983 年的一篇论文中，Teague[143]提出了一种基于 Green 函数的求解方法。该方法与迭代相位复原算法的一个明显区别是：它不通过传统的衍射计算公式来迭代复原相位，在待求平面上的光强分布(直接测量)以及光强轴向微分(通过采集离焦光强进行数值差分估计得到)已知的情况下，通过数值求解光强传输方程直接地获取相位信息，不需要任何的迭代求解过程。与传统的干涉测量方法相比，光强传输方程具有许多独特的优点：非干涉测量(不使用参考光束)、计算简单(无需迭代)、适用于时间/空间部分相干照明(如 LED 照明、卤素灯和传统显微镜的内置科勒照明)、无需相位解包裹(直接获得绝对相位)、无需复杂的光学系统及苛刻的实验环境。之后不久，Streibl[144]就敏锐地发现光强传输方程有望应用于光学显微领域，以便实现对透明相位物体的相差成像。由于当时尚无行之有效的求解光强传输方程的数值方法发表，其仅仅通过轴向光强差分得到了未染色细胞定性的相位梯度以增强实验结果。但是这项工作却是极具有开创性的，其为后来光强传输方程在光学相位显微成像的应用奠定了初步的理论基础。1988 年，Ichikawa 等[145]首次在实验上验证了光强传输方程。其采用了傅里叶变换方法求解该方程，并获得了待测一维物体的定量相位分布。然而，这种方法并不是通过求解偏微分方程，而是光栅剪切干涉法的特例[146]。与此同时，以 Roddier[146-149]为代表的美国夏威夷大学研究小组在自适应光学领域也正探索如何应用光强传输方程实时校正大气湍流造成的波前相位扭曲(图 1-10(a))。他们将光强传输方程进行简化，假设待测光波场的振幅几乎是均匀的，这样就可以将光强传输方程由较为复杂的椭圆偏微分方程简化为一个标准的泊松(Poisson)方程来处理。该泊松方程表明归一化的光强轴向微分与波前曲率(二阶导数，拉普拉斯)成正比，故此项技术又被称为波前曲率传感(curvature sensing，CS)。Roddier 的研究工作对光强传输方程相位测量方法起到了至关重要的推动作用，他的贡献不仅仅是将光强传输方程成功应用到了自适应光学与天文成像领域，更重要的是提出了逐次超松弛(successive overrelaxation，SOR)迭代法[147]与迭代傅里叶变换[150]，并对光强传输方程的简化形式进行了准确求解。在天文自适应光学领域的应用方面，1988 年 Roddier 通过测量望远镜入瞳面处聚焦与轻微离焦的光强信号估计光强轴向微分，并将此信号直接反馈到自适应光学元件来实时校正大气湍流引起的波前像差[147, 148]。随后于1991 年，Roddier 等[151]提出了 13 单元低阶曲率型自适应光学系统的实验方案并给出了初步的实验室结果，采用鼓膜法实现波前曲率传感器技术，通过鼓膜的快速振动近似同时测量前后离焦面光强，采用雪崩光电二极管阵列分区测量波前曲率信号，利用直接响应矩阵控制方法实现对曲率型变形镜的控制。随后，波前曲率传感技术被广泛应用于美国(美国夏威夷大学天文研究所的 3.6m 口径的 CFHT 望远镜(Canada-France-Hawaii telescope)[152]、8m 口径的 Gemini North 望远镜系统[153])、欧洲(欧洲南方天文台的 8.2m 口径的甚大望远镜干涉仪 VLTI(very large telescope interferometer)[154]、日本(8.2m 口径的 Subaru 望远镜)[155]等多个国家和地区的大型天文望远镜系统中。

　　20 世纪 90 年代中后期，光强传输方程相关理论得到了飞速发展，研究人员在该领域取得了丰硕的成果，其中澳大利亚墨尔本大学的 X 射线衍射成像研究团队是这前进车轮的主要推动力。1995 年，Gureyev 等[156]首次采用严格的数学理论证明了光强传输方程的适定性(well-posedness)与其解的唯一性(uniqueness)问题:

在施加适当的边界条件下，如果待测光波场强度严格大于 0(这排除了相位漩涡(phase vortex)的情况)，光强传输方程的解存在并且是唯一的(对于 Nuemann 边界条件，除相差一个无关紧要的常数因子外，解是唯一的)。这项工作随后成为研究光强传输方程相位复原方法的理论基石。1996 年，Gureyev 与 Nugent[157, 158]提出了利用正交多项式分解的方法求解光强传输方程，如 Zernike 多项式或者傅里叶基函数；并指出当光强分布均匀的时候，通过快速傅里叶变换可以有效求解光强传输方程[159]。随后，Paganin 与 Nugent[160]将该方法进行了拓展，并使快速傅里叶变换求解法可以有效应用于待测光波场光强分布不均匀的情况。这种简单有效的光强传输方程数值求解方法大大推动了光强传输方程的发展与应用，基于快速傅里叶变换的求解法也就随之成为求解光强传输方程应用最为广泛的数值解法。光强传输方程的相关数学基础的确立与其数值解法的成功出现成为其后续应用快速发展的强劲推动力。1995 年，Snigirev[161]认识到基于传播的非迭代相位复原技术可以应用于 X 射线成像领域。不久之后，在 1996 年，Nugent 等[162]报告了基于光强传输方程首次利用 16-keV 的硬 X 射线获取了一块薄碳箔的定量相位图像(图 1-10(b))。这些文献促进了光强传输方程在 X 射线光学中的应用[163, 164]。随后，光强传输方程的应用也扩展到了中子射线成像领域[165, 166](图 1-10(c))和透射电子显微(TEM)等领域[167-175](图 1-10(d))。这些领域的共性在于难以借助高相干性的干涉光源，因此光强传输方程便成为一种取代干涉测量技术的简单且行之有效的衍射成像手段。

在 20 世纪 90 年代后期，一方面，光强传输方程相关理论框架已经逐步完善；另一方面，从事定量相位成像领域的相关研究人员也越来越意识到采用较低相干性照明对于分辨率提高以及成像质量改善的重要性。这两个方面随后成为光强传输方程在光学显微领域被广泛应用的催化剂。1998 年，Paganin 与 Nugent[160]重新解释了部分相干光场中"相位"的含义，并指出其是一个标量势函数，且其梯度对应于时间平均的坡印亭矢量(Poynting vector)。此项工作的重要性在于其开创性地赋予"相位"一个更加广泛且富有意义的新定义，为后续采用部分相干照明的相位复原方法提供了简单合理的理论依据。同年，Barty 等[176]简要报道了采用光强传输方程实现了人体口腔上皮细胞与光纤的定量相衬成像，这是光强传输方程在定量光学相衬成像上的首次登台亮相。紧接着，Barty 等又将此项工作拓展到了相位断层扫描[177]。由于光强传输方程方法在定量光学相衬成像与显微领域的成功应用，20 世纪初，其与传统显微学中光学传递函数理论不期而遇。2002 年，Barone-Nugent 等[178]基于 Streibl[179]的三维光学传递函数理论详细分析了弱相位物体在光学显微镜下图像的形成与表征，进一步肯定了光强传输方程方法在低空间相干性照明下的适用性。同年，Sheppard[180]采用类似方法分析光强传输方程在玻恩近似下的表现形式，并指明光强轴向变化率的低频部分应与波前相位的拉普拉斯(二阶导数)成比例，结论与 Roddier[146-148]分析的均匀强度下的光强传输方程相一致。

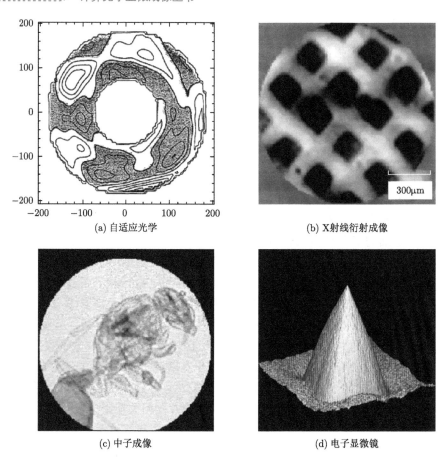

(a) 自适应光学

(b) X射线衍射成像

(c) 中子成像

(d) 电子显微镜

图 1-10　光强传输方程在自适应光学[181]、X 射线衍射成像[162]、中子成像[165]和电子显微镜[167]等领域的典型应用

光强传输方程在显微成像领域初步奠定的理论与 Barty 等的实验结果，使光强传输方程在生物和生物医学成像领域得到了应用。Curl 等[182, 183]利用光强传输方程定量检测了细胞的形貌与生长速度，并指明定量相位的获得更利于后续数据的处理与分析，如细胞分割与计数。Ross 等[184]利用光强传输方程更好地提高了未经过染色细胞在微束辐照(microbeam irradiations)下的成像对比度。Dragomir 等[185]将此方法成功运用到心肌细胞双折射效应的定量测量。不限于细胞样本，光强传输方程还成功地被应用于光纤等相位物体的相位与折射率分布的定量测量[186-189]。

　　从 2010 年至今，得益于可见光成像和显微镜技术的辉煌成就，基于光强传输方程的相位复原又达到了一个高峰。在这一时期，光强传输方程的基本理论(特别是部分相干成像理论)和相关应用(特别是定量相位显微镜和层析成像的应用)又有了很大的飞跃，达到了前所未有的新高度。Kou 等[190]证明了光强传输方程可以直接在现成的 DIC 显微镜上实现定量相位成像，并成功地获得了人脸颊细胞的定量相位图像。同年，Waller 等[191]提出采用多个离焦平面的强度信息去增强相位复原的准确度与抗噪能力，并将此方法命名为高阶光强传输方程。该项工作对光强传输方程简单而清晰的阐述极大地推动了其在光学相位成像领域的普及。同时，Waller 还提出了基于体全息[192]和色差[193]的单曝光光强传输方程光学系统，能够从一次曝光中获得不同离焦距离的强度图像。2011 年，Kou 等[194]提出利用反卷积光学传递函数法实现了部分相干照明定量相位复原，并与光强传输方程法进行了对比分析。2012 年，Almoro 等[195]使用散斑场照明来增强平滑物体离焦强度图像的相位对比度。同年，Gorthi 和 Schonbrun[196]首次将光强传输方程应用于流式细胞术(flow cytometry)，通过垂直倾斜微流控通道，实现了对焦强度图像的自动采集。同时，有大量的研究对有限差分格式的相位复原进行了优化，以提高光强传输方程相位的成像精度和鲁棒性[197-202]。自 2012 年以来，我们课题组对光强传输方程相位复原开展了系统的研究工作，对光强传输方程中的几个关键理论问题进行了全面深入的研究：

(1)非齐次边界条件下方程的有效数值解[203-205]；

(2)相位差的分析与补偿[206]；

(3)光强轴向微分的最优差分估计[207, 208]；

(4)部分相干光场下的相空间拓展[209, 210]；

(5)通过照明孔径调控提高分辨率[211-213]；

(6)部分相干光下的衍射层析成像[137, 214-218]。

实验上，我们提出了基于光场调控与计算的非干涉动态定量相位显微成像方法：①基于电控变焦透镜的光强传输显微系统(TL-TIE)利用电控透镜实现了光学系统高速、非机械、精确可控的远心离焦，将轴向离焦、光强采集及相位重构总时间缩短到毫秒量级，实现了 15Hz 实时定量相位成像[219]。②单帧光强传输定量相位显微系统(SQPM)利用空间光调制器与类迈克耳孙光路结构实现了多焦面光强图像的同步采集，使单帧定量相位显微成为可能[220]。上述系统克服了机械位移所造成的系统失调误差，赋予了传统明场显微镜实时、高速定量相位显微的能力，并提供了纳米尺度的三维形貌信息以及毫秒级的时间分辨力。

基于上述系统与方法，首次将光强传输方程应用于生物活细胞的实时动态显微成像，对乳腺癌细胞膜与片状伪足的浮动过程[219, 221]、巨噬细胞的吞噬与凋亡过程进行了高分辨率动态三维定量相位显微成像[220]。基于定量相位分布，还可在不借助任何额外物理器件的前提下通过计算成像算法生成暗场、相衬和微分干涉相衬图像，实现"多模态"成像。我们还将光强传输方程成功应用于微光学元件检测领域[204]，对微透镜阵列、柱面透镜、菲涅耳透镜等微光学元件进行了精确测量与面形表征。时至今日，光强传输方程也越来越受到学术界和工业界的重视，相关的新理论和新技术还在源源不断地涌现[222-224]。

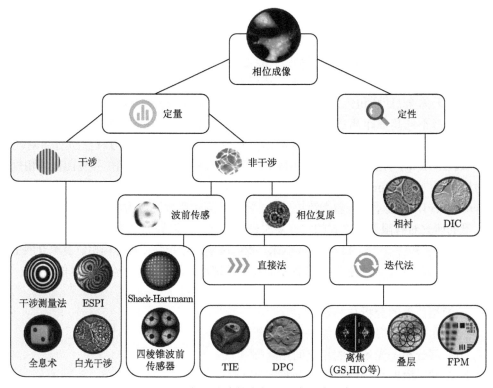

图 1-11　相位成像技术与测量方法的分类

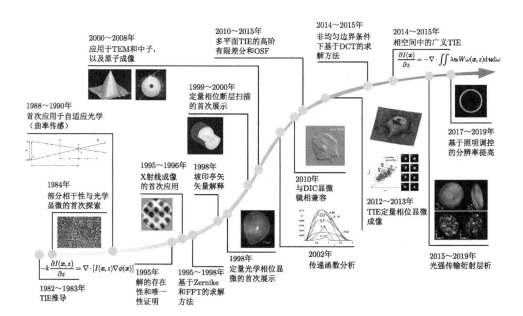

图 1-12　光强传输方程研究领域发展的时间线(在理论和实验方面的关键性进展)

如前所述，我们对相位成像与测量方法的发展作了综述性介绍，认为这些技术可分为两大类：相位可视化法(相衬成像法)与相位测量法。这两类方法的本质区别在于能否复原"定量"的相位信息。对于相位测量方法，还可细分为干涉测量法、波前传感以及相位复原法。其中干涉测量与相位复原法均有自己独立的子分支。对于相位成像与测量方法的归类可参见图1-11。而在本书随后的章节，论述的重点将集中于基于光强传输方程的非干涉相位测量技术。如前所论述的，尽管基于光强传输方程的非干涉相位复原与定量相位显微成像的研究成果近年来已被大量报道，然而时至今日尚未有一部专著集中对该极具前景的方法的基本原理、技术细节以及应用进行系统的总结与讨论。因此本书的出版恰逢契机。我们相信，本书将以一种严谨而全面的方式介绍光强传输方程这一具有代表性的非干涉相位复原与定量相位显微成像技术的基本原理和最新进展。在开始之前，我们于图1-12展示了光强传输方程这一研究领域发展的时间线，概述了相关的发展历程，并给出了理论和实验方面的里程碑节点。在本书的开头还给出了符号约定表，罗列了本书中使用的所有英文首字母缩略词与数学符号。

本书的后续章节组织如下：在第2章中，我们讨论光强传输现象及其成因，以及有关光强传输方程的基本原理与概念。从第3章至第8章，详细讨论光强传输方程的几个关键理论问题，包括光强传输方程的求解、相干光照下的成像模型、光强轴向微分估计、部分相干光照下的定量相位成像以及基于光强传输的三维衍射层析成像。第9章则介绍光强传输方程的系统结构和典型应用，其中，重点介绍了可见光波段的光学成像、光学计量和定量相位显微成像。最后，在后记中，我们对本书进行了总结，并展望了该领域目前所面临的挑战性问题以及未来可能的研究方向。

参 考 文 献

[1] Cowley J M. Diffraction physics[M]. 3rd rev. ed. Amsterdam : Elsevier Science B.V, 1995.

[2] Goodman J W. Introduction to Fourier Optics[M]. Colorado: Roberts and Company Publishers, 2005.

[3] Griffiths D J. Introduction to Electrodynamics[M]. 4th ed. Boston: Pearson, 2012.

[4] Hecht E. Optics[M]. 4th ed. Reading, Mass: Addison-Wesley, 2001.

[5] Born M, Wolf E, Bhatia A B, et al. Principles of Optics: Electromagnetic Theory of Propagation, Interference and Diffraction of Light[M]. 7th ed. Cambridge: Cambridge University Press, 1999.

[6] High-speed camera[EB/OL]. Wikipedia, 2017. https://en.wikipedia.org/wiki/High-speed_camera.

[7] Oppenheim A V, Lim J S. The importance of phase in signals[J]. Proceedings of the IEEE, 1981, 69(5): 529-541.

[8] Giloh H, Sedat J W. Fluorescence microscopy: Reduced photobleaching of rhodamine and fluorescein protein conjugates by n-propyl gallate[J]. Science, American Association for the Advancement of Science, 1982, 217(4566): 1252-1255.

[9] Webb R H. Confocal optical microscopy[J]. Rep. Prog. Phys., 1996, 59(3): 427.

[10] Diaspro A. Confocal and two-photon microscopy[M]. Hoboken: Wiley-Liss, 2002.

[11] Gustafsson M G. Surpassing the lateral resolution limit by a factor of two using structured illumination microscopy[J]. Journal of Microscopy, 2000, 198(Pt 2): 82-87.

[12] Hell S W, Wichmann J. Breaking the diffraction resolution limit by stimulated emission: stimulated-emission-depletion fluorescence microscopy[J]. Optics Letters, 1994, 19(11): 780-782.

[13] Betzig E, Patterson G H, Sougrat R, et al. Imaging intracellular fluorescent proteins at nanometer resolution[J]. Science(New York, N.Y.), 2006, 313(5793): 1642-1645.

[14] Rust M J, Bates M, Zhuang X. Sub-diffraction-limit imaging by stochastic optical reconstruction microscopy (STORM)[J]. Nature Methods, 2006, 3: 793-796.

[15] Stephens D J, Allan V J. Light microscopy techniques for live cell imaging[J]. Science, 2003, 300(5616): 82-86.

[16] Zernike F. Phase contrast, a new method for the microscopic observation of transparent objects[J]. Physica, 1942, 9(7): 686-698.

[17] Nomarski G. Differential microinterferometer with polarized waves[J]. J. Phys. Radium Paris, 1955, 16(9): 9S-13S.

[18] Popescu G. Quantitative Phase Imaging of Cells and Tissues[M]. New York: McGraw-Hill Education, 2011.

[19] Park Y, Depeursinge C, Popescu G. Quantitative phase imaging in biomedicine[J]. Nature Photon, 2018, 12(10): 578-589.

[20] Abramovici A, Althouse W E, Drever R W, et al. LIGO: The laser interferometer gravitational-wave observatory[J]. Science(New York, N.Y.), 1992, 256(5055): 325-333.

[21] Abbott B P. Observation of gravitational waves from a binary black hole merger[J]. Physical Review Letters, 2016, 116(6): 061102.

[22] Lokberg O J. Electronic speckle pattern interferometry[J]. Physics in Technology, 1980, 11(1): 16.

[23] Wang W C, Hwang C H, Lin S Y. Vibration measurement by the time-averaged electronic speckle pattern interferometry methods[J]. Applied Optics, 1996, 35(22): 4502-4509.

[24] Popescu G, Ikeda T, Dasari R R, et al. Diffraction phase microscopy for quantifying cell structure and dynamics[J]. Optics Letters, 2006, 31(6): 775-777.

[25] Schwarz C J, Kuznetsova Y, Brueck S R J. Imaging interferometric microscopy[J]. Optics Letters, 2003, 28(16): 1424-1426.

[26] Kuznetsova Y, Neumann A, Brueck S R J. Imaging interferometric microscopy-approaching the linear systems limits of optical resolution[J]. Optics Express, 2007, 15(11): 6651-6663.

[27] Schnars U, Jueptner W. Digital Holography: Digital Hologram Recording, Numerical Reconstruction, and Related Techniques[M]. New York: Springer Science and Business Media, 2005.

[28] Cuche E, Bevilacqua F, Depeursinge C. Digital holography for quantitative phase-contrast imaging[J]. Optics Letters, 1999, 24(5): 291-293.

[29] Schnars U, Jüptner W P O. Digital recording and numerical reconstruction of holograms[J]. Measurement Science and Technology, 2002, 13(9): R85.

[30] Cuche E, Marquet P, Depeursinge C. Simultaneous amplitude-contrast and quantitative phase-contrast microscopy by numerical reconstruction of Fresnel off-axis holograms[J]. Applied Optics, 1999, 38(34): 6994-7001.

[31] Cuche E, Marquet P, Depeursinge C. Spatial filtering for zero-order and twin-image elimination in digital

off-axis holography[J]. Applied Optics, 2000, 39(23): 4070-4075.

[32] Kemper B, Langehanenberg P, von Bally G. Digital Holographic Microscopy[J]. Optik and Photonik, 2007, 2(2): 41-44.

[33] Kim M K. Digital Holographic Microscopy[M]. New York: Springer, 2011: 149-190.

[34] Marquet P, Rappaz B, Magistretti P J, et al. Digital holographic microscopy: A noninvasive contrast imaging technique allowing quantitative visualization of living cells with subwavelength axial accuracy[J]. Optics Letters, 2005, 30(5): 468-470.

[35] Kemper B, von Bally G. Digital holographic microscopy for live cell applications and technical inspection[J]. Applied Optics, 2008, 47(4): A52-A61.

[36] Wang Z, Millet L, Mir M, et al. Spatial light interference microscopy(SLIM)[J]. Optics Express, 2011, 19(2): 1016-1026.

[37] Bhaduri B, Pham H, Mir M, et al. Diffraction phase microscopy with white light[J]. Optics Letters, 2012, 37(6): 1094-1096.

[38] Bon P, Maucort G, Wattellier B, et al. Quadriwave lateral shearing interferometry for quantitative phase microscopy of living cells[J]. Optics Express, 2009, 17(15): 13080-13094.

[39] Girshovitz P, Shaked N T. Compact and portable low-coherence interferometer with off-axis geometry for quantitative phase microscopy and nanoscopy[J]. Optics Express, 2013, 21(5): 5701-5714.

[40] Hartmann J. Bemerkungen uber den Bau und die Justirung von Spektrographen[J]. Zt. Instrumentenkd., 1990, 20(47): 17-27.

[41] Platt B C, Shack R. History and principles of Shack-Hartmann wavefront sensing[J]. Journal of Refractive Surgery, 2001, 17(5): S573-S577.

[42] Shack R V, Platt B. Production and use of a lenticular Hartmann screen[J]. Journal of the Optical Society of America, 1971, 61: 656.

[43] Ragazzoni R. Pupil plane wavefront sensing with an oscillating prism[J]. Journal of Modern Optics, 1996, 43(2): 289-293.

[44] Esposito S, Riccardi A. Pyramid wavefront sensor behavior in partial correction adaptive optic systems[J]. Astronomy and Astrophysics, 2001, 369(2): L9-L12.

[45] Ragazzoni R, Diolaiti E, Vernet E. A pyramid wavefront sensor with no dynamic modulation[J]. Optics Communications, 2002, 208(1-3): 51-60.

[46] Neil M A A, Booth M J, Wilson T. New modal wave-front sensor: a theoretical analysis[J]. Journal of the Optical Society of America A, 2000, 17(6): 1098-1107.

[47] Booth M J. Wave front sensor-less adaptive optics: A model-based approach using sphere packings[J]. Optics Express, 2006, 14(4): 1339-1352.

[48] Schäfer B, Mann K. Determination of beam parameters and coherence properties of laser radiation by use of an extended Hartmann-Shack wave-front sensor[J]. Applied Optics, 2002, 41(15): 2809-2817.

[49] Schäfer B, Lübbecke M, Mann K. Hartmann-Shack wave front measurements for real time determination of laser beam propagation parameters[J]. Review of Scientific Instruments, 2006, 77(5): 053103.

[50] Pfund J, Lindlein N, Schwider J, et al. Absolute sphericity measurement: a comparative study of the use of interferometry and a Shack-Hartmann sensor[J]. Optics Letters, 1998, 23(10): 742-744.

[51] Greivenkamp J E, Smith D G, Gappinger R O, et al. Optical testing using Shack-Hartmann wavefront sensors[J]. Proceeding of SPIE-The International Society for Optical Engineering, 2001, 4416: 260-263.

[52] Dayton D, Gonglewski J, Pierson B, et al. Atmospheric structure function measurements with a Shack-Hartmann wave-front sensor[J]. Optics Letters, 1992, 17(24): 1737-1739.

[53] Ricklin J C, Davidson F M. Atmospheric turbulence effects on a partially coherent Gaussian beam: implications for free-space laser communication[J]. Journal of the Optical Society of America A, Optics, image science, and vision, 2002, 19(9): 1794-1802.

[54] Booth M J. Adaptive optics in microscopy[J]. Philosophical Transactions of the Royal Society of London A: Mathematical, Physical and Engineering Sciences, 2007, 365(1861): 2829-2843.

[55] Cha J W, Ballesta J, So P T C. Shack-Hartmann wavefront-sensor-based adaptive optics system for multiphoton microscopy[J]. Journal of Biomedical Optics, 2010, 15(4): 046022.

[56] Liang J, Grimm B, Goelz S, et al. Objective measurement of wave aberrations of the human eye with the use of a Hartmann-Shack wave-front sensor[J]. Journal of the Optical Society of America A, 1994, 11(7): 1949-1957.

[57] Moreno-Barriuso E, Navarro R. Laser ray tracing versus Hartmann-Shack sensor for measuring optical aberrations in the human eye[J]. Journal of the Optical Society of America A, 2000, 17(6): 974-985.

[58] Kohnen T, Koch D D, others. Cataract and Refractive Surgery[M]. Springer, 2006.

[59] Gerchberg R W, Saxton W. A practical algorithm for the determination of the phase from image and diffraction plane pictures[J]. Optik(Jena), 1972, 35: 237.

[60] Gerchberg R W. Phase determination from image and diffraction plane pictures in the electron microscope[J]. Optik, 1971, 34(3): 275-284.

[61] Zuo J M, Vartanyants I, Gao M, et al. Atomic resolution imaging of a carbon nanotube from diffraction intensities[J]. Science, 2003, 300(5624): 1419-1421.

[62] Eisebitt S, Lüning J, Schlotter W F, et al. Lensless imaging of magnetic nanostructures by X-ray spectro-holography[J]. Nature, 2004, 432(7019): 885-888.

[63] Marchesini S, He H, Chapman H N, et al. X-ray image reconstruction from a diffraction pattern alone[J]. Physical Review B, 2003, 68(14): 140101.

[64] Gonsalves R A, Chidlaw R. Wavefront Sensing By Phase Retrieval[J]. Proceedings of the SPIE, 1979, 207: 32-39.

[65] Guyon O. Limits of adaptive optics for high-contrast imaging[J]. The Astrophysical Journal, 2005, 629(1): 592.

[66] Pedrini G, Osten W, Zhang Y. Wave-front reconstruction from a sequence of interferograms recorded at different planes[J]. Optics Letters, 2005, 30(8): 833-835.

[67] Anand A, Pedrini G, Osten W, et al. Wavefront sensing with random amplitude mask and phase retrieval[J]. Optics Letters, 2007, 32(11): 1584-1586.

[68] Almoro P F, Pedrini G, Gundu P N, et al. Phase microscopy of technical and biological samples through random phase modulation with a diffuser[J]. Optics Letters, 2010, 35(7): 1028-1030.

[69] Mudanyali O, Tseng D, Oh C, et al. Compact, light-weight and cost-effective microscope based on lensless incoherent holography for telemedicine applications[J]. Lab on a Chip, 2010, 10(11): 1417-1428.

[70] Tseng D, Mudanyali O, Oztoprak C, et al. Lensfree microscopy on a cellphone[J]. Lab on A Chip, 2010, 10(14): 1787-1792.

[71] Miao J, Charalambous P, Kirz J, et al. 61Extending the methodology of X-ray crystallography to allow imaging of micrometre-sized non-crystalline specimens[J]. Nature, 1999, 400(6742): 342-344.

[72]   Wackerman C C, Yagle A E. Use of Fourier domain real-plane zeros to overcome a phase retrieval stagnation[J]. Journal of the Optical Society of America A, 1991, 8(12): 1898-1904.

[73]   Lu G, Zhang Z, Yu F T S, et al. Pendulum iterative algorithm for phase retrieval from modulus data[J]. Optical Engineering, 1994, 33(2): 548-555.

[74]   Takajo H, Takahashi T, Kawanami H, et al. Numerical investigation of the iterative phase-retrieval stagnation problem: Territories of convergence objects and holes in their boundaries[J]. Journal of the Optical Society of America A, 1997, 14(12): 3175-3187.

[75]   Misell D L. A method for the solution of the phase problem in electron microscopy[J]. Journal of Physics D: Applied Physics, 1973, 6(1): L6.

[76]   Allen L J, Oxley M P. Phase retrieval from series of images obtained by defocus variation[J]. Optics Communications, 2001, 199(1-4): 65-75.

[77]   Zhang Y, Pedrini G, Osten W, et al. Whole optical wave field reconstruction from double or multi in-line holograms by phase retrieval algorithm[J]. Optics Express, 2003, 11(24): 3234-3241.

[78]   Bao P, Zhang F, Pedrini G, et al. Phase retrieval using multiple illumination wavelengths[J]. Optics Letters, 2008, 33(4): 309-311.

[79]   Zhang F, Pedrini G, Osten W. Phase retrieval of arbitrary complex-valued fields through aperture-plane modulation[J]. Physical Review A, 2007, 75(4): 810-814.

[80]   Fannjiang A, Liao W. Phase retrieval with random phase illumination[J]. Journal of the Optical Society of America A, 2012, 29(9): 1847-1859.

[81]   Almoro P, Pedrini G, Osten W. Complete wavefront reconstruction using sequential intensity measurements of a volume speckle field[J]. Applied Optics, 2006, 45(34): 8596-8605.

[82]   Gao P, Pedrini G, Zuo C, et al. Phase retrieval using spatially modulated illumination[J]. Optics Letters, 2014, 39(12): 3615-3618.

[83]   Bates R H T. Uniqueness of solutions to two-dimensional Fourier phase problems for localized and positive images[J]. Computer Vision, Graphics, and Image Processing, 1984, 25(2): 205-217.

[84]   Fienup J R, Wackerman C C. Phase-retrieval stagnation problems and solutions[J]. Journal of the Optical Society of America A, 1986, 3(11): 1897-1907.

[85]   Seldin J H, Fienup J R. Numerical investigation of the uniqueness of phase retrieval[J]. Journal of the Optical Society of America A, 1990, 7(3): 412-427.

[86]   Guizar-Sicairos M, Fienup J R. Understanding the twin-image problem in phase retrieval[J]. Journal of the Optical Society of America A, 2012, 29(11): 2367-2375.

[87]   Fienup J R. Phase retrieval algorithms: a comparison[J]. Applied Optics, 1982, 21(15): 2758-2769.

[88]   Fienup J R. Reconstruction of an object from the modulus of its Fourier transform[J]. Optics letters, Optical Society of America, 1978, 3(1): 27-29.

[89]   Bauschke H H, Combettes P L, Luke D R. Hybrid projection-reflection method for phase retrieval[J]. JOSA A, 2003, 20(6): 1025-1034.

[90]   Elser V. Phase retrieval by iterated projections[J]. Journal of the Optical Society of America A, 2003, 20(1): 40-55.

[91]   Luke D R. Relaxed averaged alternating reflections for diffraction imaging[J]. Inverse Problems, 2005, 21(1): 37-50.

[92]   Oszlányi G, Sütő A. Ab initio structure solution by charge flipping[J]. Acta Crystallographica Section A:

Foundations of Crystallography, International Union of Crystallography, 2004, 60(2): 134-141.

[93] Marchesini S. Invited article: A unified evaluation of iterative projection algorithms for phase retrieval[J]. Review of Scientific Instruments, American Institute of Physics, 2007, 78(1): 011301.

[94] Hegerl R, Hoppe W. Dynamische theorie der kristallstrukturanalyse durch elektronenbeugung im inhomogenen primärstrahlwellenfeld[J]. Berichte der Bunsengesellschaft für physikalische Chemie, 1970, 74(11): 1148-1154.

[95] Faulkner H M L, Rodenburg J M. Movable aperture lensless transmission microscopy: A novel phase retrieval algorithm[J]. Physical Review Letters, 2004, 93(2): 023903.

[96] Faulkner H M L, Rodenburg J M. Error tolerance of an iterative phase retrieval algorithm for moveable illumination microscopy[J]. Ultramicroscopy, 2005, 103(2): 153-164.

[97] Guizar-Sicairos M, Fienup J R. Phase retrieval with transverse translation diversity: a nonlinear optimization approach[J]. Optics Express, 2008, 16(10): 7264-7278.

[98] Thibault P, Dierolf M, Menzel A, et al. High-resolution scanning X-ray diffraction microscopy[J]. Science, 2008, 321(5887): 379-382.

[99] Maiden A M, Rodenburg J M. An improved ptychographical phase retrieval algorithm for diffractive imaging[J]. Ultramicroscopy, 2009, 109(10): 1256-1262.

[100] Thibault P, Dierolf M, Bunk O, et al. Probe retrieval in ptychographic coherent diffractive imaging[J]. Ultramicroscopy, 2009, 109(4): 338-343.

[101] Thibault P, Guizar-Sicairos M. Maximum-likelihood refinement for coherent diffractive imaging[J]. New Journal of Physics, 2012, 14(6): 063004.

[102] Maiden A, Johnson D, Li P. Further improvements to the ptychographical iterative engine[J]. Optica, 2017, 4(7): 736-745.

[103] Maiden A M, Humphry M J, Sarahan M C, et al. An annealing algorithm to correct positioning errors in ptychography[J]. Ultramicroscopy, 2012, 120: 64-72.

[104] Beckers M, Senkbeil T, Gorniak T, et al. Drift correction in ptychographic diffractive imaging[J]. Ultramicroscopy, 2013, 126: 44-47.

[105] Zhang F, Peterson I, Vila-Comamala J, et al. Translation position determination in ptychographic coherent diffraction imaging[J]. Optics Express, 2013, 21(11): 13592-13606.

[106] Thibault P, Menzel A. Reconstructing state mixtures from diffraction measurements[J]. Nature, 2013, 494(7435): 68-71.

[107] Batey D J, Claus D, Rodenburg J M. Information multiplexing in ptychography[J]. Ultramicroscopy, 2014, 138: 13-21.

[108] Clark J N, Huang X, Harder R J, et al. Dynamic imaging using ptychography[J]. Physical Review Letters, 2014, 112(11).

[109] Karl R, Bevis C, Lopez-Rios R, et al. Spatial, spectral, and polarization multiplexed ptychography[J]. Optics Express, 2015, 23(23): 30250.

[110] Maiden A M, Humphry M J, Zhang F, et al. Superresolution imaging via ptychography[J]. Journal of the Optical Society of America A, 2011, 28(4): 604-612.

[111] Humphry M J, Kraus B, Hurst A C, et al. Ptychographic electron microscopy using high-angle dark-field scattering for sub-nanometre resolution imaging[J]. Nature Communications, 2012, 3: 730.

[112] Stockmar M, Cloetens P, Zanette I, et al. Near-field ptychography: Phase retrieval for inline holography using

a structured illumination[J]. Scientific Reports, 2013, 3(1): 1927.

[113] Takahashi Y, Suzuki A, Furutaku S, et al. High-resolution and high-sensitivity phase-contrast imaging by focused hard X-ray ptychography with a spatial filter[J]. Applied Physics Letters, 2013, 102(9): 094102.

[114] Maiden A M, Humphry M J, Rodenburg J M. Ptychographic transmission microscopy in three dimensions using a multi-slice approach[J]. Journal of the Optical Society of America A, 2012, 29(8): 1606-1614.

[115] Godden T M, Suman R, Humphry M J, et al. Ptychographic microscope for three-dimensional imaging[J]. Optics Express, 2014, 22(10): 12513-12523.

[116] Suzuki A, Furutaku S, Shimomura K, et al. High-resolution multislice X-ray ptychography of extended thick objects[J]. Physical Review Letters, 2014, 112(5): 053903.

[117] Shimomura K, Suzuki A, Hirose M, et al. Precession X-ray ptychography with multislice approach[J]. Physical Review B, 2015, 91(21).

[118] Thibault P, Elser V, Jacobsen C, et al. Reconstruction of a yeast cell from X-ray diffraction data[J]. Acta Crystallographica Section A: Foundations and Advances, 2006, 62(4): 248-261.

[119] Rodenburg J M, Hurst A C, Cullis A G, et al. Hard-X-ray lensless imaging of extended objects[J]. Physical Review Letters, 2007, 98(3).

[120] Giewekemeyer K, Thibault P, Kalbfleisch S, et al. Quantitative biological imaging by ptychographic X-ray diffraction microscopy[J]. Proceedings of the National Academy of Sciences, 2010, 107(2): 529-534.

[121] Maiden A M, Morrison G R, Kaulich B, et al. Soft X-ray spectromicroscopy using ptychography with randomly phased illumination[J]. Nature Communications, 2013, 4: 1669.

[122] Rodenburg J M, Hurst A C, Cullis A G. Transmission microscopy without lenses for objects of unlimited size[J]. Ultramicroscopy, 2007, 107(2-3): 227-231.

[123] Hue F, Rodenburg J M, Maiden A M, et al. Extended ptychography in the transmission electron microscope: Possibilities and limitations[J]. Ultramicroscopy, 2011, 111(8): 1117-1123.

[124] Hue F, Rodenburg J M, Maiden A M, et al. Wave-front phase retrieval in transmission electron microscopy via ptychography[J]. Physical Review B, 2010, 82(12).

[125] Brady G R, Guizar-Sicairos M, Fienup J R. Optical wavefront measurement using phase retrieval with transverse translation diversity[J]. Optics Express, 2009, 17(2): 624-639.

[126] Maiden A M, Rodenburg J M, Humphry M J. Optical ptychography: A practical implementation with useful resolution[J]. Optics Letters, 2010, 35(15): 2585-2587.

[127] Marrison J, Räty L, Marriott P, et al. Ptychography-a label free, high-contrast imaging technique for live cells using quantitative phase information[J]. Scientific Reports, 2013, 3(1): 2369.

[128] Zheng G, Horstmeyer R, Yang C. Wide-field, high-resolution Fourier ptychographic microscopy[J]. Nature Photonics, 2013, 7(9): 739-745.

[129] Ou X, Zheng G, Yang C. Embedded pupil function recovery for Fourier ptychographic microscopy[J]. Optics Express, 2014, 22(5): 4960.

[130] Sun J, Chen Q, Zhang Y, et al. Efficient positional misalignment correction method for Fourier ptychographic microscopy[J]. Biomedical Optics Express, 2016, 7(4): 1336.

[131] Yeh L H, Dong J, Zhong J, et al. Experimental robustness of Fourier ptychography phase retrieval algorithms[J]. Optics Express, 2015, 23(26): 33214.

[132] Dong S, Shiradkar R, Nanda P, et al. Spectral multiplexing and coherent-state decomposition in Fourier ptychographic imaging[J]. Biomedical Optics Express, 2014, 5(6): 1757.

[133] Tian L, Li X, Ramchandran K, et al. Multiplexed coded illumination for Fourier Ptychography with an LED array microscope[J]. Biomedical Optics Express, 2014, 5(7): 2376-2389.

[134] Sun J, Chen Q, Zhang Y, et al. Sampling criteria for Fourier ptychographic microscopy in object space and frequency space[J]. Optics Express, 2016, 24(14): 15765.

[135] Tian L, Waller L. 3D intensity and phase imaging from light field measurements in an LED array microscope[J]. Optica, 2015, 2(2): 104.

[136] Horstmeyer R, Chung J, Ou X, et al. Diffraction tomography with Fourier ptychography[J]. Optica, 2016, 3(8): 827-835.

[137] Zuo C, Sun J, Li J, et al. Wide-field high-resolution 3D microscopy with fourier ptychographic diffraction tomography[J]. Optics and Lasers in Engineering, 2020, 128: 106003.

[138] Horstmeyer R, Chen R Y, Ou X, et al. Solving ptychography with a convex relaxation[J]. New Journal of Physics, 2015, 17(5): 053044.

[139] Zuo C, Sun J, Chen Q. Adaptive step-size strategy for noise-robust Fourier ptychographic microscopy[J]. Optics Express, 2016, 24(18): 20724.

[140] Sun J, Zuo C, Zhang L, et al. Resolution-enhanced Fourier ptychographic microscopy based on high-numerical-aperture illuminations[J]. Scientific Reports, 2017, 7(1): 1187.

[141] Williams G J, Quiney H M, Peele A G, et al. Coherent diffractive imaging and partial coherence[J]. Physical Review B, APS, 2007, 75(10): 104102.

[142] Teague M R. Irradiance moments: Their propagation and use for unique retrieval of phase[J]. Journal of the Optical Society of America, 1982, 72(9): 1199-1209.

[143] Teague M R. Deterministic phase retrieval: a Green's function solution[J]. Journal of the Optical Society of America, 1983, 73(11): 1434-1441.

[144] Streibl N. Phase imaging by the transport equation of intensity[J]. Optics Communications, 1984, 49(1): 6-10.

[145] Ichikawa K, Lohmann A W, Takeda M. Phase retrieval based on the irradiance transport equation and the Fourier transform method: experiments[J]. Applied Optics, 1988, 27(16): 3433-3436.

[146] Roddier F. Wavefront sensing and the irradiance transport equation[J]. Applied Optics, 1990, 29(10): 1402-1403.

[147] Roddier F, Roddier C, Roddier N. Curvature Sensing: A New Wavefront Sensing Method[C]. Proc. SPIE, 1988, 976: 203-209.

[148] Roddier F. Curvature sensing and compensation: a new concept in adaptive optics[J]. Applied Optics, 1988, 27(7): 1223-1225.

[149] Roddier N A. Algorithms for wavefront reconstruction out of curvature sensing data[C]. Proc. SPIE, 1991, 1542: 120-129.

[150] Roddier F, Roddier C. Wavefront reconstruction using iterative Fourier transforms[J]. Applied Optics, 1991, 30(11): 1325-1327.

[151] Roddier F, Northcott M, Graves J E. A simple low-order adaptive optics system for near infrared applications [J]. Publications of the Astronomical Society of the Pacific, 1991, 103(659): 131.

[152] Roddier F J, Anuskiewicz J, Graves J E, et al. Adaptive optics at the University of Hawaii I: current performance at the telescope[C]. Proc. SPIE, 1994, 2201: 2-9.

[153] Graves J E, Northcott M J, Roddier F J, et al. First light for Hokupa'a 36 on Gemini North[C]. Proc. SPIE,

2000, 4007: 26-30.

[154] Arsenault R, Alonso J, Bonnet H, et al. MACAO-VLTI: an adaptive optics system for the ESO interferometer[C]. Proc. SPIE, 2003, 4839: 174-185.

[155] Hayano Y, Takami H, Guyon O, et al. Current status of the laser guide star adaptive optics system for Subaru telescope[C]. Proceedings of Spie the International Society for Optical Engineering, 2008, 7015: 701510.

[156] Gureyev T E, Roberts A, Nugent K A. Partially coherent fields, the transport-of-intensity equation, and phase uniqueness[J]. Journal of the Optical Society of America A, 1995, 12(9): 1942-1946.

[157] Gureyev T E, Roberts A, Nugent K A. Phase retrieval with the transport-of-intensity equation: matrix solution with use of Zernike polynomials[J]. Journal of the Optical Society of America A, 1995, 12(9): 1932-1941.

[158] Gureyev T E, Nugent K A. Phase retrieval with the transport-of-intensity equation. II. Orthogonal series solution for nonuniform illumination[J]. Journal of the Optical Society of America A, 1996, 13(8): 1670-1682.

[159] Gureyev T E, Nugent K A. Rapid quantitative phase imaging using the transport of intensity equation[J]. Optics Communications, 1997, 133(1): 339-346.

[160] Paganin D, Nugent K A. Noninterferometric phase imaging with partially coherent light[J]. Physical Review Letters, 1998, 80(12): 2586.

[161] Snigirev A, Snigireva I, Kohn V, et al. On the possibilities of X-ray phase contrast microimaging by coherent high-energy synchrotron radiation[J]. Review of scientific instruments, American Institute of Physics, 1995, 66(12): 5486-5492.

[162] Nugent K A, Gureyev T E, Cookson D F, et al. Quantitative phase imaging using hard X rays[J]. Physical Review Letters, 1996, 77(14): 2961.

[163] Wilkins S, Gureyev T E, Gao D, et al. Phase-contrast imaging using polychromatic hard X-rays[J]. Nature, 1996, 384(6607): 335.

[164] Cloetens P, Ludwig W, Baruchel J, et al. Holotomography: Quantitative phase tomography with micrometer resolution using hard synchrotron radiation X rays[J]. Applied Physics Letters, 1999, 75(19): 2912-2914.

[165] Allman B E, McMahon P J, Nugent K A, et al. Phase radiography with neutrons[J]. Nature, 2000, 408(6809): 158.

[166] Mcmahon P, Allman B, Jacobson D L, et al. Quantitative phase radiography with polychromatic neutrons[J]. Physical Review Letters, APS, 2003, 91(14): 145502.

[167] Bajt S, Barty A, Nugent K A, et al. Quantitative phase-sensitive imaging in a transmission electron microscope[J]. Ultramicroscopy, 2000, 83(1-2): 67-73.

[168] Allen L J, Faulkner H M L, Nugent K A, et al. Phase retrieval from images in the presence of first-order vortices[J]. Physical Review E Statistical Nonlinear and Soft Matter Physics, 2001, 63(3): 037602.

[169] Allen L J, Faulkner H M L, Oxley M, et al. Phase retrieval and aberration correction in the presence of vortices in high-resolution transmission electron microscopy[J]. Ultramicroscopy, 2001, 88(2): 85-97.

[170] Mcmahon P, Barone-Nugent E, Allman B, et al. Quantitative phase-amplitude microscopy II: differential interference contrast imaging for biological TEM[J]. Journal of Microscopy, 2002, 206(3): 204-208.

[171] Volkov V, Zhu Y. Phase imaging and nanoscale currents in phase objects imaged with fast electrons[J].

Physical Review Letters, 2003, 91(4): 043904.

[172] Beleggia M, Schofield M A, Volkov V V, et al. On the transport of intensity technique for phase retrieval[J]. Ultramicroscopy, 2004, 102(1): 37-49.

[173] Volkov V V, Zhu Y. Lorentz phase microscopy of magnetic materials[J]. Ultramicroscopy, 2004, 98(2): 271-281.

[174] McVitie S, Cushley M. Quantitative Fresnel Lorentz microscopy and the transport of intensity equation[J]. Ultramicroscopy, 2006, 106(4-5): 423-431.

[175] Petersen T C, Keast V J, Paganin D M. Quantitative TEM-based phase retrieval of MgO nano-cubes using the transport of intensity equation[J]. Ultramicroscopy, 2008, 108(9): 805-815.

[176] Barty A, Nugent K A, Paganin D, et al. Quantitative optical phase microscopy[J]. Optics Letters, 1998, 23(11): 817-819.

[177] Barty A, Nugent K, Roberts A, et al. Quantitative phase tomography[J]. Optics Communications, 2000, 175(4-6): 329-336.

[178] Barone-Nugent E D, Barty A, Nugent K A. Quantitative phase-amplitude microscopy I: optical microscopy[J]. Journal of Microscopy, 2002, 206(3): 194-203.

[179] Streibl N. Three-dimensional imaging by a microscope[J]. Journal of the Optical Society of America A, 1985, 2(2): 121-127.

[180] Sheppard C J. Three-dimensional phase imaging with the intensity transport equation[J]. Applied Optics, 2002, 41(28): 5951-5955.

[181] Roddier C, Roddier F. Wave-front reconstruction from defocused images and the testing of ground-based optical telescopes[J]. Journal of the Optical Society of America A, 1993, 10(11): 2277-2287.

[182] Curl C L, Bellair C J, Harris P J, et al. Quantitative phase microscopy: A new tool for investigating the structure and function of unstained live cells[J]. Clinical and Experimental Pharmacology and Physiology, 2004, 31(12): 896-901.

[183] Curl C L, Bellair C J, Harris P J, et al. Single cell volume measurement by quantitative phase microscopy(QPM): a case study of erythrocyte morphology[J]. Cellular Physiology and Biochemistry: International Journal of Experimental Cellular Physiology, Biochemistry, and Pharmacology, 2006, 17(5-6): 193-200.

[184] Ross G J, Bigelow A W, Randers-Pehrson G, et al. Phase-based cell imaging techniques for microbeam irradiations[J]. Nuclear Instruments and Methods in Physics Research Section B: Beam Interactions with Materials and Atoms, 2005, 241(1): 387-391.

[185] Dragomir N M, Goh X M, Curl C L, et al. Quantitative polarized phase microscopy for birefringence imaging[J]. Optics Express, 2007, 15(26): 17690-17698.

[186] Roberts A, Ampem-Lassen E, Barty A, et al. Refractive-index profiling of optical fibers with axial symmetry by use of quantitative phase microscopy[J]. Optics Letters, 2002, 27(23): 2061-2063.

[187] Ampem-Lassen E, Huntington S T, Dragomir N M, et al. Refractive index profiling of axially symmetric optical fibers: a new technique[J]. Optics Express, 2005, 13(9): 3277-3282.

[188] Dorrer C, Zuegel J D. Optical testing using the transport-of-intensity equation[J]. Optics Express, 2007, 15(12): 7165-7175.

[189] Darudi A, Shomali R, Tavassoly M T. Determination of the refractive index profile of a symmetric fiber preform by the transport of intensity equation[J]. Optics and Laser Technology, 2008, 40(6): 850-853.

[190] Kou S S, Waller L, Barbastathis G, et al. Transport-of-intensity approach to differential interference

contrast (TI-DIC)microscopy for quantitative phase imaging[J]. Opt. Lett., Optical Society of America, 2010, 35(3): 447-449.

[191] Waller L, Tian L, Barbastathis G. Transport of intensity phase-amplitude imaging with higher order intensity derivatives[J]. Optics Express, 2010, 18(12): 12552-12561.

[192] Waller L, Luo Y, Yang S Y, et al. Transport of intensity phase imaging in a volume holographic microscope[J]. Optics Letters, 2010, 35(17): 2961-2963.

[193] Waller L, Kou S S, Sheppard C J R, et al. Phase from chromatic aberrations[J]. Optics Express, 2010, 18(22): 22817-22825.

[194] Kou S S, Waller L, Barbastathis G, et al. Quantitative phase restoration by direct inversion using the optical transfer function[J]. Optics Letters, 2011, 36(14): 2671-2673.

[195] Almoro P F, Waller L, Agour M, et al. Enhanced deterministic phase retrieval using a partially developed speckle field[J]. Optics Letters, 2012, 37(11): 2088-2090.

[196] Gorthi S S, Schonbrun E. Phase imaging flow cytometry using a focus-stack collecting microscope[J]. Optics Letters, 2012, 37(4): 707-709.

[197] Waller L, Tsang M, Ponda S, et al. Phase and amplitude imaging from noisy images by Kalman filtering[J]. Optics Express, 2011, 19(3): 2805-2815.

[198] Xue B, Zheng S, Cui L, et al. Transport of intensity phase imaging from multiple intensities measured in unequally-spaced planes[J]. Optics Express, 2011, 19(21): 20244-20250.

[199] Bie R, Yuan X H, Zhao M, et al. Method for estimating the axial intensity derivative in the TIE with higher order intensity derivatives and noise suppression[J]. Optics Express, 2012, 20(7): 8186-8191.

[200] Zheng S, Xue B, Xue W, et al. Transport of intensity phase imaging from multiple noisy intensities measured in unequally-spaced planes[J]. Optics Express, 2012, 20(2): 972-985.

[201] Martinez-Carranza J, Falaggis K, Kozacki T. Optimum measurement criteria for the axial derivative intensity used in transport of intensity-equation-based solvers[J]. Optics Letters, 2014, 39(2): 182-185.

[202] Falaggis K, Kozacki T, Kujawinska M. Optimum plane selection criteria for single-beam phase retrieval techniques based on the contrast transfer function[J]. Optics Letters, Optical Society of America, 2014, 39(1): 30-33.

[203] Zuo C, Chen Q, Asundi A. Boundary-artifact-free phase retrieval with the transport of intensity equation: Fast solution with use of discrete cosine transform[J]. Optics Express, 2014, 22(8): 9220.

[204] Zuo C, Chen Q, Li H, et al. Boundary-artifact-free phase retrieval with the transport of intensity equation II: applications to microlens characterization[J]. Optics Express, 2014, 22(15): 18310-18324.

[205] Huang L, Zuo C, Idir M, et al. Phase retrieval with the transport-of-intensity equation in an arbitrarily shaped aperture by iterative discrete cosine transforms[J]. Optics Letters, 2015, 40(9): 1976-1979.

[206] Zuo C, Chen Q, Huang L, et al. Phase discrepancy analysis and compensation for fast Fourier transform based solution of the transport of intensity equation[J]. Optics Express, 2014, 22(14): 17172.

[207] Zuo C, Chen Q, Yu Y, et al. Transport-of-intensity phase imaging using Savitzky-Golay differentiation filter-theory and applications[J]. Optics Express, 2013, 21(5): 5346-5362.

[208] Sun J, Zuo C, Chen Q. Iterative optimum frequency combination method for high efficiency phase imaging of absorptive objects based on phase transfer function[J]. Optics Express, 2015, 23(21): 28031-28049.

[209] Zuo C, Chen Q, Asundi A. Light field moment imaging: comment[J]. Optics Letters, 2014, 39(3): 654.

[210] Zuo C, Chen Q, Tian L, et al. Transport of intensity phase retrieval and computational imaging for

partially coherent fields: The phase space perspective[J]. Optics and Lasers in Engineering, 2015, 71: 20-32.

[211] Zuo C, Sun J, Li J, et al. High-resolution transport-of-intensity quantitative phase microscopy with annular illumination[J]. Scientific Reports, 2017, 7(1): 7654.

[212] Li J, Chen Q, Zhang J, et al. Efficient quantitative phase microscopy using programmable annular LED illumination[J]. Biomedical Optics Express, 2017, 8(10): 4687-4705.

[213] Li J, Chen Q, Sun J, et al. Optimal illumination pattern for transport-of-intensity quantitative phase microscopy[J]. Optics Express, 2018, 26(21): 27599-27614.

[214] Li J, Zhou N, Bai Z, et al. Optimization analysis of partially coherent illumination for refractive index tomographic microscopy[J]. Optics and Lasers in Engineering, 2021, 143(1): 106624.

[215] Li J, Matlock A, Li Y, et al. Resolution-enhanced intensity diffraction tomography in high numerical aperture label-free microscopy[J]. Photonics Research, 2020, 8(12): 1818-1826.

[216] Zuo C, Sun J, Zhang J, et al. Lensless phase microscopy and diffraction tomography with multi-angle and multi-wavelength illuminations using a LED matrix[J]. Optics express, 2015, 23(11): 14314-14328.

[217] Li J, Chen Q, Zhang J, et al. Optical diffraction tomography microscopy with transport of intensity equation using a light-emitting diode array[J]. Optics and lasers in engineering, 2017, 95: 26-34.

[218] Li J, Chen Q, Sun J, et al. Three-dimensional tomographic microscopy technique with multi-frequency combination with partially coherent illuminations[J]. Biomedical optics express, 2018, 9(6): 2526-2542.

[219] Li J, Chen Q, Sun J, et al. Multimodal computational microscopy based on transport of intensity equation[J]. Journal of Biomedical Optics, 2016, 21(12): 126003.

[220] Zuo C, Chen Q, Qu W, et al. Noninterferometric single-shot quantitative phase microscopy[J]. Optics Letters, 2013, 38(18): 3538-3541.

[221] Zuo C, Chen Q, Qu W, et al. High-speed transport-of-intensity phase microscopy with an electrically tunable lens[J]. Optics Express, 2013, 21(20): 24060 -24075.

[222] Lu L, Fan Y, Sun J, et al. Accurate quantitative phase imaging by the transport of intensity equation: a mixed-transfer-function approach[J]. Optics Letters, 2021, 46(7): 1740-1743.

[223] Zhang J, Chen Q, Sun J, et al. On a universal solution to the transport-of-intensity equation[J]. Optics Letters, 2020, 45(13): 3649-3652.

[224] Fan Y, Li J, Lu L, et al. Smart Computational Light Microscopes(SCLMs)of Smart Computational Imaging Laboratory(SCILab)[J]. Photonix, 2021, 2(19): 1-65.

2 光强传输方程的基本概念 > > >

光强传输方程本身是一个偏微分方程，它描述了光波的轴向光强变化量与相位的定量耦合关系。在本章，我们首先抛弃一切复杂的数学公式，从最简单的物理现象出发，用最浅显的语言解释光强传输现象及其成因(2.1 节)。然后在 2.2 节，我们将利用三种不同的方法，以严格的数学物理理论为基础推导出光强传输方程。最后在 2.3 节，将对光强传输方程的数学表达与其所蕴含的物理意义作较为严格的阐述，并与 2.1 节前后照应。

2.1 光强传输效应

传统的光探测器(如 CMOS、CCD)仅对光强信息敏感而无法探测相位信息，而大部分相位测量方法都需要将不可见的相位信息转化为可见的光强信号进行探测。例如，经典干涉测量法通过两个相干光束的空间叠加将不可见的相位信息转换为可见的干涉条纹，进而可被光电探测器所记录，最后，通过条纹分析算法可从干涉图中解调出定量的相位分布。

光波相位信息向强度信息的转化其实不仅仅依赖于干涉。光波其自身的传播效应就是一种自发的光强—相位的转化过程。设想晴天时的游泳池，由于微风吹拂，或是有谁刚丢进去一个游泳圈，水面泛起一丝丝涟漪。朝池底看去，可以看到不停变化的明暗相间的网络结构。这种结构是阳光经过水面波纹的折射而产生的。水面的涟漪就如同透镜一般，将透射的光线重新分配并"堆积"在池底的某些区域，而不再均匀地洒在整个底面上；当水波的曲率足够大时，则能将某些光线聚焦在池底，这就形成了如图 2-1 右图所示的一些亮线网络。

以上现象与相位复原有什么关系呢？其实涟漪起伏的水面就是一个"相位"物体，虽然水是透明的，但是它可以改变入射光的相位。池底明暗相间的网络结构，正是这种波纹状的相位结构在经过一段传播距离后的自我显现与转变(相位在传播过程中引起强度的变化)，我们称该现象为光强传输(transport of intensity)效应。在这一场景中，既没有"激光"，也不存在"干涉"，但泳池底部的光强图案却与干涉条纹有异曲同工之妙。这种现象表明，相位可以被转化为光强(称为相衬)，并且不需要借助于干涉。与池底的明暗图案反映水面特性类似，光强传输方程"非干涉"相位复原的根本目的，就是通过测量这种由相位结构在离焦平面导致的强度改变(相衬信号)从而反演出定量相位分布。通俗来说，即是通过池底明暗相间的条纹恢复出水面的形貌。

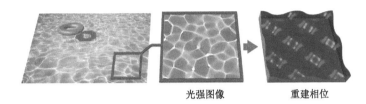

光强图像　　　　　　重建相位

图 2-1　晴天游泳池底的光波图案

光强传输效应其实对于我们来说并不陌生。生活中许多有趣的现象：如夜晚闪烁的星空、夏天太阳暴晒下的柏油马路散发出腾腾热气导致的视线扭曲等，都是光强传输效应的具体体现。这说明相位本身虽然不可见，却无时无刻不巧妙隐晦地强调着它的存在。当然，光强传输效应并不是任何时候都能观察得到的。比如当游泳池水面完全静止不动时，其表面接近于平面，此时在池底就无法观测到明暗相间的图案。这可以借助于如图 2-2 所示的几何光学理论进行定性解释。假如我们所研究的光波信号是完美的平面波，经过一段传输距离 Δz 后，其强度并不会发生任何改变，如图 2-2(a)所示。这是因为平面波沿着 z 轴传播，其可以看作一束平行的光线，其传播方向垂直于波前(等相位面，见图 2-2(c))，即均沿着 z 轴。由于光线在自由空间中是沿直线传播的，所以不论在哪个位置，其光强的分布都是相同的。然而当所研究的信号并非平面波时，随着传播距离的改变，其强度会发生相应的改变，如图 2-2(b)所示。图 2-2(c)给出了这种现象的一个直观的几何解释，虽然波前分布并不是均匀的，但我们可以将其看成若干"分块均匀"的函数组合，在每块小区域中，波前的分布可以用平面波来近似，即在这些区域内光线的传输方向是垂直于其对应的波前的。然而从整体上来看，相位分布是不均匀的，所以处于不同位置的局部区域光线的分布与传输方向都会有所不同，必然导致在某些区域的光线出现会聚或者发散的现象，从而导致了光强在传播的过程中发生变化。此外，光强传输效应对于光源的空间相干性也是具有一定要求的。想象在阴天的情况下，太阳光不再是直射池面，而是经过云层的多次散射，

此时就难以再观测到光强传输现象(这部分内容将在第 6 章进行详细分析)。光强
传输方程正是借助于上述光强传输效应,建立了轴向光强变换与相位间的关系,
通过求解该方程直接复原定量相位分布。在下一小节里,我们将介绍光强传输方
程及其详细推导。

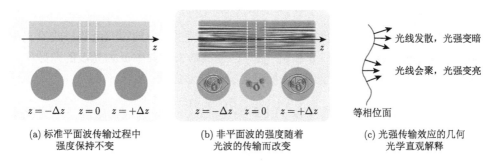

(a) 标准平面波传输过程中　　(b) 非平面波的强度随着　　(c) 光强传输效应的几何
　　强度保持不变　　　　　　　　光波的传输而改变　　　　　光学直观解释

图 2-2　相位在光强传输效应中重要作用

2.2　光强传输方程的推导

1983 年,Teague[1]首次利用一个二阶椭圆偏微分方程建立了光场在传播过程中
沿着光轴方向上光强度的变化量与垂直于光轴平面上光波的相位的定量关系,该方
程被称为光强传输方程。考虑一沿 z 轴传播的傍轴单色相干光波,其复振幅可以表
示为 $U(\boldsymbol{x}, z) = \sqrt{I(\boldsymbol{x}, z)} \exp[\mathrm{j}\phi(\boldsymbol{x})]$,光强传输方程可以表示为

$$-k\frac{\partial I(\boldsymbol{x}, z)}{\partial z} = \nabla \cdot [I(\boldsymbol{x}, z)\nabla\phi(\boldsymbol{x})] \tag{2-1}$$

其中,k 是波数,$k = 2\pi / \lambda$;$\boldsymbol{x}$ 是横向位置坐标,$\boldsymbol{x} = (x, y)$;$I(\boldsymbol{x}, z)$ 为位于 z 平
面的光强分布;∇ 是作用于 $\boldsymbol{x}$ 平面的哈密顿算符。1983 年,Teague[1]将光波复振
幅代入傍轴近似下亥姆霍兹方程(傍轴波动方程),然后分离实部虚部得到了光强
传输方程。其实光强传输方程还可在傍轴近似下利用坡印亭定理,或者利用菲涅
耳衍射定律在小传播距离极限下推导得到。下面我们就采用三种常用方法推导光
强传输方程。

2.2.1　利用傍轴波动方程推导光强传输方程

光强传输方程可由傍轴波动方程进一步推导得出,这也是 1983 年 Teague[1]首次
推导光强传输方程时所采用的方法。我们知道单色相干光波的自由传播必须遵循
亥姆霍兹方程(Helmholtz equation)[2]:

$$(\nabla^2 + k^2)U(\boldsymbol{r}) = 0 \tag{2-2}$$

其中，∇ 为三维空间 $\boldsymbol{r} = (\boldsymbol{x}, z)$ 中的哈密顿算符。亥姆霍兹方程是波的复振幅必须满足的方程，平面波和球面波都是亥姆霍兹方程的基本解。考虑一沿 z 轴传播的傍轴单色相干光波场，其可以被表示为

$$U(\boldsymbol{r}) \approx U(\boldsymbol{x}, z)\exp(\mathrm{j}kz) \tag{2-3}$$

其中，$U(\boldsymbol{x}, z)$ 为该傍轴光波场的标量复振幅，其是关于 z 的缓变函数，式(2-3)中与时间相关的快速波动的部分 $\exp(-\mathrm{j}\omega t)$ 已经被略去，其中 ω 为光波的角频率。将式(2-3)代入亥姆霍兹方程并经化简可得傍轴波动方程：

$$\nabla^2 U(\boldsymbol{x}, z) + 2\mathrm{j}k\frac{\partial U(\boldsymbol{x}, z)}{\partial z} = 0 \tag{2-4}$$

其中，∇ 为 (x, y) 平面内的哈密顿算符。其描述了单色相干光波在傍轴下复振幅传播必须遵循的规律。接下来将标量复振幅表达式 $U(\boldsymbol{x}, z) = \sqrt{I(\boldsymbol{x})}\exp[\mathrm{j}\phi(\boldsymbol{x})]$ 代入傍轴波动方程式，并取其实部可以得到(在下面的推导中，坐标将被省略以便简化表示)

$$\nabla(U^*\nabla U - U\nabla U^*) + 2\mathrm{j}k\left(U^*\frac{\partial U}{\partial z} + U\frac{\partial U^*}{\partial z}\right) = 0 \tag{2-5}$$

其中，

$$\nabla U = \mathrm{j}U\nabla\phi \tag{2-6}$$

$$U^*\nabla U = U^*\mathrm{j}U\nabla\phi = \mathrm{j}I\nabla\phi \tag{2-7}$$

$$\nabla(U^*\nabla U - U\nabla U^*) = 2\mathrm{j}I\nabla\phi \tag{2-8}$$

$$\mathrm{j}\left(U^*\frac{\partial U}{\partial z} + U\frac{\partial U^*}{\partial z}\right) = \mathrm{j}\left(\frac{\partial}{\partial z}UU^*\right) = \mathrm{j}\frac{\partial I}{\partial z} \tag{2-9}$$

将式(2-8)与式(2-9)代入式(2-5)，可推导得到我们所要的光强传输方程：

$$-k\frac{\partial I}{\partial z} = \nabla \cdot (I\nabla\phi) \tag{2-10}$$

其是关于相位 ϕ 的二次椭圆型偏微分方程。同理，利用近轴波动方程的虚部可以得到相位传输方程：

$$-2kI^2\frac{\partial\phi}{\partial z} = \frac{1}{2}I\nabla^2 I - \frac{1}{4}(\nabla I)^2 - I^2(\nabla\phi)^2 + kI^2 \tag{2-11}$$

该方程由于阶次较高，难以直接应用，所以并未得到较多关注。考虑本书的完整性，这里也给出了该方程的表达式。

2.2.2　利用菲涅耳衍射公式推导光强传输方程

如何将衍射场空间中任意一点处的复振幅用光场中其他点的复振幅准确表示出来,是衍射理论研究的基本问题。而相干光波场的衍射规律可以由"系统"的观点在空域或者空间频率域上精确描述。以下我们通过菲涅耳衍射公式在空域与频域分别推导光强传输方程。

1)利用菲涅耳衍射公式在空域的卷积形式推导光强传输方程

在惠更斯-菲涅耳原理的基础上,1883年基尔霍夫根据亥姆霍兹方程和格林定理,通过假定衍射屏的边界条件,导出了严格的基尔霍夫衍射(Kirchhoff diffraction)公式[3]。其基本思想是基于线性叠加原理:由于任意复杂的光源都可以看成点光源的集合,所以总可以将复杂光波分解为简单球面波的线性组合,且波动方程的线性性质允许每个球面波分别应用上述原理,再把它们在衍射平面上所产生的贡献叠加起来。考虑光波场在三维空间中的复振幅为 $U_0(\boldsymbol{r}) = a(\boldsymbol{r})\mathrm{e}^{\mathrm{j}\phi(\boldsymbol{r})}$ (为了简化坐标表示,令 $\boldsymbol{r} = (\boldsymbol{x}, z)$ 表示空间三维坐标向量),在传播 Δz 的距离后得到的光场的复振幅信息可以表示为

$$U_{\Delta z}(\boldsymbol{r}) = \int U_0(\boldsymbol{r}')h(\boldsymbol{r}', \boldsymbol{r})\mathrm{d}\boldsymbol{r} \tag{2-12}$$

上式表明光波的传输现象可以看作一个线性系统,系统的脉冲响应 $h(\boldsymbol{r}', \boldsymbol{r})$ 正是 $\boldsymbol{r}'$ 点发出的球面子波传播在观察面上产生的复振幅。

$$h_{\Delta z}(\boldsymbol{r}', \boldsymbol{r}) = \frac{1}{\mathrm{j}\lambda}K(\theta)\frac{\exp(\mathrm{j}k\,|\,\boldsymbol{r} - \boldsymbol{r}'\,|)}{|\,\boldsymbol{r} - \boldsymbol{r}'\,|} \tag{2-13}$$

其中, $\dfrac{\exp(\mathrm{j}k\,|\,\boldsymbol{r} - \boldsymbol{r}'\,|)}{|\,\boldsymbol{r} - \boldsymbol{r}'\,|}$ 为 $\boldsymbol{r}'$ 点所发出并传播到 $\boldsymbol{r}$ 的理想球面波; $K(\theta) = \cos\theta = \dfrac{\Delta z}{|\,\boldsymbol{r} - \boldsymbol{r}'\,|}$ 为倾斜因子,它代表了每点处发出的球面子波在观测平面处的振幅贡献实际上是各向异性的,而分母中的系数 $\mathrm{j}\lambda$ 是为了使式(2-12)满足亥姆霍兹方程。式(2-12)表明最终观察面上的复振幅分布是位于原平面各点 $\boldsymbol{r}'$ 发出的球面子波加权线性(干涉)叠加。然而,基尔霍夫边界条件通常会导致理论解与物理客观事实不自洽的问题(如果基尔霍夫边界条件成立,由场论中的结论得到的将是衍射屏后面各处的场恒等于零,这显然与真实物理情况矛盾)。瑞利(Rayleigh)和索末菲(Sommerfeld)[4, 5]通过在"物理修正"的边界条件下使用两个不同的格林函数推导出两个积分公式的特解,从而解决了这个问题。瑞利-索末菲积分公式与基尔霍夫衍射公式仅在倾斜因子形式上略有不同,当倾斜因子为 $K(\theta) = \cos\theta$ 时表示第一类瑞

利-索末菲积分(RS-I 型)，而当 $K(\theta)=1$ 时表示第二类瑞利-索末菲积分(RS-II 型)。比较这两个倾斜因子可以发现，基尔霍夫公式的解是瑞利和索末菲二者解的平均值[6, 7]。倾斜因子的存在表明从每个点发射的球面子波在观测平面上的振幅贡献不是各向同性的。但是，如果衍射波的张角足够小，即成像系统满足傍轴近似时，$K(\theta)\approx 1$，则可以忽略倾斜因子的作用。那么光波场的衍射过程可进一步看成一个"线性空间平移不变系统"(简称线性移不变系统)，即

$$U_{\Delta z}(\boldsymbol{r})=U_0(\boldsymbol{r})\otimes h(\boldsymbol{r}) \tag{2-14}$$

该系统在空间域的特性，唯一地由其空间不变的脉冲响应函数

$$h(\boldsymbol{r})=\frac{1}{\mathrm{j}\lambda}\frac{\exp(\mathrm{j}k\,|\,\boldsymbol{r}\,|)}{|\,\boldsymbol{r}\,|} \tag{2-15}$$

所决定。此处不失一般性，如果我们认为原始观察平面位于 $(\boldsymbol{x},0)$，而衍射平面位于 $(\boldsymbol{x},z)$，该脉冲响应函数的表达式通常可以进一步地简化并表示为如下的二维标量形式：

$$h_{\Delta z}(\boldsymbol{x})=\frac{1}{\mathrm{j}\lambda}\frac{\exp\left(\mathrm{j}k\sqrt{\Delta z^2+|\,\boldsymbol{x}\,|^2}\right)}{\sqrt{\Delta z^2+|\,\boldsymbol{x}\,|^2}} \tag{2-16}$$

针对近似于沿 z 轴方向传播的傍轴光波场(满足傍轴近似)，该脉冲响应函数的表达式通常可以进一步简化为

$$h_{\Delta z}(\boldsymbol{x})=\frac{1}{\mathrm{j}\lambda\Delta z}\exp(\mathrm{j}k\Delta z)\exp\left\{\frac{\mathrm{j}\pi}{\lambda\Delta z}\,|\,\boldsymbol{x}\,|^2\right\} \tag{2-17}$$

将式(2-17)代入式(2-14)，便得到菲涅耳衍射公式[6]：

$$U_{\Delta z}(\boldsymbol{x})=\frac{\exp(\mathrm{j}k\Delta z)}{\mathrm{j}\lambda\Delta z}\int U_0(\boldsymbol{x}_0)\exp\left\{\frac{\mathrm{j}\pi}{\lambda\Delta z}\,|\,\boldsymbol{x}-\boldsymbol{x}_0\,|^2\right\}\mathrm{d}\boldsymbol{x}_0 \tag{2-18}$$

下面我们以菲涅耳衍射公式为基础来推导光强传输方程。考虑一沿 z 轴传播的傍轴单色相干光波，其复振幅分布为 $U_0(\boldsymbol{x})=a(\boldsymbol{x})\mathrm{e}^{\mathrm{j}\phi(\boldsymbol{x})}$，衍射平面距离物体平面的距离为 Δz，那么根据式(2-18)，衍射平面的光强的分布可以表示为

$$
\begin{aligned}
I_{\Delta z}(\boldsymbol{x})=U_{\Delta z}(\boldsymbol{x})U_{\Delta z}^{*}(\boldsymbol{x})&=\frac{1}{\lambda\Delta z}\iint U_0(\boldsymbol{x}_1)U_0^{*}(\boldsymbol{x}_2)\exp\left[\frac{\mathrm{j}\pi}{\lambda\Delta z}(|\,\boldsymbol{x}-\boldsymbol{x}_1\,|^2-|\,\boldsymbol{x}-\boldsymbol{x}_2\,|^2)\right]\mathrm{d}\boldsymbol{x}_1\mathrm{d}\boldsymbol{x}_2\\
&=\frac{1}{\lambda\Delta z}\iint U_0(\boldsymbol{x}_1)U_0^{*}(\boldsymbol{x}_2)\exp\left[\frac{\mathrm{j}\pi}{\lambda\Delta z}(|\,\boldsymbol{x}_1\,|^2-|\,\boldsymbol{x}_2\,|^2)\right]\exp\left(2\pi\mathrm{j}\boldsymbol{x}\cdot\frac{\boldsymbol{x}_2-\boldsymbol{x}_1}{\lambda\Delta z}\right)\mathrm{d}\boldsymbol{x}_1\mathrm{d}\boldsymbol{x}_2
\end{aligned}
$$

$$\tag{2-19}$$

对式(2-19)进行傅里叶变换，将光强转换到空间频率域[8]：

$$\hat{I}_{\Delta z}(\boldsymbol{u}) = \mathscr{F}\{I_{\Delta z}(\boldsymbol{x})\}$$

$$= \frac{1}{\lambda\Delta z}\iint U_0(\boldsymbol{x}_1)U_0^*(\boldsymbol{x}_2)\exp\left[\frac{\mathrm{j}\pi}{\lambda\Delta z}(|\boldsymbol{x}_1|^2-|\boldsymbol{x}_2|^2)\right]\mathscr{F}\left\{\exp\left(2\pi\mathrm{j}\boldsymbol{x}\cdot\frac{\boldsymbol{x}_2-\boldsymbol{x}_1}{\lambda\Delta z}\right)\right\}\mathrm{d}\boldsymbol{x}_1\mathrm{d}\boldsymbol{x}_2$$

$$= \frac{1}{\lambda\Delta z}\iint U_0(\boldsymbol{x}_1)U_0^*(\boldsymbol{x}_2)\exp\left[\frac{\mathrm{j}\pi}{\lambda\Delta z}(|\boldsymbol{x}_1|^2-|\boldsymbol{x}_2|^2)\right]\delta\left(\boldsymbol{u}-\frac{\boldsymbol{x}_2-\boldsymbol{x}_1}{\lambda\Delta z}\right)\mathrm{d}\boldsymbol{x}_1\mathrm{d}\boldsymbol{x}_2$$

$$= \int U_0\left(\boldsymbol{x}-\frac{\lambda\Delta z\boldsymbol{u}}{2}\right)U_0^*\left(\boldsymbol{x}+\frac{\lambda\Delta z\boldsymbol{u}}{2}\right)\exp\{-2\pi\mathrm{j}\boldsymbol{x}\cdot\boldsymbol{u}\}\mathrm{d}\boldsymbol{x} \tag{2-20}$$

$$\boldsymbol{x}_1 = \boldsymbol{x}-\frac{\lambda\Delta z\boldsymbol{u}}{2},\ \boldsymbol{x}_2 = \boldsymbol{x}+\frac{\lambda\Delta z\boldsymbol{u}}{2}$$

注意上述公式中的常数比例系数已被略去。当传输距离 $\Delta z \to 0$ 时，可以对 $U_0\left(\boldsymbol{x}-\dfrac{\lambda\Delta z\boldsymbol{u}}{2}\right)$ 进行一阶近似：

$$U_0\left(\boldsymbol{x}\pm\frac{\lambda\Delta z\boldsymbol{u}}{2}\right) \approx U_0(\boldsymbol{x})\pm\frac{\lambda\Delta z\boldsymbol{u}}{2}\cdot\nabla U_0(\boldsymbol{x}) \tag{2-21}$$

将式(2-21)代入式(2-20)，并仅保留 Δz 的线性项后，式(2-20)可以被化简为[9, 10]

$$I_{\Delta z}(\boldsymbol{x})-I_0(\boldsymbol{x}) = \frac{\Delta z}{k}\nabla\cdot[I_0(\boldsymbol{x})\nabla\phi(\boldsymbol{x})] \tag{2-22}$$

当 $\Delta z \to 0$ 时，$\dfrac{I_{\Delta z}(\boldsymbol{x})-I_0(\boldsymbol{x})}{\Delta z} \approx \dfrac{\partial I(\boldsymbol{x})}{\partial z}$。即可以推导得到我们所要的光强传输方程。

2)利用菲涅耳衍射公式在频域以角谱形式推导光强传输方程

另一方面，相干光波场的衍射规律可以由"系统"的观点在空间频率域上精确描述：任何一个平面的标量相干光波场 $U(x,y,0)$(不失一般性，认为其位于 $z=0$ 平面)在二维空间频率域中均可分解为不同角谱(平面波)成分 $\hat{U}(u_x,u_y,0)$ 的相干叠加，它们可以由如下的二维傅里叶变换所联系[6]：

$$U(x,y,0) = \int\limits_{-\infty}^{\infty}\int\limits_{-\infty}^{\infty}\hat{U}(u_x,u_y,0)\mathrm{e}^{\mathrm{j}2\pi(u_x x+u_y y)}\mathrm{d}u_x\mathrm{d}u_y \tag{2-23}$$

$$\hat{U}(u_x,u_y,0) = \int\limits_{-\infty}^{\infty}\int\limits_{-\infty}^{\infty}U(x,y,0)\mathrm{e}^{-\mathrm{j}2\pi(u_x x+u_y y)}\mathrm{d}x\mathrm{d}y \tag{2-24}$$

其中，指数基元 $\mathrm{e}^{\mathrm{j}2\pi(u_x x + u_y y)}$ 代表一个传播方向余弦为 $(\cos\alpha, \cos\beta)$ 的单位振幅的单色平面波，即

$$u_x = \frac{\cos\alpha}{\lambda}, \ \ u_y = \frac{\cos\beta}{\lambda} \tag{2-25}$$

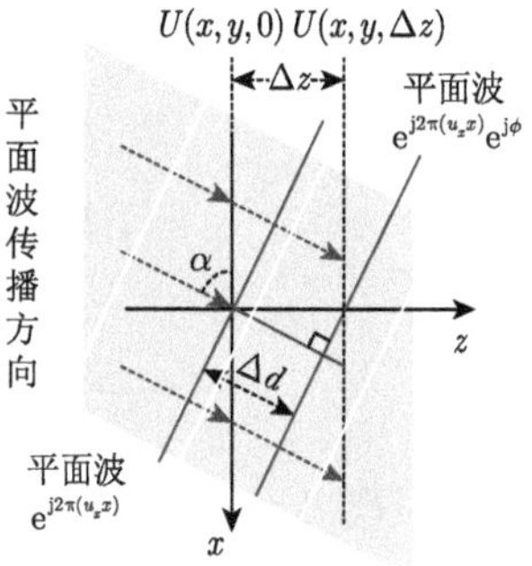

图 2-3　角谱衍射的几何意义

一束与 y 轴平行的平面波 $\mathrm{e}^{\mathrm{j}2\pi(u_x x)}$ 的几何传播过程如图 2-3 所示，该平面波的传播方向与 x 轴的夹角为 α。

该平面波传播距离 Δz 之后，在自由空间中走过的光程，以及其对应的相位延迟分别为

$$\Delta d = \Delta z \sin\alpha = \Delta z\sqrt{1-(\cos\alpha)^2} = \Delta z\sqrt{1-(\lambda u_x)^2} \tag{2-26}$$

$$\phi = k\Delta d = k\Delta z\sqrt{1-(\lambda u_x)^2} \tag{2-27}$$

因此，传播距离 Δz 之后的平面波为 $\mathrm{e}^{\mathrm{j}2\pi(u_x x)}\mathrm{e}^{\mathrm{j}\phi}$。对其做傅里叶变换可知，该平面波对应的频谱上的那一点同样也乘了一个指数项，即

$$\hat{U}(u_x, 0, \Delta z) = \hat{U}(u_x, 0, 0)\mathrm{e}^{\mathrm{j}\phi} = \hat{U}(u_x, 0, 0)\mathrm{e}^{\mathrm{j}k\Delta z\sqrt{1-(\lambda u_x)^2}} \tag{2-28}$$

一般的，对于任意方向的平面波，有

$$\hat{U}(u_x, v_y, \Delta z) = \hat{U}(u_x, v_y, 0)\mathrm{e}^{\mathrm{j}k\Delta z\sqrt{1-(\lambda u_x)^2-(\lambda v_y)^2}} \tag{2-29}$$

综上，我们就可以看出角谱衍射理论的几何意义：位于 $z=0$ 平面的标量相干光波场 $U(x,y,0)$ 可以看作相干光波场的平面波分量的线性叠加，在传播了距离 Δz 后，相干光波场 $U(x,y,\Delta z)$ 光场仍由这些沿原方向传播的平面波叠加而成。这些平面波的振幅不变，但在每个方向上走过的光程不同，即不同方向上相位延迟不同，分别延迟了 $k\Delta z\sqrt{1-(\lambda u_x)^2-(\lambda v_y)^2}$。在频率域角度分析，就是频谱中每一点分别乘以不同的指数项 $\mathrm{e}^{\mathrm{j}k\Delta z\sqrt{1-(\lambda u_x)^2-(\lambda u_y)^2}}$，相当于整幅二维频谱乘以传递函数 $H_{\Delta z}(u_x, u_y)$。当 $1-(\lambda u_x)^2-(\lambda u_y)^2 < 0$ 时，

$$H_{\Delta z}(u_x, u_y) = \frac{\hat{U}(u_x, u_y, \Delta z)}{\hat{U}(u_x, u_y, 0)} = \mathrm{e}^{\mathrm{j}k\Delta z\sqrt{1-(\lambda u_x)^2-(\lambda u_y)^2}} \tag{2-30}$$

可以看出，(u_x, u_y) 所对应的平面波分量 $H_{\Delta z}(u_x, u_y)$ 随着 z 的增大而呈指数衰减。在传播几个波长之后衰减为零，这种波叫倏逝波(evanescent wave)[2, 6]。从线性移不变系统分析的角度而言，式(2-30)中 $H_{\Delta z}(u_x, u_y)$ 实际上是一个反映系统变换特征

的传递函数，称为角谱传递函数，不难证明，当 $\Delta z \gg \lambda$ 时，式(2-30)即为忽略倾斜因子近似下的脉冲响应函数(2-16)的傅里叶变换。

在傍轴近似下，式(2-30)中相位因子的根号部分的泰勒级数展开中的高阶项可以忽略：

$$\sqrt{1-(\lambda u_x)^2-(\lambda u_y)^2} = 1 - \frac{1}{2}\lambda^2(u_x^2+u_y^2) + \frac{1}{8}\lambda^4(u_x^2+u_y^2)^2 + \cdots \overset{\text{傍轴近似}}{\approx} 1 - \frac{1}{2}\lambda^2(u_x^2+u_y^2)$$

$$(2\text{-}31)$$

由此可以得到在菲涅耳近似下的角谱传递函数：

$$H_{\Delta z}^F(u_x,u_y) = \exp(\mathrm{j}k\Delta z)\exp[-\mathrm{j}\lambda\Delta z(u_x^2+u_y^2)] \tag{2-32}$$

类似不难证明，式(2-32)即为傍轴近似下脉冲响应函数式(2-17)的傅里叶变换。式(2-32)中的第一项相位因子 $\exp(\mathrm{j}k\Delta z)$ 只与传播距离 Δz 有关，不影响光强或复振幅的空间分布，因此在衍射计算中可以忽略此项。再进一步对菲涅耳近似下的角谱传递函数进行泰勒级数展开，并当传输距离 $\Delta z \to 0$ 时可以得到如下的近似表达：

$$H_{\Delta z}^F(\boldsymbol{u}) = \mathrm{e}^{-\mathrm{j}\pi\lambda\Delta z\boldsymbol{u}^2} = 1 - \mathrm{j}\pi\lambda\Delta z\boldsymbol{u}^2 - \frac{(\pi\lambda\Delta z)^2\boldsymbol{u}^4}{2} - \cdots \overset{\Delta z\to 0}{\approx} 1 - \mathrm{j}\pi\lambda\Delta z\boldsymbol{u}^2 \tag{2-33}$$

其中，$\boldsymbol{u}$ 代表空间频率变量 (u_x,u_y) 的矢量表达。式(2-33)表示菲涅耳衍射角谱传递函数在小离焦下的低阶近似；它仅是对普遍的角谱传递函数在傍轴以及小离焦条件下的近似表达。

下面考虑所需要复原的光场的复振幅为 $U(\boldsymbol{x}) = a(\boldsymbol{x})\mathrm{e}^{\mathrm{j}\phi(\boldsymbol{x})}$，其傅里叶变换为 $\hat{U}(\boldsymbol{u}) = \mathscr{F}[U(\boldsymbol{x})]$，因此光场传播 Δz 的距离得到的光强信息可以表示为

$$I(\boldsymbol{x},\Delta z) = |\mathscr{F}^{-1}\{\hat{U}(\boldsymbol{u})H_{\Delta z}^F(\boldsymbol{u})\}|^2 \overset{\Delta z\to 0}{\approx} |\mathscr{F}^{-1}\{\hat{U}(\boldsymbol{u})(1-\mathrm{j}\pi\lambda\Delta z\boldsymbol{u}^2)\}|^2$$

$$= |U(\boldsymbol{x}) - \mathrm{j}\pi\lambda\Delta z\mathscr{F}^{-1}[\boldsymbol{u}^2\hat{U}(\boldsymbol{u})]|^2 \tag{2-34}$$

傅里叶空间的矢量 $\boldsymbol{u}$ 可以与空域的哈密顿算子互换，即 $\mathrm{j}2\pi\boldsymbol{u} \to \nabla$；因此，拉普拉斯算子 $\Delta = \nabla^2 \to -4\pi^2\boldsymbol{u}^2$。代入式(2-34)可得

$$I(\boldsymbol{x},\Delta z) = \left|U(\boldsymbol{x}) + \frac{\mathrm{j}\pi\lambda\Delta z}{4\pi^2}\nabla^2 U(\boldsymbol{x})\right|^2 = \left|U(\boldsymbol{x}) + \frac{\mathrm{j}\lambda\Delta z}{4\pi}\nabla^2 U(\boldsymbol{x})\right|^2$$

$$= I(\boldsymbol{x}) - \frac{\Delta z}{k}\nabla\cdot[I(\boldsymbol{x})\nabla\phi(\boldsymbol{x})] \tag{2-35}$$

当传输距离 $\Delta z \to 0$ 时，$\dfrac{I(\boldsymbol{x},\Delta z)-I(\boldsymbol{x})}{\Delta z} \approx \dfrac{\partial I(\boldsymbol{x})}{\partial z}$。即可以推导得到我们所要的光强传输方程。

2.2.3 利用坡印亭定理推导光强传输方程

坡印亭定理(Poynting theorem)[4]是关于电磁场能量守恒的定理。坡印亭定理表明，在电磁场中关于有界区域 V 的任意闭合面 s 上，坡印亭矢量的外法向分量的闭面积分，等于闭合面所包围的体积中所储存的电场能和磁场能的时间减少率减去容积中转化为热能的电能耗散率。在自由空间传播中，V 中没有外源与热耗，则坡印亭定理可以简单地表示为

$$\oint_s \langle \boldsymbol{S} \rangle \mathrm{d}s = 0 \tag{2-36}$$

其对应的微分形式为

$$\nabla \cdot \langle \boldsymbol{S} \rangle = 0 \tag{2-37}$$

其中，∇ 为三维空间中的哈密顿算符；$\langle \boldsymbol{S} \rangle$ 为时间平均坡印亭在三维空间中的矢量表达，其可以表示为[11]

$$\langle \boldsymbol{S} \rangle = \frac{1}{k} I(\boldsymbol{x}, z) \nabla \phi(\boldsymbol{x}, z) \tag{2-38}$$

在傍轴近似下，时间平均坡印亭矢量可以被明确地分解为横向分量与轴向分量：

$$\langle \boldsymbol{S} \rangle = \frac{1}{k} I(\boldsymbol{x}, z) [\nabla \phi(\boldsymbol{x}) + k \boldsymbol{z}_0] \tag{2-39}$$

其中，$\boldsymbol{z}_0$ 代表沿光轴 z 方向的单位向量。将式(2-39)代入式(2-37)可以推导得到我们所要的光强传输方程：

$$-k \frac{\partial I(\boldsymbol{x}, z)}{\partial z} = \nabla \cdot [I(\boldsymbol{x}, z) \nabla \phi(\boldsymbol{x})] \tag{2-40}$$

2.3 光强传输方程的物理意义

在前面一小节，我们已经通过三种不同的方法推导出光强传输方程，在进入下一章节关于其求解的讨论之前，先来仔细研究一下这个漂亮的方程。从整体上来看，光强传输方程本质上就是能量守恒定律(law of conservation of energy)的一种表达。在傍轴近似下，光波场的纵向能流可近似由光强替代；而横向能流则是由 $I\nabla\phi$ 所决定的($I\nabla\phi$ 代表时间平均坡印亭矢量(Poynting vector)的横向成分)，其散度 $\nabla \cdot (I\nabla\phi)$ 代表垂直于光传输方向的 x, y 两方向上能量改变的总和，纵横能量耗散必须相等以保证能量守恒。拆分来看，方程的左侧就是光强的轴向微分，最简单的情形下，仅需沿着光轴采集两幅强度图像，并通过数值差分估计得到。关于这一部分的相关内容将在第 5 章进行详细讨论。展开光强传输方程右侧可以得到

$$-k\frac{\partial I}{\partial z} = \nabla \cdot (I\nabla\phi) = \nabla I \cdot \nabla\phi + I\nabla^2\phi \qquad (2\text{-}41)$$

其中，右侧两项分别包含了相位的梯度(斜率，一阶导数)与相位的曲率(拉普拉斯，二阶导数)。相位的轴向变换量是由相位的斜率与曲率共同决定的：斜率表现在强度的平移，如棱镜作用一样；而曲率表现为强度的会聚与发散，如透镜一般，如图 2-4 所示。故这两项又被称为棱镜(斜率、梯度)项与透镜(曲率)项[12]。

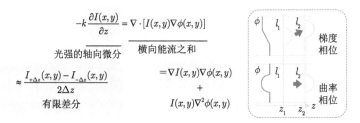

图 2-4　光强传输方程的物理意义

下面再来考察一下该方程的某些特殊情况：一种是当相位为常数时，等式右端为 0，此时表明观察不到光强传输现象。这与之前讨论的平面波的情况是一致的。另一种更有意义的情况是当所在横向平面的光波场的光强接近均匀时 $I \approx \mathrm{const}$，即对应于弱吸收物体的情况，光强传输方程可以进一步简化为

$$-k\frac{\partial I}{\partial z} = I\nabla^2\phi \qquad (2\text{-}42)$$

这是一个标准的泊松(Poisson)方程，表明弱吸收物体在轻微离焦下所产生的光强分布正比于其相位分布的拉普拉斯(曲率)。这也正是图 2-1 中游泳池底的光波图案所代表的物理意义。

参 考 文 献

[1]　Teague M R. Deterministic phase retrieval: a Green's function solution[J]. Journal of the Optical Society of America, 1983, 73(11): 1434-1441.

[2]　Born M, Wolf E, Bhatia A B, et al. Principles of Optics: Electromagnetic Theory of Propagation, Interference and Diffraction of Light[M]. 7th ed. Cambridge: Cambridge University Press, 1999.

[3]　Kirchhoff G R. Zur Theorie der Lichtstrahlen[J]. Annalen der Physik, 1883, 254(4): 663-695.

[4]　Lord Rayleigh F R S. XXXVII. On the passage of waves through apertures in Plane screens, and allied problems[J]. The London, Edinburgh, and Dublin Philosophical Magazine and Journal of Science, Taylor and Francis, 1897, 43(263): 259-272.

[5]　Sommerfeld A. Mathematische theorie der diffraction[J]. Mathematische Annalen, 1970, 47(2): 317-374.

[6]　　Goodman J W. Introduction to Fourier Optics[M]. Englewood, Colorado: Roberts & Company Publishers, 2005.

[7]　　Born M, Wolf E. Principles of Optics: Electromagnetic Theory of Propagation, Interference and Diffraction of Light[M]. Amsterdam: Elsevier, 2013.

[8]　　Guigay J P. Fourier transform analysis of Fresnel diffraction patterns and in-line holograms[J]. Optik, 1977, 49: 121-125.

[9]　　Gureyev T E, Pogany A, Paganin D M, et al. Linear algorithms for phase retrieval in the Fresnel region: validity conditions [J]. Optics Communications, 2006, 231(1-6): 53-70.

[10]　 Guigay J P, Langer M, BoistelR, et al. Mixed transfer function and transport of intensity approach for phase retrieval in the Fresnel region[J]. Optics Letters, 2007, 32(12): 1617-1619.

[11]　 Paganin D, Nugent K A. Noninterferometric phase imaging with partially coherent light[J]. Physical Review Letters, 1998, 80(12): 2586-2589.

[12]　 Ichikawa K, Lohmann A W, Takeda M. Phase retrieval based on the irradiance transport equation and the Fourier transform method: experiments[J]. Applied Optics, 1988, 27(16): 3433-3436.

3 光强传输方程的求解 >>>

准确高效地求解光强传输方程是利用其实现相位复原的根本前提，也是其在动态定量相位显微成像应用的理论基础，因此本章主要讨论光强传输方程的求解问题。在光强传输方程中，右侧的光强 I 可以直接拍摄得到，左侧的光强的轴向微分 $\partial I / \partial z$ 不可直接测量，但可以拍摄 2 幅以上垂直于光轴不同平面的光强图像并通过有限数值差分得到(这部分我们将在第 5 章详细讨论)，因此该方程中唯一未知量是相位 ϕ。在已知该方程的光强与光强轴向微分 $\partial I / \partial z$ 的前提下，求解相位 ϕ 就是一个典型的逆问题。

3.1 光强传输方程的边界条件

从数学角度而言，光强传输方程其实是一个关于相位 ϕ 的二阶椭圆形偏微分方程。一般而言，确定一个偏微分方程的唯一解需要两个要素：偏微分方程本身与边界条件[1]，所以基于光强传输方程的相位复原问题本质上是在某些特定的边界条件的约束下去寻找这个偏微分方程的解的问题。下面用更严格的数学语言去表述该方程的求解问题：假设我们所关注的待测区域定义在二维有界开区间 $\Omega \subset \mathbb{R}^2$，区间的边界是一个分段连续函数 $\partial \Omega$。光强的分布 I 是定义在闭区间(enclosure) $\overline{\Omega}$ (包含区域 Ω 及其边界 $\partial \Omega$)上的一个非负函数，其在 Ω 上连续且严格为正。光强轴向微分 $\partial I / \partial z$ 在 Ω 上连续。待求的相位 ϕ 在 Ω 上是一个单值连续函数(光强严格为正与相位单值连续这两个条件本身已排除了相位漩涡(phase vortex)的情况)。经典的偏微分方程基本理论表明光强传输方程的求解必须依赖于特定的边界条件[2]。这里主要考虑三类可能的边界条件，如图 3-1 所示。

(1)Dirichlet 边界条件：给定待求相位函数相位 ϕ 在区域边界上的值

$$\phi \mid_{\partial \Omega} = g \tag{3-1}$$

(2)Neumann 边界条件：给定待求相位函数相位 ϕ 在区域边界上的法向导数(normal derivative)与光强函数的乘积

$$I\frac{\partial \phi}{\partial n}\bigg|_{\partial \Omega} = g \tag{3-2}$$

其中，g 是定义在边界 $\partial \Omega$ 上的一个光滑函数；$\partial \phi / \partial n$ 是法向导数，其方向指向区域外侧。

(3)周期性边界条件：相位在区域边界处的取值呈周期循环重复，即相位在边界处任一点的相位值与其相反一侧对应点的相位值完全相同。

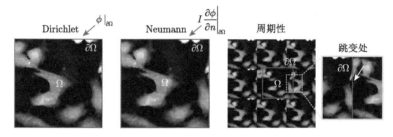

图 3-1　光强传输方程的边界条件

3.2　方程适定性与解的唯一性

光强传输方程的"适定性"以及解的"唯一性"这两个问题对于基于光强传输方程的相位复原问题至关重要。所谓适定性是指该方程至少有一个可行解，否则求解它就是徒劳的；而解的唯一性，顾名思义就是指该方程的解必须是唯一的。显然待测物体的相位是唯一确定的，如果光强传输方程的解不唯一，那么就无法确定所得到的解是否真正对应于待测物体。

光强传输方程的可解性与唯一性首先由 Gureyev 等于 1995 年证明[3]：对于 Dirichlet 边界条件，根据椭圆形偏微分方程的基本结论[2]，光强传输方程的解必然存在且唯一。对于 Neumann 边界条件，情况要复杂一些：方程的解有可能存在，也可能不存在；这取决于其是否满足式(3-3)所表述的相容性条件(compatibility condition)[4, 5]。相容性条件可以通过将光强传输方程两侧在区域 Ω 上进行积分，然后再利用散度定理(divergence theorem)推导得到：

$$\oint_{\partial \Omega} I(\boldsymbol{x})\frac{\partial \phi(\boldsymbol{x})}{\partial n}\mathrm{d}s = \int_{\Omega} -k\frac{\partial I(\boldsymbol{x})}{\partial z}\mathrm{d}\boldsymbol{x} \tag{3-3}$$

式中，s 是曲线 $\partial \Omega$ 的参数化(parameterization)表示。$\partial I / \partial z$ 可以通过实际测量

得到，因此式(3-3)的右侧由实验数据决定；左侧则由所施加的 Neumann 边界条件式(3-2)决定。从数学角度而言，这些可能的 Neumann 边界条件必须满足式(3-3)，才能保证光强传输方程的解至少是存在的。此外注意到，如果 ϕ 是 Neumann 边界问题的一个解，那么 $\phi + C$（C 是一个任意常数)仍然是其一个解。这就意味着 Neumann 边界值问题的解只能唯一到一个任意的加性常数(unique to an arbitrary additive constant)。当然，这个唯一性成立的前提是该问题至少有解。该 Neumann 边界问题的唯一性定理的证明并不复杂，可以先假设有两个可能解的存在，再利用椭圆偏微分方程的极大值原理[6]证明它们只可能相差一个加性常数。周期性边界条件一般在晶格振动、金属电子论等领域得到广泛采纳。在相位成像领域中，一般情况下物体并不呈周期性分布，因此周期性边界条件是难以满足的。而在光强传输方程的求解中引入周期性边界条件往往是为了简化求解，这部分会在随后的 3.3 节进行详述。不难理解，对于周期性的边界条件而言，光强传输方程的解也只能唯一到一个任意的加性常数。

综上所述，关于光强传输方程适定性与解的唯一性我们得到如下结论：

(1)对于 Dirichlet 边界条件，光强传输方程的解必然存在且唯一。

(2)对于 Neumann 边界条件，方程的解有可能存在，也可能不存在。当相容性条件式(3-3)满足时，光强传输方程的解存在，且唯一到一个任意的加性常数。

(3)对于周期性边界条件，光强传输方程的解必然存在且唯一到一个任意的加性常数。

3.3 相容性条件与能量守恒定律

相容性条件式(3-3)背后所蕴含的物理意义本质上就是能量守恒定律：区域内部所损失的能量(光强)(等式右侧)必须由从边界所流入的能量(等式左侧)所补偿。如果所施加的边界条件不满足式(3-3)，则意味着该边界条件在物理上是不成立的(违背能量守恒定律)，从而无法获得正确解。

如果将区域 Ω 拓展到整个无界空间，就可以消去等式左侧的曲线积分。则相容性条件可以表示为

$$\int_{\mathbb{R}^2} \frac{\partial I(\boldsymbol{x})}{\partial z} \mathrm{d}\boldsymbol{x} = 0 \tag{3-4}$$

式(3-4)代表无界自由空间中的能量守恒定律。本质上，由式(3-4)与式(3-3)表示的能量守恒定律是一种普适的物理规律，因此在物理意义上为光强传输方程的求解施加了一项隐含的约束性条件。

3.4　光强传输方程的求解

基于光强传输方程的相位复原问题的实质是在适当边界条件下求解该偏微分方程，而针对其求解自该方程被提出以来就是一个研究难点与热点，Teague[7]在 1983 年推导出光强传输方程后就尝试采用辅助函数将光强传输方程化简为泊松方程求解。该辅助函数 ψ 在后续的文献中被称为"Teague 辅助函数"，其满足：

$$I(\boldsymbol{x})\nabla\phi(\boldsymbol{x}) = \nabla\psi(\boldsymbol{x}) \tag{3-5}$$

该辅助函数的物理意义已经在第 2.2 节有所讨论，$I\nabla\phi$ 可以被解释为时间平均横向坡印亭向量[8]，并由标量势 ψ 所表述。通过 Teague 辅助函数，光强传输方程可被简化为如下两个标准的泊松方程[7, 9, 10]：

$$\frac{\partial I(\boldsymbol{x})}{\partial z} = -\frac{1}{k}\nabla^2\psi(\boldsymbol{x}) \tag{3-6}$$

$$\nabla\cdot[I(\boldsymbol{x})^{-1}\nabla\psi(\boldsymbol{x})] = \nabla^2\phi(\boldsymbol{x}) \tag{3-7}$$

首先通过求解式(3-6)解出 Teague 辅助函数 ψ 并代入式(3-7)中，相位函数就可以通过积分被唯一地(到一个任意的加性常数)确定。针对这两个泊松方程，Teague 采用格林函数法推导出了解的解析表达式[7]。随后，针对光强传输方程的多种解决算法，如多重网格法[9, 11-13]、泽尼克(Zernike)多项式展开法[14-16]、快速傅里叶变换法(fast Fourier transform method，FFT)[8, 9, 17-20]等相继被提出。多重网格法是求解偏微分方程的常用方法，主要用于方形区域，实现起来相对比较复杂[9, 11-13]。泽尼克多项式展开法一般用于波前探测与相差表征，由于 Zernike 多项式本身定义在圆形区域上，因此Zernike多项式展开法一般运用于圆形区域[14-16]。快速傅里叶变换法一般应用于方形区域，该方法因为原理简单、运算速度快且可以有效应用于待测光波场光强分布不均匀的情况，现已成为求解光强传输方程最为广泛应用的数值解法。目前广泛使用的傅里叶变换法是由 Paganin 和 Nugent[8]提出的，这可以被认为是 Gureyev 和 Nugent 方法的推广[18]，在强度不均匀的情况下，它可以简化为如下形式：

$$\phi(\boldsymbol{x}) = -k\nabla^{-2}\nabla\cdot\left[I^{-1}(\boldsymbol{x})\nabla\nabla^{-2}\frac{\partial I(\boldsymbol{x})}{\partial z}\right] \tag{3-8}$$

其中，∇^{-2} 是逆拉普拉斯运算符。该式中的微分算符均基于傅里叶变换的微分性质，通过快速傅里叶变换以频域滤波的方式实现数值计算[8, 9, 20]。

3.4.1 无边界条件求解

针对光强传输方程的求解而言，比求解算法更关键的一个实际问题是边界条件的获取。因为即使求解算法正确，但没有施加正确的边界条件，仍然无法获得准确解。但想要准确获得求解光强传输方程所需的边界条件并非易事。如在Teague[7]的格林函数法中，必须要知道相位函数在边界上的分布作为求解该方程的 Dirichlet 边界条件，这显然是十分困难的。因为相位函数正是我们想要测量的，一般而言在进行任何测量之前很难获得待测物体的先验信息(Teague 建议边界值单独采用夏克-哈特曼传感器或其他方法来测量，这显然带来极大不便)。Parvizi等[21]指出可以通过手动选取视场中的平滑区域来强行施加 Dirichlet 边界条件(不包含物体的区域相位视为常量，如图 3-2(a)所示)，但该方法同样需要物体的先验信息，且需要额外的人为干预。快速傅里叶变换法虽然无需显式地施加边界条件，但由于快速傅里叶变换本身就是假设输入的有限长信号是周期性重复的，这本身隐含了周期性边界条件，而实际待测物体大部分情形下并不能满足该假设，因此往往会产生严重的边界误差[10, 22, 23]，如图 3-2(b)所示。

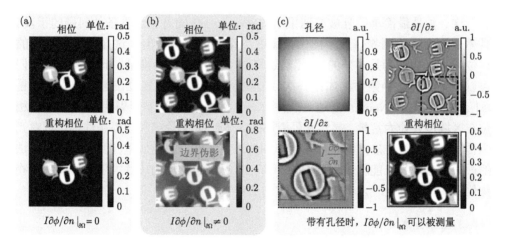

图 3-2　不同类型待测物体的相位复原仿真

由于边界信号难以获得，许多研究人员也尝试直接求解光强传输方程而不借助于任何边界信号的测量。这些方法的共性是通过某些方法令式(3-3)左侧为 0，从而消去边界条件项的作用：

$$\oint_{\partial\Omega} I(\boldsymbol{x})\frac{\partial\phi(\boldsymbol{x})}{\partial n}\mathrm{d}s = 0 \quad \text{或等价地} \quad \int_{\Omega}\frac{\partial I(\boldsymbol{x})}{\partial z}\mathrm{d}\boldsymbol{x} = 0 \tag{3-9}$$

这实际上相当于是将无界空间中的能量守恒定律限制在有界区间内使用

(式(3-9))。但对于有界区间而言,一般情况下式(3-9)并不能保证成立,除非式(3-3)左侧为 0。这在物理上对应了一种特殊情况:即流入/出区域边界的净能量为 0。为了满足式(3-9)以实现"无边界条件"求解光强传输方程,目前常见的做法有三种:

1)"边缘衰减"照明

"边缘衰减"照明法是由 Gureyev 与 Nugent[24]提出的,他们建议采用一种特殊的照明:光强在区域内平滑且严格大于 $0(I>0)$,但在区域的边界处,光强严格衰减为 $0(I_{\partial\Omega}=0)$。在这种情况下,他们证明了光强传输方程的解存在且唯一到一个任意的加性常数。尽管 Gureyev 与 Nugent[24]称这种特殊情况为"非传统"的边界条件,但对比式(3-2)可以发现,他们所讨论的情况其实就是一种特殊的齐次 Neumann 边界条件($I\partial\phi/\partial n|_{\partial\Omega}=0$)。该方法的缺点是难以准确确定区域的边界("非常接近于 0"与"恰好为 0"实际上很难区分,但它们却对光强传输方程的适定性有着完全不同的作用结果),以及边界处光强较低求逆所导致的求解不稳定性。

2)视场边界平坦

这一种是最简单的且被普遍采用的解决光强传输方程边界条件问题的手段。具体做法是将待测物体置于图像视场中央而保证周围空出,这样区域边界处的相位就可以被认为是"平的",显然这样式(3-9)可以自动满足。此时实际上我们可以定义多类边界条件,如:齐次 Dirichlet 边界条件(相位在区域边界为常量 $\phi|_{\partial\Omega}=C$),齐次 Neumann 边界条件($I\partial\phi/\partial n|_{\partial\Omega}=0$),甚至周期性边界条件(相位在区域边界处为常量,显然满足周期循环条件)。无论哪种边界条件都可以对光强传输方程进行准确求解,如采用周期性边界条件的快速傅里叶变换法。该方法的最大缺点是其仅能代表一种理想的简化情况,当物体的尺寸大于视场或者有物体位于图像边界上时,将会导致严重的边界误差[10, 22, 23]。

3)图像镜像延拓

图像镜像延拓是 Volkov 等[19]提出的一种不采用任何边界信号测量去求解光强传输方程的方法。其对测量的物体与测量条件没有任何额外要求,而仅仅将图像进行镜像(奇/偶)延拓到原图尺寸的 4 倍,这样就可以自动满足均匀 Neumann 边界条件 $\partial\phi/\partial n|_{\partial\Omega}=0$,从而就可以将式(3-3)左侧消为 0。尽管 Volkov 认为该方法在某些情况下效果要优于传统的快速傅里叶变换法,然而其归根结底仅是一种数学技巧。图像延拓假设通过图像边界没有能量耗散,而这通常不满足兼容性条件,因此,没有物理基础。(注:当物体位于图像边界时,会观察到严重的边界误差。)此类伪影不仅限于边界区域,而且可能在域内传播,将普遍降低重建精度[10, 22]。

3.4.2　含边界条件求解

在 3.4.1 节所介绍的光强传输方程简化算法不通过任何边界信号的测量即可对光强传输方程进行求解，但这并不代表可以不施加任何边界条件去求解光强传输方程，或更准确地说，我们必须对待测物体或者实验条件进行限制，使其满足某些"隐含的"边界条件(implicit boundary conditions)，如图 3-2(c)所示。另外，对于某些特殊函数分布的相位函数(如倾斜、离焦、像散等这些曲率为 0 或者常数的相差模式)，它们本身由于离焦产生的有效光强信号全部集中在边界信号中，如不考虑边界条件就不能准确地对这类波前相位进行复原[25-27]。解决上述问题的唯一方法就是采用准确的边界条件去求解光强传输方程，而其中的关键问题就在于如何通过实验的方法去对边界信号进行准确测量。对此问题首先进行试探性研究的是 Roddier 课题组[28, 29]，他们发现光瞳的边界处的光强信号恰巧直接反映了求解简化版光强传输方程所需的非齐次 Neumann 边界条件信号。由于边界信号可以通过实验采集得到，Roddier 采用了逐次超松弛(successive overrelaxation method, SOR)迭代法[28, 29]或迭代傅里叶变换法[17]对光强传输方程的简化形式进行了有效的数值求解。随后此方法又被 Woods 与 Greenaway[30]所采用，他们还运用了格林函数法对光强传输方程进行改进求解。上述方法虽然有效解决了光强传输方程边界条件获取的问题，但仍需将光瞳边界处的光强信号分离并提取出来以作为求解方程的边界条件，这在实际操作上仍存在诸多不便[14, 31, 32]。此外它们还都依赖一个较强的假设——光强在空间上的分布必须是接近均匀的，即 $I \approx \mathrm{const}$。这在自适应光学领域通常可以认为是一个较为合理的假设；但在相位成像领域，特别是当待测物体具有较强吸收的场合中往往难以适用。

针对上述问题，Zuo 等[10]随后发现即使物面光强不均匀时，只需要在待测物平面($z = 0$，或者其等效共轭平面)引入一硬边光阑(光阑函数定义为 A_Ω，当 $\boldsymbol{x} \in \overline{\Omega}$，$A_\Omega = 1$；当 $\boldsymbol{x} \notin \overline{\Omega}$，$A_\Omega = 0$)，也可以得到求解光强传输方程所需的非齐次 Neumann 边界条件。将该光阑函数代入光强传输方程，可推导得到如下表达式：

$$-k\frac{\partial I}{\partial z} = A_\Omega(I\nabla^2\phi + \nabla I \cdot \nabla\phi) - I\frac{\partial\phi}{\partial n}\delta_{\partial\Omega} \tag{3-10}$$

由式(3-10)可见，当放置光阑后，在光阑的边界上自动产生了一圈 δ 函数信号(右侧第二项)，而其恰恰就对应着求解光强传输方程所需的 Neumann 边界条件(式(3-2))。而光强轴向微分中右侧第一项依旧是(区域内部)相位的斜率与曲率所导致的光强信号的改变(该项在没有光阑时依旧存在)。通过对式(3-10)两侧全空间进行积分，可得

$$\int_{\overline{\Omega}} -k\frac{\partial I(\boldsymbol{x})}{\partial z}\mathrm{d}\boldsymbol{x} = \int_{\Omega} -k\frac{\partial I(\boldsymbol{x})}{\partial z}\mathrm{d}\boldsymbol{x} - \oint_{\partial\Omega} I(\boldsymbol{x})\frac{\partial\phi(\boldsymbol{x})}{\partial n}\mathrm{d}s = 0 \tag{3-11}$$

这正是 Neumann 边界值的相容性条件(式(3-3))。这意味着在该非齐次 Neumann 边界条件下，光强传输方程的解总是存在，且具有唯一解(唯一到一个任意的加性常数)。在此基础上，Zuo 等[10]采用离散余弦变换对此 Neumann 边界条件下的光强传输方程进行了高效准确求解，最终的求解公式可以表示为

$$\phi(\boldsymbol{x}) = -k\nabla_{\mathrm{DCT}}^{-2}\nabla_{\mathrm{DCT}} \cdot \left[I^{-1}(\boldsymbol{x})\nabla_{\mathrm{DCT}}\nabla_{\mathrm{DCT}}^{-2}\frac{\partial I(\boldsymbol{x})}{\partial z} \right] \tag{3-12}$$

上式与 Paganin 与 Nugent[8, 18]所提出的快速傅里叶变换法求解公式(3-8)十分类似，区别在于逆拉普拉斯运算符 $\nabla_{\mathrm{DCT}}^{-2}$ 与梯度运算符 ∇_{DCT} 均采用离散余弦变换进行实现(这是由于方形区域的拉普拉斯本征函数为余弦谐波，而非一般的指数谐波)。此外需要注意上述所有运算必须被准确地定义在矩形闭区间 $\overline{\Omega}$ 上，即包含光阑边界及其内部区域(包含所有边界信号在内)。这样被测光强信号就可以作为一个整体进行处理，从而不需要借助任何特殊的方法就可以从光强轴向微分信号中分离出边界信号。因此该方法解决了实际实验中边界条件信号的产生、获取及其分离等一系列复杂问题。该方法的有效性随后也得到了实验验证，并已被成功运用于微光学元件的形貌表征[10]。基于离散余弦变换的光强传输方程求解方法(DCT)虽可以在非齐次 Neumann 边界下对光强传输方程进行快速准确求解，但其仍然存在两方面局限：①DCT 快速算法仅仅限于矩形光阑区域，在非矩形(如圆形、环形等)或者不规则光阑区域下将无法采用。②算法的有效性局限于硬边界光阑，对于"边缘衰减"照明这类"软边界"光阑(如高斯光束)的情况，尽管能量守恒定律可以得到满足，但算法对此类情况并不适用。

针对 DCT 求解算法仅适用于矩形区域的问题，2015 年 Huang 等[33]提出了基于离散余弦变换的迭代求解方法。针对非矩形区域，该方法将离散余弦变换的求解结果作为初值并随后采用多次迭代补偿的方法进行修正以获得精确解，从而将 DCT 求解算法的适用范围从矩形区间拓展到了任意形状的孔径区域。Ishizuka 等[34, 35]成功地应用迭代 DCT 方法来恢复透射电子显微镜(TEM)成像平面上与光场曲率相对应的附加相位项。Mehrabkhani 等[36]也提出了类似的基于傅里叶变换法的迭代光强传输方程求解方法。

3.5 相位差异的成因与补偿

光强传输方程求解中的另一大关键问题是求解算法中存在的"相位差异"问题，即求解得到的相位与真实值存在误差。这是由于大部分光强传输方程的求解算法，如快速傅里叶变换法与离散余弦变换法都借助了 Teague 的辅助函数[7](式(3-5))将光强传输方程转换为标准的泊松方程简化求解。然而这个 Teague 辅助函数不一定存在：由于 $I(\boldsymbol{x})\nabla\phi(\boldsymbol{x})$ 本身只是一个普通的二维标量场，

显然其不一定为保守的。由亥姆霍兹分解定理可得,任意一个二维向量场可以分解为一个标量势 ψ 的梯度与一个矢量势 η 的旋度(图3-3):

$$I(\boldsymbol{x})\nabla\phi(\boldsymbol{x}) = \nabla\psi(\boldsymbol{x}) + \nabla\times\eta(\boldsymbol{x}) \tag{3-13}$$

对于某些(Dirichlet、Neumann 或周期性)边界条件,此分解是唯一的(或唯一到一个矢量常数,其会浮动于两项之间)。相比于式(3-5),可以看出旋度项 $\nabla\times\eta(\boldsymbol{x})$ 被 Teague 假设所忽略了,这无形中增加了一个隐含的假设,即 $I(\boldsymbol{x})\nabla\phi(\boldsymbol{x})$ 是无旋的。显然这个假设不一定成立,因此会导致求解光强传输方程所得到的解不一定与真实的精确解相吻合。

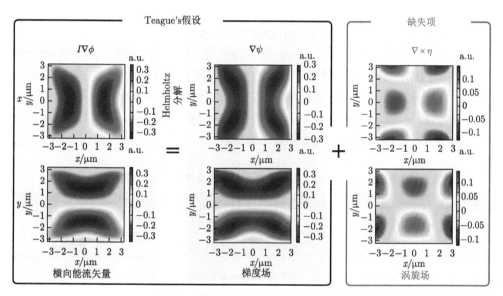

图 3-3　横向能流分量的亥姆霍兹分解

　　光强传输方程的相位差异问题其实早在 2001 年就已被 Allen 与 Oxley[9] 所注意到。2011 年,Schmalz 等[37] 运用亥姆霍兹分解定理对此问题进行了较为详细的理论分析,他们还提出一个仿真反例证明了,采用 Teague 辅助函数所带来的相位差异均方值可高达 9%。2014 年,Zuo 等[38] 也采用类似的方法分析了相位差异的成因,并推导了采用 Teague 辅助函数可获得精确解的充要条件:

$$\nabla I(\boldsymbol{x})^{-1}\times\nabla^{-2}\{\nabla\cdot[\nabla I(\boldsymbol{x})\times\nabla\phi(\boldsymbol{x})]\} = 0 \tag{3-14}$$

上式表明,在某些特定的情况下,如聚焦面光强分布十分均匀时,Teague 辅助函数所带来的相位差异很小,可以忽略。这也是此前"相位差异"问题并没有得到足够重视的原因。而对于强吸收物体而言(特别是光强接近于 0 时),光强分布不均匀导致的相位差异往往较大,不能简单忽略,正如 Schmalz 等[37] 的论文所示。

为了补偿 Teague 假设引起的相位差，Zuo 等[38]进一步发展了 Picard 型迭代算法，在该算法中，相位逐渐累积直到获得自洽解。Shanker 等[39]也提出了类似的迭代补偿方法。在 2～4 次迭代中，相位差减小到可以忽略的水平，从而得到光强传输方程的精确解。

在本节结束时，我们可以得出结论，对于一个理想的光强传输方程求解方法，至少面临以下四个方面的重要问题：

(1)它应考虑到非均匀边界条件与利用实验实测的边界信号进行求解；

(2)它需提供一个准确的求解结果，即没有相位差异；

(3)对于周期边界条件，光强传输方程的解总是存在的，并且唯一到任意的加性常数；

(4)它应该计算简单并严格收敛(如果它需要迭代运算)。

针对上述目标，2020 年 Zhang 等[40]提出了一种光强传输方程的通用求解方法(US-TIE)，其具有高精度、严格收敛、适用于任意形状区域、实现简单、计算简便等特点。该方法形式上类似于以前的迭代求解法[33, 36, 38, 39]，只是引入了最大强度假设，以保证严格的收敛性，并简化了迭代算法的实现。表 3-1 总结了不同光强传输方程求解方法和相关边界条件的比较。

表 3-1　光强传输方程的求解方法与所采用边界条件的比较

方法	技术	优势	缺点
TIE 求解方法	格林函数[7, 30]	适于理论分析	运算量和存储量大
	多重网格[9, 12]	简单、快速	低频噪声
	Zernike 多项式[14-16]	可精确表示光学像差	仅适于圆形区域，难以重构高频细节
	FFT[7, 8, 18, 24]	简单快速、可在重建中添加正则化	隐含周期性边界条件
	DCT[10, 22]	快速、非齐次 Neumann 边界条件	矩形光阑，限制视场
	迭代 DCT[33]	非齐次 Neumann 边界条件，任意形状的孔径	需要若干次迭代
	US-TIE[40]	非齐次 Neumann 边界条件，任意形状的光圈，严格的收敛保证	需要若干次迭代
边界条件	齐次 Dirichlet/Neumann[19, 23]	易实现，可采用不同的算法实现	边界处相位需"平缓"
	周期性[8, 9, 18, 24]	可采用 FFT 算法快速实现	边界相位需为周期性的
	非齐次 Dirichlet[7]	—	需已知边界上的相位值
	非齐次 Neumann[10, 22, 33]	可通过引入硬光阑直接测量	—
相位差异	Picard 型迭代[38]	可以补偿相位差异	需要 2～4 次迭代

参 考 文 献

[1] Guigay J P. Fourier-Transform Analysis of Fresnel Diffraction Patterns and in-Line Holograms[J]. Optik, 1977: 121-125.

[2] Gilbarg D, Trudinger N S. Elliptic Partial Differential Equations of Second Order[M]. New York: Springer, 2015.

[3] Gureyev T E, Roberts A, Nugent K A. Partially coherent fields, the transport-of-intensity equation, and phase uniqueness[J]. JOSA A, 1995, 12(9): 1942-1946.

[4] Nugent K A. Partially coherent diffraction patterns and coherence measurement[J]. Journal of the Optical Society of America A, 1991, 8(10): 1574-1579.

[5] Bhamra K S. Partial Differential Equations[M]. PHI Learning Private Limited, 2010.

[6] Courant R, Hilbert D. Methods of Mathematical Physics: Partial Differential Equations[M]. Hoboken: John Wiley & Sons, 2008.

[7] Teague M R. Deterministic phase retrieval: a Green's function solution[J]. JOSA, 1983, 73(11): 1434-1441.

[8] Paganin D, Nugent K A. Noninterferometric phase imaging with partially coherent light[J]. Phys. Rev. Lett., 1998, 80(12): 2586-2589.

[9] Allen L J, Oxley M P. Phase retrieval from series of images obtained by defocus variation[J]. Opt. Commun., 2001, 199(1-4): 65-75.

[10] Zuo C, Chen Q, Asundi A. Boundary-artifact-free phase retrieval with the transport of intensity equation: Fast solution with use of discrete cosine transform[J]. Opt. Express, 2014, 22(8): 9220.

[11] Xue B, Zheng S. Phase retrieval using the transport of intensity equation solved by the FMG-CG method[J]. Optik, 2011, 122(23): 2101-2106.

[12] Pinhasi S V, Alimi R, Perelmutter L, et al. Topography retrieval using different solutions of the transport intensity equation[J]. JOSA A, 2010, 27(10): 2285.

[13] Gureyev T E, Raven C, Snigirev A, et al. Hard X-ray quantitative non-interferometric phase-contrast microscopy[J]. Journal of Physics D: Appl. Phys., 1999, 32(5): 563-567.

[14] Gureyev T E, Roberts A, Nugent K A. Phase retrieval with the transport-of-intensity equation: matrix solution with use of Zernike polynomials[J]. JOSA A, 1995, 12(9): 1932-1942.

[15] Voitsekhovich V V. Phase-retrieval problem and orthogonal expansions: curvature sensing[J]. JOSA A, 1995, 12(10): 2194.

[16] Ríos S, Acosta E, Bará S. Modal phase estimation from wavefront curvature sensing[J]. Opt. Commun., 1996, 123(4-6): 453-456.

[17] Roddier F, Roddier C. Wavefront reconstruction using iterative Fourier transforms[J]. Appl. Optics., 1991, 30(11): 1325-1327.

[18] Gureyev T E, Nugent K A. Rapid quantitative phase imaging using the transport of intensity equation[J]. Opt. Commun., 1997, 133(1-6): 339-346.

[19] Volkov V V, Zhu Y, De Graef M. A new symmetrized solution for phase retrieval using the transport of intensity equation[J]. Micron, 2002, 33(5): 411-416.

[20] Frank J, Altmeyer S, Wernicke G. Non-interferometric, non-iterative phase retrieval by Green's functions[J]. JOSA A, 2010, 27(10): 2244-2251.

[21] Parvizi A, Müller J, Funken S A, et al. A practical way to resolve ambiguities in wavefront reconstructions by

the transport of intensity equation[J]. Ultramicroscopy, 2015, 154: 1-6.

[22] Zuo C, Chen Q, Li H, et al. Boundary-artifact-free phase retrieval with the transport of intensity equation II: applications to microlens characterization[J]. Opt. Express, 2014, 22(15): 18310.

[23] Martinez-Carranza J, Falaggis K, Kozacki T, et al. Effect of imposed boundary conditions on the accuracy of transport of intensity equation based solvers[C]. Proc. Spie., 2013, 8789.

[24] Gureyev T E, Nugent K A. Phase retrieval with the transport-of-intensity equation II Orthogonal series solution for nonuniform illumination[J]. JOSA A, 1996, 13(8): 1670-1682.

[25] Acosta E, Ríos S, Soto M, et al. Role of boundary measurements in curvature sensing[J]. Opt. Commun., 1999, 169(1-6): 59-62.

[26] Campbell C. Wave-front sensing by use of a Green's function solution to the intensity transport equation: comment[J]. JOSA A, 2007, 24(8): 2482-2484.

[27] Woods S C, Campbell H I, Greenaway A H. Wave-front sensing by use of a Green's function solution to the intensity transport equation: reply to comment[J]. JOSA A, 2007, 24(8): 2482.

[28] Roddier F, Roddier C, Roddier N. Curvature Sensing: A New Wavefront Sensing Method[C]. Proc. Spie., 1988: 203.

[29] Roddier F. Curvature sensing and compensation: a new concept in adaptive optics[J]. Appl. Optics., 1988, 27(7): 1223-1225.

[30] Woods S C, Greenaway A H. Wave-front sensing by use of a Green's function solution to the intensity transport equation[J]. JOSA A, 2003, 20(3): 508-512.

[31] Roddier N A. Algorithms for wavefront reconstruction out of curvature sensing data[C]. Proc. Spie., 1991: 120-129.

[32] Han I W. New method for estimating wavefront from curvature signal by curve fitting[J]. Opt. Eng., 1995, 34(4): 1232-1237.

[33] Huang L, Zuo C, Idir M, et al. Phase retrieval with the transport-of-intensity equation in an arbitrarily shaped aperture by iterative discrete cosine transforms[J]. Opt. Lett., 2015, 40(9): 1976-1979.

[34] Ishizuka A, Mitsuishi K, Ishizuka K. Direct observation of curvature of the wave surface in transmission electron microscope using transport intensity equation[J]. Ultramicroscopy, 2018, 194: 7-14.

[35] Ishizuka A, Ishizuka K, Mitsuishi K. Boundary-artifact-free observation of magnetic materials using the transport of intensity equation[J]. Microsc. Microanal., 2018, 24(S1): 924-925.

[36] Mehrabkhani S, Wefelnberg L, Schneider T. Fourier-based solving approach for the transport-of-intensity equation with reduced restrictions[J]. Opt. Express, 2018, 26(9): 11458.

[37] Schmalz J A, Gureyev T E, Paganin D M, et al. Phase retrieval using radiation and matter-wave fields: Validity of Teague's method for solution of the transport-of-intensity equation[J]. Physical Review A, American Physical Society, 2011, 84(2): 023808.

[38] Zuo C, Chen Q, Huang L, et al. Phase discrepancy analysis and compensation for fast Fourier transform based solution of the transport of intensity equation[J]. Opt. Express, 2014, 22(14): 17172.

[39] Shanker A, Sczyrba M, Connolly B, et al. Critical assessment of the transport of intensity equation as a phase recovery technique in optical lithography[C]. International Society for Optics and Photonics, California, USA: 2014: 90521D.

[40] Zhang J, Chen Q, Sun J, et al. On a universal solution to the transport-of-intensity equation[J]. Opt. Lett., 2020, 45(13): 3649.

4   相干照明下的图像生成模型   > > >

　　基于光强传输方程的计算定量相位成像的核心思想是对成像的过程进行准确正向建模，然后通过反解逆问题的方式实现相位重构。而光强传输方程虽然描述了光波在传播过程中光强与相位的定量耦合关系，但其成立却依赖于傍轴近似和小离焦近似这两个限制性条件。此外，我们在 2.2 节推导时也并未考虑一个实际的显微成像系统中的有限孔径效应。因此在本节中，我们将考虑一个更为实际的显微成像系统，推导其在相干照明下基于不同近似条件所能得到的图像生成模型，并讨论各种模型与光强传输方程之间的关联。

4.1   显微成像系统中的光阑与照明的相干性

　　一个典型的科勒照明结构的显微成像系统可以被图 4-1 的 6f 系统所描述[1-3]。其中光源(孔径光阑)经过聚光镜后照射物平面上的待测物体，经过物镜成像后在物镜的孔径平面(即傅里叶变换平面/频谱面)形成物体的频谱，受物镜孔径光阑限制后通过筒镜，在成像平面形成物体的像。在此模型中，离焦通常被表征为物镜孔径平面的角谱传递函数，且为了简化起见，仅考虑了 1:1 的放大比例，当考虑实际成像系统的放大率时，仅需对空间/频率坐标进行相对应的尺度缩放即可。

　　基于科勒照明结构的显微镜中有两个核心的孔径光阑(aperture stop)。一个是物镜本身的数值孔径(numerical aperture, NA)所决定的物镜光瞳，其限制了成像系统所能通过光线的最大角度。在显微镜中，物镜的数值孔径决定了成像系统的空间分辨能力，因而是非常重要的参数。对同样受限于衍射极限的光学系统而言，具有较高数值孔径的系统能够通过的光线角度更大，因而具有更强的分辨空间细节的能力，所形成的图像也更为明亮。另一个非常重要的光阑是聚光镜的孔径光阑。通常情况下，人们通常认为显微镜的分辨率主要取决于物镜的数值孔

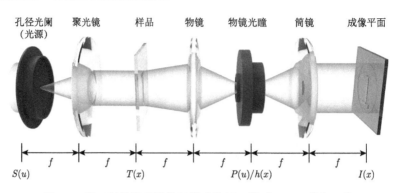

孔径光阑　　聚光镜　　样品　　物镜　　物镜光瞳　　筒镜　　成像平面
（光源）

$S(u)$　　　　　　　　$T(x)$　　　　　$P(u)/h(x)$　　　　　$I(x)$

图 4-1　基于科勒照明结构显微成像原理模型——6f 成像系统

径，其实，照明的数值孔径与物镜的数值孔径对于显微镜分辨率的影响具有同等的重要性[4](关于此部分的讨论详见本书第 6 章)。通过调整聚光镜的孔径光阑尺寸，我们可以方便地调节照明的数值孔径，或等价地说——照明的空间相干性。

为什么"相干性"的概念在光学成像中如此重要？这是因为相干性是光作为波发生干涉或衍射现象的基本特征，它描述了单个波或几个波或波包之间的物理量的所有相关特性。当两束光波之间的相位差恒定时，两束光是相干的；如果存在随机或不断变化的相位关系，它们就是不相干的。只有相干光源发出的辐射才会形成稳定的干涉图样，而这种辐射通常是由一束光束分裂成两束或多束产生的。与白炽灯不同的是，激光可以产生一束所有成分之间都有固定关系的光束。在第 4.2 节讨论光的传播特性和光强传输方程的推导时，假设光场是完全相干的，即用单色点源准直得到的平面波照射物体。然而实际上，光源可能不是严格单色和有限尺寸的，这两个方面分别与光源的时间相干性(光谱)和空间相干性(大小)有关[5, 6]。更直观地说，时间相干性是对光波在传播方向(纵方向)不同点相位相关性的一种表征，它告诉我们光源是单色的。一般来说，单色性好的激光器可以看作一个时间相干光源。相比之下，宽带光源是时间不相干的，例如白炽灯或太阳发出的光。空间相干性是对光波在传播方向的不同横向点上相位相关性的表征。它告诉我们波前相位的均匀程度，并与光源的尺寸有关。因此，从理想点源发出的光在空间上是相干的，而从高度扩展的光源发出的光在空间上是不相干的。图 4-2 给出了几个具有不同时间相干度和空间相干度的光源的典型例子。在一般概念中，太阳光被认为是完全不相干的，但事实并非总是如此。原因是，尽管太阳是一个宽频光源(时间不相干)，但它离我们足够远，因此可以近似为一个点源。当天空无云时(大气散射效应可以忽略)，到达地球表面的阳光可以被认为是空间相干的。同样，激光也不总是完全相干的，它只是时间上的连贯，在某些特殊情况下，如激光通过强散射介质(如旋转的毛玻璃)时，光的空间相干性将完全消失。

图 4-2　具有不同时间相干度和空间相干度的光源的几个典型实例

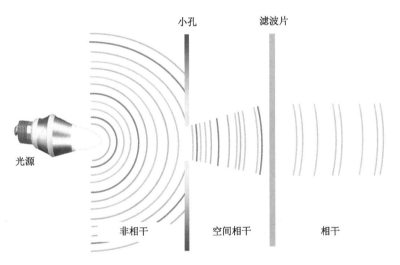

图 4-3　光波相干性的简化示意图

非相干光源发射球形波阵面并传播一定距离，然后通过有限尺寸的针孔，从而提高空间相干性。
通过一个窄带滤光片产生准单色光，以实现时间和空间上的相干性

　　在实际的显微成像系统中，考虑如图 4-3 所示的照明光路部分：假设光源为
一白光宽谱的拓展光源(时间/空间都不相干)，其所发出的光首先经过理想的单色
滤光片(波长为 λ)后形成时间相干、空间不相干的照明光场，再传播到达聚光镜
后被聚光镜的孔径光阑(一个直径为 d 的圆孔)所限制，再由聚光镜会聚后照射待
测物体。此时如果孔径光阑紧闭，那么到达物体的照明光波场就可以看作是一个

理想的时空相干光场。然而当孔径光阑逐渐打开时，照明光波场的空间相干性也就随之下降。在显微镜中，照明光波场的空间相干性往往由相干参数所定量描述，其定义为照明数值孔径与物镜数值孔径之比[2, 3, 7, 8]：

$$S = \frac{\mathrm{NA}_{\mathrm{ill}}}{\mathrm{NA}_{\mathrm{obj}}} \tag{4-1}$$

由于在显微镜中，照明数值孔径与物镜数值孔径之比又等价于聚光镜孔径光阑与物镜孔径光阑的半径比，因此可以通过在物镜中插入伯特朗透镜(Bertrand lens)以实现对物镜的后焦面进行成像，相干参数就能通过测量聚光镜孔径光阑与物镜孔径光阑(图 4-4 中的虚线)的半径比值得到。尽管 S 被称为"相干参数"，但实际上它表示整个成像系统的"非相干"程度：S 越大，则成像系统的空间相干性越弱；对于严格的空间相干成像系统 $S \to 0$，完全非相干的成像系统 $S \to \infty$。显微成像系统的相干参数与图像生成特性紧密相关，在非相干成像的情形下，图像相位部分的作用将不再体现在图像的强度分布中。实际上对于弱相位物体而言，当 $S \geqslant 1$ 时，成像系统就已经大部分表现出非相干成像的特性，例如无法观测到相位效应[2, 8, 9]。因此当 $0 < S < 1$ 时，通常认为是部分相干照明的情况，这是对相位成像比较有利的设定，其能够提供更高的成像信噪比，并为提升显微成像系统的分辨率提供更多空间，相关内容将在第 6 章详细讨论。而在本章里，我们主要讨论一个理想的相干成像系统下的图像生成模型与相位复原问题。

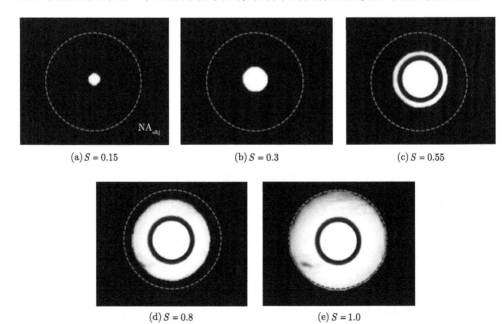

(a) $S = 0.15$　　　　(b) $S = 0.3$　　　　(c) $S = 0.55$

(d) $S = 0.8$　　　　(e) $S = 1.0$

图 4-4　通过打开相衬显微镜的聚光镜，改变照明孔径来控制空间相干性

4.2　相干照明下的理想成像模型

本节我们仅考虑相干照明的情形，即光源为位于聚光镜孔径平面光轴上的几何点，且具有严格的单色性的情况。在此情形下，成像过程满足理想的相干成像模型，即成像过程可以被描述为一个复振幅的线性系统。假设一个复透射率(complex transmittance)为 $T(\boldsymbol{x}) = a(\boldsymbol{x})\exp[j\phi(\boldsymbol{x})]$ 的薄物体由单色平面波所照射，物体平面(刚透过物体后方)的复振幅分布可以表示为

$$U_0(\boldsymbol{x}) = T(\boldsymbol{x}) = a(\boldsymbol{x})\exp[j\phi(\boldsymbol{x})] \tag{4-2}$$

不失一般性地，这里假设照明光为一单位光强的平面波(因为光强的绝对值无法通过相机拍摄且不具有实际意义)。当透过成像系统后，物体在像平面形成图像的复振幅分布 $U_i(\boldsymbol{x})$ 可以看作理想物平面的复振幅分布 $U_0(\boldsymbol{x})$ 和成像系统点扩展函数 $h(\boldsymbol{x})$ 的卷积：

$$U_i(\boldsymbol{x}) = U_0(\boldsymbol{x}) \otimes h(\boldsymbol{x}) \tag{4-3}$$

透过成像系统的像的光强可以表示为

$$I_i(\boldsymbol{x}) = U_i(\boldsymbol{x})U_i^*(\boldsymbol{x}) = |U_0(\boldsymbol{x}) \otimes h(\boldsymbol{x})|^2 \tag{4-4}$$

对式(4-3)两侧进行傅里叶变换，可以得到如下的频域表达：

$$\hat{U}_i(\boldsymbol{u}) = \hat{U}_0(\boldsymbol{u})H(\boldsymbol{u}) \tag{4-5}$$

以及透过成像系统后的像的光强的傅里叶变换：

$$\hat{I}_i(\boldsymbol{u}) = \hat{U}_i(\boldsymbol{u}) \otimes \hat{U}_i^*(\boldsymbol{u}) = \mathscr{F}\{|\mathscr{F}^{-1}[\hat{U}_0(\boldsymbol{u})H(\boldsymbol{u})]|^2\} \tag{4-6}$$

其中，$\hat{U}_0(\boldsymbol{u})$ 与 $\hat{U}_i(\boldsymbol{u})$ 分别是复振幅 $U_0(\boldsymbol{u})$ $U_0(\boldsymbol{u})$ 与 $U_i(\boldsymbol{u})$ $U_i(\boldsymbol{u})$ 的傅里叶变换，$H(\boldsymbol{u}) = \mathscr{F}\{h(\boldsymbol{x})\}$ 为相干传递函数(coherence transfer function，CTF)。对于不存在像差的衍射受限系统，相干传递函数等于物镜的光瞳函数 $H(\boldsymbol{u}) = P(\boldsymbol{u})$，其为一个标准的 circ 函数，其在物镜的数值孔径以内的空间频率为1(无衰减地通过)[5, 10]。这说明对于一个理想物点，即使采用一个没有像差的透镜或光学系统成像，我们也得不到理想的几何像点，而仅能够得到一个由孔径决定的衍射光斑，这正是由于有限孔径效应的影响。此外当系统存在距离为 Δz 的离焦时，相干传递函数则由两部分的乘积所决定，分别为物镜的光瞳函数与角谱传递函数(见式(2-30))：

$$H(\boldsymbol{u}) = P(\boldsymbol{u})H_{\Delta z}(\boldsymbol{u}) = P(\boldsymbol{u})e^{jk\Delta z\sqrt{1-\lambda^2|\boldsymbol{u}|^2}}, \quad P(\boldsymbol{u}) = \mathrm{circ}\left(\frac{\boldsymbol{u}}{\mathrm{NA}/\lambda}\right) = \begin{cases} 1 & |\boldsymbol{u}| \leqslant \dfrac{\mathrm{NA}}{\lambda} \\ 0 & \text{else} \end{cases}$$

$$\tag{4-7}$$

其中，NA 为物镜的数值孔径。与光瞳函数相比，该表达式包含了一个额外的关于离焦的相位因子，因此该相干传递函数通常又被称为离焦的瞳函数。这里有两点需要注意：首先，相干传递函数有时候也被写成 $H(\boldsymbol{u}) = P(\boldsymbol{u})e^{(jk\Delta z\sqrt{1-\lambda^2|\boldsymbol{u}|^2}-1)}$ 或 $H(\boldsymbol{u}) = P(\boldsymbol{u})\exp[jk\Delta z(\sqrt{1-\lambda^2|\boldsymbol{u}|^2}-1)]$，这是保证傍轴近似下可以化简到 z 平面无常数因子的形式(去除 $\exp(jk\Delta z)$ 这一项)，且并不改变菲涅耳近似下的角谱传递函数［见式(2-32)］计算得到的光强以及相位分布。其次，一般而言我们的显微成像系统都具有轴对称性。因此，相干点扩散函数与传递函数通常可以更方便地利用极坐标下的傅里叶(逆)变换进行表示：

$$h(r,\theta) = \int_0^{2\pi} \int_\rho H(\rho,\vartheta)e^{j2\pi r\rho\cos(\theta-\vartheta)}\rho d\rho d\vartheta \tag{4-8}$$

其中，(r,θ) 分别为空间坐标 (x,y) 所对应的极坐标：

$$\begin{cases} x = r\cos\theta \\ y = r\sin\theta \end{cases} \tag{4-9}$$

同理，(ρ,ϑ) 分别为空间频率 (u,v) 所对应的极坐标。当成像系统具有轴对称性时，成像系统的相干传递函数仅和变量 ρ 有关。其余关于 ϑ 的积分可以被提出直接计算，因此式(4-8)可以被简化为

$$h(r) = \int_\rho H(\rho)J_0(2\pi r\rho)2\pi\rho d\rho \tag{4-10}$$

式中，J_0 为零阶第一类贝塞尔函数，其定义为

$$J_0(x) = \frac{1}{2\pi}\int_0^{2\pi} e^{jx\cos(\theta-\vartheta)}d\vartheta \overset{\text{积分结果与}\theta\text{无关}}{=} \frac{1}{2\pi}\int_0^{2\pi} e^{jx\cos\vartheta}d\vartheta \tag{4-11}$$

式(4-10)即为轴向对称函数的傅里叶变换，是传统傅里叶变换的一种特例，被称为汉克尔(Hankel)变换，此外不难证明 Hankel 正变换与逆变换的形式是完全相同的。对于理想聚焦的衍射受限系统，相干传递函数等于物镜的光瞳函数 $H(\rho) = P(\rho) = \mathrm{circ}\left(\dfrac{\rho}{\mathrm{NA}/\lambda}\right)$，那么此时其点扩散函数可以被表示为

$$h(r) = \int_\rho \mathrm{circ}\left(\frac{\rho}{\mathrm{NA}/\lambda}\right)J_0(2\pi r\rho)2\pi\rho d\rho = \frac{\mathrm{NA}}{r\lambda}J_1\left(2\pi r\frac{\mathrm{NA}}{\lambda}\right) = \pi\left(\frac{\mathrm{NA}}{\lambda}\right)^2\left[\frac{2J_1(\bar{r})}{\bar{r}}\right] \tag{4-12}$$

其中，J_1 为一阶第一类贝塞尔函数，如图 4-5 所示；$\bar{r}$ 为归一化的空域的横向坐标，$\bar{r} = 2\pi\dfrac{\mathrm{NA}}{\lambda}r$。式(4-12)所对应的光强分布为

$$I_{\mathrm{PSF}}(r) = |h(r)|^2 = \pi\left(\frac{\mathrm{NA}}{\lambda}\right)^4\left[\frac{2J_1(\bar{r})}{\bar{r}}\right]^2 \tag{4-13}$$

式(4-13)被称为光强点扩散函数，可用于描述非相干成像系统的成像特性。由于 $\dfrac{J_1(\bar{r})}{\bar{r}}$ 又为 Airy 函数，因此该强度分布被称为艾里(Airy)斑，如图 4-6(a)所示。其归一化后的图像，如图 4-6(c)所示，83.8%的入射光能量都集中在中间的亮斑中，且第一个光强过零点出现在 $\dfrac{0.611\lambda}{\mathrm{NA}}$ 的位置。

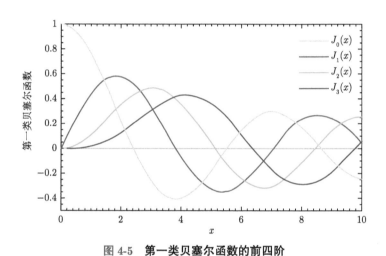

图 4-5　第一类贝塞尔函数的前四阶

同理，对于轴对称的光学系统而言，当系统存在距离为 Δz 的离焦时，相干传递函数(式(4-7))在极坐标下可以被表示为

$$H(\rho) = P(\rho)\mathrm{e}^{jk\Delta z\sqrt{1-\lambda^2\rho^2}}, \quad P(\rho) = \mathrm{circ}\left(\frac{\rho}{\mathrm{NA}/\lambda}\right) = \begin{cases}1, & \rho \leqslant \dfrac{\mathrm{NA}}{\lambda} \\ 0, & \text{其他}\end{cases} \tag{4-14}$$

傍轴近似下，式(4-7)中的角谱衍射项可以由菲涅耳传递函数式(见式(2-32))所近似：

$$H(\rho) = P(\rho)\mathrm{e}^{-j\pi\lambda\Delta z\rho^2} \tag{4-15}$$

式中关于 z 的相位因子已被省略。值得注意的是，在许多关于讨论显微镜传递函数的文献中[11-13]，为了简化分析与计算，往往将式(4-15)采用归一化的坐标系进行表示，即引入如下的归一化坐标系：

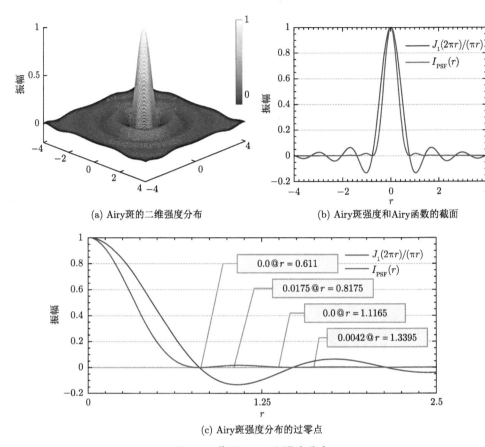

(a) Airy斑的二维强度分布

(b) Airy斑强度和Airy函数的截面

(c) Airy斑强度分布的过零点

图 4-6   艾里(Airy)斑强度分布

$$\bar{r} = \frac{2\pi}{\lambda}\mathrm{NA}r = k\mathrm{NA}r \tag{4-16}$$

$$\bar{z} = 2k(1 - \sqrt{1 - \mathrm{NA}^2})z \overset{\text{傍轴}}{\approx} k\mathrm{NA}^2 z \tag{4-17}$$

$$\bar{\rho} = \frac{\rho}{\mathrm{NA}/\lambda} \tag{4-18}$$

其中，k 表示波数；$\bar{r}$ 为归一化的空域径向坐标；$\bar{z}$ 为归一化的空域的轴向坐标；$\bar{\rho}$ 为归一化的径向空间频率(关于归一化坐标系的详细讨论见第 8 章)。在此归一化坐标系下，式(4-11)所表示的傍轴相干传递函数可以被写为

$$H(\bar{\rho}) = P(\bar{\rho})\mathrm{e}^{-\frac{1}{2}\mathrm{j}\bar{z}\bar{\rho}^2} \tag{4-19}$$

其中，$P(\bar{\rho})$ 为物镜的光瞳函数。

将式(4-19)代入式(4-10)可以得到归一化坐标系下的离焦点扩散函数的表达式：

$$h_{\bar{z}}(\bar{r}) = \int_{\bar{\rho}} P(\bar{\rho}) e^{-\frac{1}{2}j\bar{z}\bar{\rho}^2} J_0(\overline{r\rho}) 2\pi\bar{\rho} d\bar{\rho} \tag{4-20}$$

式(4-20)所表示的离焦点扩散函数又被称为三维点扩散函数，因为它描述了理想点光源经过成像系统所形成的像场在三维空间中的复振幅分布。该表达式我们将在第8章介绍三维相位成像时具体讨论。

虽然相干照明下透镜成像过程是复振幅的线性系统，但由于复共轭的作用(公式(4-4))，最终所拍摄到的光强与物体的振幅或相位并非呈线性关系，这对相位复原问题造成了一定阻碍。另一方面，对于一个无限大孔径的无像差成像系统($H(u) \equiv 1$ 且 $h(x) = \delta(x)$)，$I_i(x) = A^2(x)$ 也就是完全观察不到物体的相位成分。因此，光强传输方程这类相位复原算法的基本思想就是通过在光瞳面引入离焦而产生相衬，从而首先将相位信息变为光强信息；然后再通过线性化光强与相位之间的定量关系来解决从光强复原相位这一逆问题。

4.3 图像生成模型、相位传递函数与线性化条件

相位复原问题的直接可逆化求解中的关键阻碍在于光强与物体的振幅或相位之间的非线性关系。虽然利用迭代相位复原法[14-16]可以求解此非线性逆问题，但算法依赖于大量迭代运算，求解耗时且收敛性难以保证。因此人们仍然希望探寻新的且更方便快捷的手段来直接由强度分布重建相位信息。其中的关键就在于实现光强与相位之间定量关系的线性化。

4.3.1 弱物体近似下的相位传递函数模型

在2.2节中，我们已经通过三种不同的方法推导得到光强传输方程，然而不论采用哪种方法，我们都需要借助于两个近似条件：傍轴近似和小离焦近似。这两个近似条件是光强传输方程成立的限制性条件，只有当它们同时满足时，光强传输方程才能成立，从而才能建立光强与相位之间的定量线性关系。然而在实际测量情况下，这两个条件不一定会同时满足。例如在采用大数值孔径物镜成像时，傍轴近似是显然得不到满足的。此外，当离焦距离过大导致不满足小离焦近似时，直接使用光强传输方程求出的相位也将偏离正确值(此问题的讨论详见第5章)。

值得注意的是，实现光强与相位之间定量关系的线性化方式实际上不止光强传输方程一种。基于弱物体近似下的相位传递函数法就是另一种直接实现相位恢

复的经典方法[17-22]。下面，我们以角谱衍射理论为基础对相干照明下弱物体的相位传递函数进行推导。当物体满足弱物体近似(物体的吸收与相位足够小)时，相干平面波照射物体后的复振幅可以被简化为

$$U_0(\boldsymbol{x}) = T(\boldsymbol{x}) = a(\boldsymbol{x})\exp[\mathrm{j}\phi(\boldsymbol{x})] \overset{\phi(\boldsymbol{x})\ll 1}{\approx} [a_0 + \Delta a(\boldsymbol{x})][1 + \mathrm{j}\phi(\boldsymbol{x})]$$
$$\overset{\Delta a(\boldsymbol{x})\ll a_0}{\approx} a_0 + \Delta a(\boldsymbol{x}) + \mathrm{j}a_0\phi(\boldsymbol{x}) \tag{4-21}$$

其中，a_0 表示入射平面波未被物体扰动的直透分量，为一个常数。后两项代表衍射光分量，其中 $\Delta a(\boldsymbol{x})$ 又可以被进一步写成 $a_0\eta(\boldsymbol{x})$，即表示物体的二维归一化的吸收率变化 $\eta(\boldsymbol{x})$ 对复振幅的贡献；$\mathrm{j}a_0\phi(\boldsymbol{x})$ 则表示物体相位分布对总体复振幅的贡献。对式(4-21)做傅里叶变换，可得到透射复振幅的频谱为

$$\hat{U}_0(\boldsymbol{u}) = a_0[\delta(\boldsymbol{u}) + \hat{\eta}(\boldsymbol{u}) + \mathrm{j}\hat{\phi}(\boldsymbol{u})] \tag{4-22}$$

将式(4-22)代入式(4-6)，化简可以得到沿光轴传播距离 Δz 之后的光强频谱分布为

$$\hat{I}_{\Delta z}(\boldsymbol{u}) = I_0\left\{\delta(\boldsymbol{u}) - 2\cos\left[k\Delta z\left(\sqrt{1 - \lambda^2\,|\,\boldsymbol{u}\,|^2} - 1\right)\right]\hat{\eta}(\boldsymbol{u})\right.$$
$$\left. - 2\sin\left[k\Delta z\left(\sqrt{1 - \lambda^2\,|\,\boldsymbol{u}\,|^2} - 1\right)\right]\hat{\phi}(\boldsymbol{u})\right\} \tag{4-23}$$

其中，$I_0 = a_0^2$，注意在推导式(4-23)时，我们忽略了高阶衍射项(忽略了光强成分与相位成分的干涉效应，仅保留了它们的一阶项)和物镜的孔径效应(物镜孔径无穷大，即 $P(\boldsymbol{u}) \equiv 1$)。如果进一步引入傍轴近似，那么式(4-23)中的角谱衍射项可以由菲涅耳传递函数式(见式(2-33))所近似，故它可以进一步简化为[17-19]

$$\hat{I}_{\Delta z}(\boldsymbol{u}) = I_0[\delta(\boldsymbol{u}) - 2\cos(\pi\lambda\Delta z\,|\,\boldsymbol{u}\,|^2)\hat{\eta}(\boldsymbol{u}) + 2\sin(\pi\lambda\Delta z\,|\,\boldsymbol{u}\,|^2)\hat{\phi}(\boldsymbol{u})] \tag{4-24}$$

从上式中可以看出，$\hat{I}_{\Delta z}$ 由三部分组成，包括直透光光强 $I_0\delta(\boldsymbol{u})$ (也可称为平均光强或背景光强)，物体吸收产生的光强分布 $2I_0\cos(\pi\lambda\Delta z\,|\,\boldsymbol{u}\,|^2)\hat{\eta}(\boldsymbol{u})$，以及物体相位产生的光强分布 $2I_0\sin(\pi\lambda\Delta z\,|\,\boldsymbol{u}\,|^2)\hat{\phi}(\boldsymbol{u})$。此时可以发现，光强已经分别与物体的吸收率系数 $a(\boldsymbol{x})$ 以及相位函数 $\phi(\boldsymbol{x})$ 呈线性关系，式中它们前面的余弦与正弦系数通常又分别称为吸收传递函数($H_A(\boldsymbol{u})$)与相位传递函数($H_P(\boldsymbol{u})$)：

$$H_A(\boldsymbol{u}) = \cos(\pi\lambda\Delta z\,|\,\boldsymbol{u}\,|^2) \tag{4-25}$$

$$H_P(\boldsymbol{u}) = \sin(\pi\lambda\Delta z\,|\,\boldsymbol{u}\,|^2) \tag{4-26}$$

吸收传递函数和相位传递函数表征了图像所承载的信息(振幅或相位)和始终存在的背景之间的相对强度。尽管通过弱相位近似，光强与相位之间的线性化已经实现，但在拍摄到的光强图像中吸收与相位分量的作用仍然分别存在并相互耦

合。为了实现相位复原，还需要将这两部分对光强的作用解耦。观察式(4-25)与式(4-26)可以发现，吸收与相位传递函数，即 cosine 与 sine 函数分别为离焦距离 Δz 的偶函数与奇函数，这说明对于吸收成分而言，等量但方向相反的离焦所引起的光强变化是完全一致的；而对相位成分而言却完全相反。因此可以类似于光强传输方程，采集一幅聚焦图像($\Delta z = 0$)与两幅等量且方向相反的离焦图分别作为 I_0 与 $I_{\pm \Delta z}$。类似于光强传输方程中的轴向强度导数估计，我们可以捕捉到两个方向相反的等量离焦量的强度图像。将两幅离焦光强图作差即可将物体吸收成分的作用抵消：

$$\frac{\hat{I}_{\Delta z}(\boldsymbol{u}) - \hat{I}_{-\Delta z}(\boldsymbol{u})}{4 I_0} = H_{\mathrm{p}}(\boldsymbol{u}) \hat{\phi}(\boldsymbol{u}) \tag{4-27}$$

这使得相位与光强之间呈线性关系，再根据相位传递函数 $H_{\mathrm{p}}(\boldsymbol{u})$ 做反卷积即可求得物体相位的频谱，然后通过傅里叶逆变换复原出物体的相位分布。这里需要注意的是，由于 $H_{\mathrm{p}}(\boldsymbol{u})$ 往往随着频率增大逐渐加速振荡，因此可能包含过零点。为了避免过零点的产生，一种方法是减小离焦距离使 $\Delta z \to 0$ [22, 23]。此时相位传递函数 $H_{\mathrm{p}}(\boldsymbol{u})$ 中的正弦项可以被近似为 $\sin(\pi \lambda \Delta z | \boldsymbol{u} |^2) \approx \pi \lambda \Delta z | \boldsymbol{u} |^2$，从而可以有效避免函数的振荡，但这样同时也导致了相位衬度的下降，以至于难以获得高信噪比的重构结果[20, 24]。此外，在此近似下，式(4-27)还可以被进一步简化为弱吸收条件下的光强传输方程(见式(2-42))，这部分将在 5.1 节详细讨论。另一种方法是利用两幅以上离焦距离的图像来合成和优化相位传递函数[22, 25-27]，这样可以尽可能覆盖更多的空间频率范围以减少相位传递函数中接近零的区域，从而能够降低噪声的影响并提升相位重构的精度。这部分将在 5.2 节详细讨论。

4.3.2 缓变物体近似下光强混合模型

4.3.1 节中讨论的相位传递函数法虽然有效地将光强的线性化范围拓展到了任意的离焦距离(不再依赖于小离焦近似 $\Delta z \to 0$)，但其推导却是在假设物体的吸收和相位分布很弱的情况下进行的。当物体较厚或相位分布较大时，式(4-22)的近似不再成立。为了拓展相位传递函数法对非弱相位物体的适用性，有学者尝试采用缓变相位近似来取代弱相位近似以实现光强与相位关系之间的线性化[17, 22, 24-26, 28, 29]。首先基于式(2-20)，将光强分布的傅里叶频谱写成如下的差分傅里叶变换的形式[17]：

$$\hat{I}_{\Delta z}(\boldsymbol{u}) = \int T\left(\boldsymbol{x} - \frac{\lambda \Delta z \boldsymbol{u}}{2}\right) T^*\left(\boldsymbol{x} + \frac{\lambda \Delta z \boldsymbol{u}}{2}\right) \exp(-2\mathrm{j}\pi \boldsymbol{x} \cdot \boldsymbol{u}) \mathrm{d}\boldsymbol{x} \tag{4-28}$$

其中，$T(\boldsymbol{x}) = a(\boldsymbol{x})\exp[\mathrm{j}\phi(\boldsymbol{x})]$ 是物体的复透射率，对缓变物体近似，我们认为相位在空间上一个小的邻域内 $\left(\pm\dfrac{\lambda\Delta z\boldsymbol{u}}{2}\right)$ 变化远小于 1：

$$\left|\phi\left(\boldsymbol{x}-\frac{\lambda\Delta z\boldsymbol{u}}{2}\right)-\phi\left(\boldsymbol{x}+\frac{\lambda\Delta z\boldsymbol{u}}{2}\right)\right|\ll 1 \tag{4-29}$$

此外对于吸收部分，我们假设其也是缓慢变化并满足如下的一阶泰勒近似：

$$a\left(\boldsymbol{x}\pm\frac{\lambda\Delta z\boldsymbol{u}}{2}\right)\approx a(\boldsymbol{x})\pm\frac{\lambda\Delta z\boldsymbol{u}}{2}\cdot\nabla a(\boldsymbol{x}) \tag{4-30}$$

将式(4-29)与式(4-30)代入式(4-28)中进行化简，

$$\begin{aligned}
&T\left(\boldsymbol{x}-\frac{\lambda\Delta z\boldsymbol{u}}{2}\right)T^*\left(\boldsymbol{x}+\frac{\lambda\Delta z\boldsymbol{u}}{2}\right)\\
&=a\left(\boldsymbol{x}-\frac{\lambda\Delta z\boldsymbol{u}}{2}\right)a\left(\boldsymbol{x}+\frac{\lambda\Delta z\boldsymbol{u}}{2}\right)\exp\left\{\mathrm{j}\left[\phi\left(\boldsymbol{x}-\frac{\lambda\Delta z\boldsymbol{u}}{2}\right)-\phi\left(\boldsymbol{x}+\frac{\lambda\Delta z\boldsymbol{u}}{2}\right)\right]\right\}\\
&\overset{\text{缓变相位近似}}{\approx}a\left(\boldsymbol{x}-\frac{\lambda\Delta z\boldsymbol{u}}{2}\right)a\left(\boldsymbol{x}+\frac{\lambda\Delta z\boldsymbol{u}}{2}\right)\left\{1+\mathrm{j}\left[\phi\left(\boldsymbol{x}-\frac{\lambda\Delta z\boldsymbol{u}}{2}\right)-\phi\left(\boldsymbol{x}+\frac{\lambda\Delta z\boldsymbol{u}}{2}\right)\right]\right\}
\end{aligned} \tag{4-31}$$

将式(4-31)代入式(4-28)中，并再利用弱吸收近似进行化简可得

$$\begin{aligned}
&\hat{I}_{\Delta z}(\boldsymbol{u})\\
&=\int a\left(\boldsymbol{x}-\frac{\lambda\Delta z\boldsymbol{u}}{2}\right)a\left(\boldsymbol{x}+\frac{\lambda\Delta z\boldsymbol{u}}{2}\right)\left\{1+\mathrm{j}\left[\phi\left(\boldsymbol{x}-\frac{\lambda\Delta z\boldsymbol{u}}{2}\right)-\phi\left(\boldsymbol{x}+\frac{\lambda\Delta z\boldsymbol{u}}{2}\right)\right]\right\}\exp(-2\mathrm{j}\pi\boldsymbol{x}\cdot\boldsymbol{u})\mathrm{d}\boldsymbol{x}\\
&\overset{\text{缓变吸收近似}}{\approx}\hat{I}_{\Delta z}^{\phi=0}(\boldsymbol{u})+2\sin(\pi\lambda\Delta z\,|\,\boldsymbol{u}\,|^2)\mathscr{F}\{I_0(\boldsymbol{x})\phi(\boldsymbol{x})\}+\cos(\pi\lambda\Delta z\,|\,\boldsymbol{u}\,|^2)\frac{\lambda\Delta z}{2\pi}\mathscr{F}\{\nabla\cdot[\phi(\boldsymbol{x})\nabla I_0(\boldsymbol{x})]\}
\end{aligned} \tag{4-32}$$

其中

$$\hat{I}_{\Delta z}^{\phi=0}(\boldsymbol{u})=\int a\left(\boldsymbol{x}-\frac{\lambda\Delta z\boldsymbol{u}}{2}\right)a^*\left(\boldsymbol{x}+\frac{\lambda\Delta z\boldsymbol{u}}{2}\right)\exp(-2\mathrm{j}\pi\boldsymbol{x}\cdot\boldsymbol{u})\mathrm{d}\boldsymbol{x} \tag{4-33}$$

代表忽略相位时物体在 Δz 处衍射光强分布的傅里叶变换。式(4-32)被 Guigay 等称为光强的混合模型[25]。与式(4-24)相比，二者具有相似之处，如式(4-25) 与式(4-26)的相位/吸收传递函数的正余弦项仍然清晰地体现在式(4-32)中。此外光强混合模型的形式更复杂，且没有完全将相位信息与光强线性化，因此没有办法对其直接采用传递函数反卷积来复原相位，而需要采用非线性迭代求

解。但它的推导所依赖的不再是弱相位近似，而是缓变物体近似条件。二者的不同是，前者是对相位/吸收大小的要求，而后者是对相位/吸收空间变化的要求。相比较而言，缓变物体分布是一个比弱物体近似更加严格，也更符合实际情况的假设[26]。如果将式(4-32)的第三项按求导的链式法则展开并重新合并公式(利用性质 $\nabla^2[\phi(\boldsymbol{x})I_0(\boldsymbol{x})] = \nabla \cdot [\phi(\boldsymbol{x})\nabla I_0(\boldsymbol{x})] + \nabla \cdot [\nabla\phi(\boldsymbol{x})I_0(\boldsymbol{x})]$)，可以得到如下的表达形式[25]：

$$\hat{I}_{\Delta z}(\boldsymbol{u}) = \hat{I}_{\Delta z}^{\phi=0}(\boldsymbol{u}) + 2\sin(\pi\lambda\Delta z |\boldsymbol{u}|^2)\mathscr{F}\{I_0(\boldsymbol{x})\phi(\boldsymbol{x})\} \tag{4-34}$$
$$+ \cos(\pi\lambda\Delta z |\boldsymbol{u}|^2)\frac{\lambda\Delta z}{2\pi}\mathscr{F}\{\nabla \cdot I_0(\boldsymbol{x})\nabla\phi(\boldsymbol{x})\}$$

经推导不难证明，在小离焦近似 $\Delta z \to 0$ 下，式(4-32)就可以被简化为标准的光强传输方程(见式(2-10))。另一方面，如果进一步施加弱吸收近似 $a(\boldsymbol{x}) = a_0 + \Delta a(\boldsymbol{x})$，$\Delta a(\boldsymbol{x}) \ll a_0$，则式(4-34)可以被简化为式(4-24)，即弱物体近似下的光强模型。这意味着实际上式(4-24)中的弱相位近似 $\phi(\boldsymbol{u}) \ll 1$ 可以被视为缓变相位近似 $\left| \phi\left(\boldsymbol{x} - \dfrac{\lambda\Delta z\boldsymbol{u}}{2}\right) - \phi\left(\boldsymbol{x} + \dfrac{\lambda\Delta z\boldsymbol{u}}{2}\right)\right| \ll 1$。特别是弱相位近似要求样品的相位分布远小于 1，这对大部分生物细胞而言是很难满足的。而相比弱相位条件，相位缓变条件只要物体在小的空间距离上 $\left(\pm \dfrac{\lambda\Delta z\boldsymbol{u}}{2}\right)$ 变化远小于 1 即可成立，因此其相比弱相位近似而言更具有普适性。

4.3.3　无任何近似下的光强差分模型

在 2015 年，Sun 等[30]进一步提出了一种无任何近似条件的强度差分模型，该方法以角谱衍射理论为基础，推导过程中无任何近似，普适性得到了进一步提高。表 4-1 展示了常见的几种相位复原方法的公式以及所需的近似条件。从前面几节的结论，我们可以把从光强传播复原相位问题的多种线性化手段进行如下总结：相位复原问题是一个病态的反问题。一般来说，这个问题可以通过四种求解相位复原逆问题的光强模型来解决：①光强传输方程；②相位传递函数；③混合光强模型；④无近似光强差分模型。它们基于不同的假设：光强传输方程的成立需要傍轴近似和小离焦近似，其优点是对物体的吸收与相位没有施加任何条件，可以通过求解偏微分方程直接重构相位；相位传递函数法的成立则依赖于弱吸收近似和弱相位近似(也可放宽到缓变相位近似)，且可以单次进行反卷积求逆求解(当包含多个测量平面时，也可以通过最小二乘法反卷积单次求解)，其另一个优点是可以不依赖于傍轴近似，因此比较适用于大数值孔径下的高分辨率成像；Guigay 等[25]提出的混合模型放宽了对近似条件的要求，无需小离焦近似和弱相位或缓变相位近似，普适性更强，而且该方法在考虑小离焦近似的条件下等效于光强传输方程方法，而在考虑弱相位或缓变相位近似的条件下等效于相干传递函数方法；强度差分模型不依赖于任何近似条件，然而，缺点是不能确定性地复原相位，而是需要一个非线性的迭代求解方案。在表4-1与图4-7中，我们总结了这些方法的数学模型、成立条件、求解方法以及它们之间的内在关联。但由于篇幅受限，本书不再详细介绍从这些非线性光强模型中重构相位分布的求解方法。这类非线性迭代优化算法的基本思路非常简单，都是基于"主成分线性化"的思想，即初始保留光强中的直透分量与由相位贡献的主成分项，并忽略复杂的高阶非线性项(如式(4-32)中最后一项余弦项)，这样就可以通过线性化求解初始值，然后将光强残差代入重构公式中，进一步对重构的相位分布进行优化。通常情况下，相比迭代法相位复原，这种"主成分线性化"迭代求解的收敛性要好得多，往往3～5次即可收敛。

表 4-1 不同相位反演方法和所需近似条件的比较

方法	近似条件及其数学表示	相位成像方程及其求解方程
TIE[31-33]	傍轴近似 $\lambda^2 \boldsymbol{u}^2 \ll 1$ 小离焦近似 $\Delta z \to 0$	$-k\dfrac{\partial I(\boldsymbol{x})}{\partial z} = \nabla \cdot [I(\boldsymbol{x})\nabla\phi(\boldsymbol{x})]$ 傅里叶变换法求解： $\phi(\boldsymbol{x}) = -k\mathscr{F}^{-1}\left\{\dfrac{\mathrm{j}2\pi\boldsymbol{u}}{4\pi^2\|\boldsymbol{u}\|^2+\varepsilon}\mathscr{F}\left[\dfrac{1}{I(\boldsymbol{x})}\mathscr{F}^{-1}\left\{\dfrac{\mathrm{j}2\pi\boldsymbol{u}}{4\pi^2\|\boldsymbol{u}\|^2+\varepsilon}\mathscr{F}\left[\dfrac{\partial I(\boldsymbol{x})}{\partial z}\right]\right\}\right]\right\}$ 其中，ε 为一个极小的正常数，防止分母为0。
弱吸收 TIE[34, 35]	傍轴近似 $\lambda^2 \boldsymbol{u}^2 \ll 1$ 小离焦近似 $\Delta z \to 0$ 弱吸收近似 $a(\boldsymbol{x}) = a_0 + \Delta a(\boldsymbol{x}),$ $\Delta a(\boldsymbol{x}) \ll a_0$	$-k\dfrac{\partial I(\boldsymbol{x})}{\partial z} = I_0 \nabla^2 \phi(\boldsymbol{x})$ 傅里叶变换法求解： $\phi(\boldsymbol{x}) = \dfrac{k}{I_0}\mathscr{F}^{-1}\left\{\dfrac{1}{4\pi^2\|\boldsymbol{u}\|^2+\varepsilon}\mathscr{F}\left[\dfrac{\partial I(\boldsymbol{x})}{\partial z}\right]\right\}$ 其中，ε 为一个极小的正常数，防止分母为0。
CTF[17-19]	傍轴近似 $\lambda^2 \boldsymbol{u}^2 \ll 1$ 弱吸收近似 $a(\boldsymbol{x}) = a_0 + \Delta a(\boldsymbol{x}),$ $\Delta a(\boldsymbol{x}) \ll a_0$ 弱相位近似 $\|\phi(\boldsymbol{x})\| \ll 1$ 或 缓变相位近似	$\hat{I}_{\Delta z}(\boldsymbol{u}) = I_0[\delta(\boldsymbol{u}) - 2\cos(\pi\lambda\Delta z\|\boldsymbol{u}\|^2)\hat{\eta}(\boldsymbol{u}) + 2\sin(\pi\lambda\Delta z\|\boldsymbol{u}\|^2)\hat{\phi}(\boldsymbol{u})]$ 最小二乘法求解： $\phi(\boldsymbol{x}) = \mathscr{F}^{-1}\left[\dfrac{D(\boldsymbol{u})\sum\limits_{j=1}^{N}\hat{I}_{\Delta z,j}(\boldsymbol{u})\sin(\pi\lambda\Delta z\|\boldsymbol{u}\|^2) - C(\boldsymbol{u})\sum\limits_{j=1}^{N}\hat{I}_{\Delta z,j}(\boldsymbol{u})\cos(\pi\lambda\Delta z\|\boldsymbol{u}\|^2)}{2I_0[C(\boldsymbol{u})D(\boldsymbol{u}) - E(\boldsymbol{u})^2] + \varepsilon}\right]$ 其中，$C(\boldsymbol{u}) = \sum\limits_{j=1}^{N}\sin^2(\pi\lambda\Delta z_j\|\boldsymbol{u}\|^2)$ $D(\boldsymbol{u}) = \sum\limits_{j=1}^{N}\cos^2(\pi\lambda\Delta z_j\|\boldsymbol{u}\|^2)$ $E(\boldsymbol{u}) = \sum\limits_{j=1}^{N}\sin(\pi\lambda\Delta z_j\|\boldsymbol{u}\|^2)\cos(\pi\lambda\Delta z_j\|\boldsymbol{u}\|^2)$ ε 为一个极小的正常数。

续表

方法	近似条件及其数学表示	相位成像方程及其求解方程
CTF[17-19]	弱相位近似 $\lvert \phi(\boldsymbol{x}) \rvert \ll 1$ 或 缓变相位近似 $\left\lvert \phi\left(\boldsymbol{x} - \dfrac{\lambda\Delta z\boldsymbol{u}}{2}\right) - \phi\left(\boldsymbol{x} + \dfrac{\lambda\Delta z\boldsymbol{u}}{2}\right)\right\rvert \ll 1$	多平面对称离焦最小二乘法求解: $$\phi(\boldsymbol{x}) = \mathscr{F}^{-1}\left\{\sum_{j=1}^{N}\frac{\lvert\sin(\pi\lambda\Delta z_j\,\lvert\boldsymbol{u}\rvert^2)\rvert^2\,[\hat{I}_{\Delta z_j}(\boldsymbol{u}) - \hat{I}_{-\Delta z_j}(\boldsymbol{u})]}{4I_0\sin(\pi\lambda\Delta z_j\,\lvert\boldsymbol{u}\rvert^2)\sum_{j=1}^{N}[\lvert\sin(\pi\lambda\Delta z_j\,\lvert\boldsymbol{u}\rvert^2)\rvert^2 + \varepsilon]}\right\}$$ 两平面对称离焦法(最小二乘法简化版)求解: $$\phi(\boldsymbol{x}) = \mathscr{F}^{-1}\left[\frac{\sin(\pi\lambda\Delta z\,\lvert\boldsymbol{u}\rvert^2)[\hat{I}_{\Delta z}(\boldsymbol{u}) - \hat{I}_{-\Delta z}(\boldsymbol{u})]}{4I_0\sin^2(\pi\lambda\Delta z\,\lvert\boldsymbol{u}\rvert^2) + \varepsilon}\right] \text{ 或}$$ $$\phi(\boldsymbol{x}) = \mathscr{F}^{-1}\left[\frac{\hat{I}_{\Delta z}(\boldsymbol{u}) - \hat{I}_{-\Delta z}(\boldsymbol{u})}{4I_0\sin(\pi\lambda\Delta z\,\lvert\boldsymbol{u}\rvert^2)}\right]$$
混合 TIE-CTF 法[25]	傍轴近似 $\lambda^2\,\lvert\boldsymbol{u}\rvert^2 \ll 1$ 缓变吸收近似 $a\left(\boldsymbol{x} \pm \dfrac{\lambda\Delta z\boldsymbol{u}}{2}\right) \approx a(\boldsymbol{x})$ $\pm\dfrac{\lambda\Delta z\boldsymbol{u}}{2}\cdot\nabla a(\boldsymbol{x})$	$$\hat{I}_{\Delta z}(\boldsymbol{u}) = \hat{I}_{\Delta z}^{\phi=0}(\boldsymbol{u}) + 2\sin(\pi\lambda\Delta z\,\lvert\boldsymbol{u}\rvert^2)\mathscr{F}[I(\boldsymbol{x})\phi(\boldsymbol{x})]$$ $$+ \frac{\lambda\Delta z}{2\pi}\cos(\pi\lambda\Delta z\,\lvert\boldsymbol{u}\rvert^2)\mathscr{F}\{\nabla\cdot[\phi(\boldsymbol{x})\nabla I(\boldsymbol{x})]\}$$ 迭代法求解: $$\phi^{(n+1)}(\boldsymbol{x}) = \mathscr{F}^{-1}\frac{\sum_{j=1}^{N}\{2\sin(\pi\lambda\Delta z_j\boldsymbol{u}^2)[\hat{I}_{\Delta z_j}(\boldsymbol{u}) - \hat{I}_{\Delta z_j}^{\phi=0}(\boldsymbol{u}) - \Delta z_j^{(n)}(\boldsymbol{u})]\}}{\sum_{j=1}^{N}4I_0\sin^2(\pi\lambda\Delta z_j\boldsymbol{u}^2) + \varepsilon}$$ 其中, $$\Delta z_j^{(n)}(\boldsymbol{u}) = \frac{\lambda\Delta z_j}{2\pi}\cos(\pi\lambda\Delta z_j\boldsymbol{u}^2)\mathscr{F}\{\nabla\cdot[\phi^{(n)}(\boldsymbol{x})\nabla I(\boldsymbol{x})]\}$$ ε 为一个极小的正常数。 $\phi^{(n)}(\boldsymbol{x})$ 表示第 n 次迭代复原的相位。
无近似强度差分[30]	无任何近似	$$\hat{I}_{\Delta z}(\boldsymbol{u}) - \hat{I}_{-\Delta z}(\boldsymbol{u}) = 4A_{\mathrm{m}}^{(n)}\sin[\omega(\boldsymbol{u})]\hat{\phi}(\boldsymbol{u}) + \hat{R}(\boldsymbol{u})$$ 迭代法求解: $$\phi^{(n+1)}(\boldsymbol{x}) = \arctan\left\{\mathscr{F}^{-1}\left[\frac{\sum_{j=1}^{N}\sin[\omega_j(\boldsymbol{u})][\hat{I}_{\Delta z_j}(\boldsymbol{u}) - \hat{I}_{-\Delta z_j}(\boldsymbol{u}) - \hat{R}^{(n)}(\boldsymbol{u})]}{\sum_{j=1}^{N}\{2A_{\mathrm{m}}^{(n)}\sin[\omega_j(\boldsymbol{u})]\}^2 + \varepsilon}\right]\right\}$$ 其中, $$\omega_j(\boldsymbol{u}) = k\Delta z_j(1 - \sqrt{1 - \lambda^2\,\lvert\boldsymbol{u}\rvert^2})$$ $$R^{(n)}(\boldsymbol{x}) = A_{\mathrm{m}}^{(n)}\mathscr{F}^{-1}\{\sin[\omega(\boldsymbol{u})]\mathscr{F}\{A_{\mathrm{e}}^{(n)}(\boldsymbol{x})\tan[\phi^{(n)}(\boldsymbol{x})]\}\}$$ $$+ \mathscr{F}^{-1}\{\cos[\omega(\boldsymbol{u})]\mathscr{F}\{A_{\mathrm{e}}^{(n)}(\boldsymbol{x})\}\}\mathscr{F}^{-1}\{\sin[\omega(\boldsymbol{u})]\mathscr{F}\{A(\boldsymbol{x})\sin[\phi^{(n)}(\boldsymbol{x})]\}\}$$ $$- \mathscr{F}^{-1}\{\sin[\omega(\boldsymbol{u})]\mathscr{F}\{A_{\mathrm{e}}^{(n)}(\boldsymbol{x})\}\}\mathscr{F}^{-1}\{\cos[\omega(\boldsymbol{u})]\mathscr{F}\{A(\boldsymbol{x})\sin[\phi^{(n)}(\boldsymbol{x})]\}\}$$ $$A(\boldsymbol{x}) = \sqrt{I(\boldsymbol{x})}$$ $A_{\mathrm{m}}^{(n)} = \mathrm{Mean}\{A(\boldsymbol{x})\cos[\phi^{(n)}(\boldsymbol{x})]\}$,Mean 表示求均值 $$A_{\mathrm{e}}^{(n)}(\boldsymbol{x}) = A(\boldsymbol{x})\cos[\phi^{(n)}(\boldsymbol{x})] - A_{\mathrm{m}}^{(n)}$$ ε 为一个极小的正常数。 $\phi^{(n)}(\boldsymbol{x})$ 表示第 n 次迭代复原的相位。

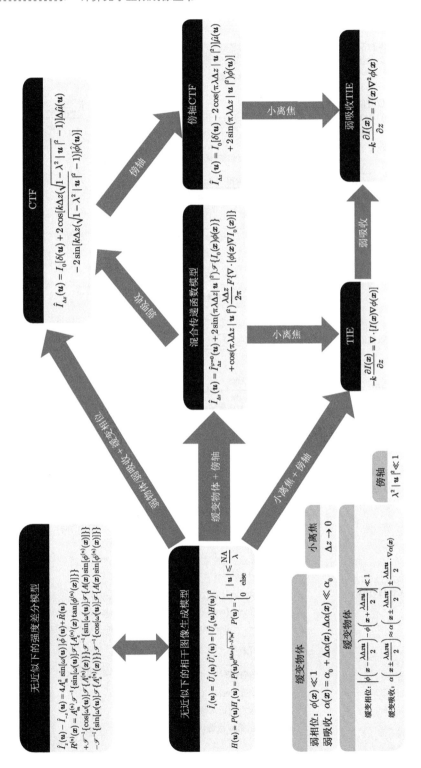

图 4-7 不同相位反演算法的数学模型、成立条件及内在关系

4.3.4　成像系统的有限孔径效应

在前面小节推导图像生成模型与相位传递函数的过程中，我们忽略了物镜的孔径效应(物镜孔径无穷大，即式(4-7)中的 $P(\boldsymbol{u}) \equiv 1$)。显然对于一个实际的成像系统而言，特别是在显微成像中，物镜的有限数值孔径效应是制约显微成像分辨率的核心因素，因此是不能被简单忽略的。但幸运的是，在相干成像系统中，物镜数值孔径的表现形式十分简单。由式(4-6)可知，物体经成像系统后的像的光强的傅里叶变换可以表示为

$$\hat{I}_{\Delta z}(\boldsymbol{u}) = \hat{U}_{\Delta z}(\boldsymbol{u}) \otimes \hat{U}^*_{\Delta z}(\boldsymbol{u}) = \mathscr{F}\{|\mathscr{F}^{-1}[\hat{U}_0(\boldsymbol{u})P(\boldsymbol{u})H_{\Delta z}(\boldsymbol{u})]|^2\} \quad (4\text{-}35)$$

其中，$P(\boldsymbol{u})$ 为物镜的光瞳函数；$H_{\Delta z}(\boldsymbol{u})$ 为角谱传递函数(见式(4-7))。不难发现，对于理想相干成像系统而言，物镜数值孔径的作用相当于先对物体的复振幅在频域做了一次低通滤波，然后这些空间频率低于 NA/λ 的分量信息才能被进一步传递到像方平面，并衍射 Δz 的距离后形成图像[5, 10, 36]。所以为了简化分析，当考虑成像系统的数值孔径时，我们可以简单地认为被测物体是原始理想物体受到物镜低通滤波后的，那么 4.3 节中的所有结论便均可以被直接地加以推广——只需在频域表达式前乘上一个光瞳函数 $P(\boldsymbol{u})$ 即可。例如当考虑成像系统的数值孔径时，式(4-25)与式(4-26)的吸收与相位传递函数应当被改写为

$$H_{\mathrm{A}}(\boldsymbol{u}) = P(\boldsymbol{u})\cos(\pi\lambda\Delta z \mid \boldsymbol{u} \mid^2) \quad (4\text{-}36)$$

$$H_{\mathrm{P}}(\boldsymbol{u}) = P(\boldsymbol{u})\sin(\pi\lambda\Delta z \mid \boldsymbol{u} \mid^2) \quad (4\text{-}37)$$

它们的曲线如图 4-8 所示。因此在相干照明情况下，由于受到透镜孔径效应限制，实际复原的相位的最高空间频率被限制在 NA/λ 以内。

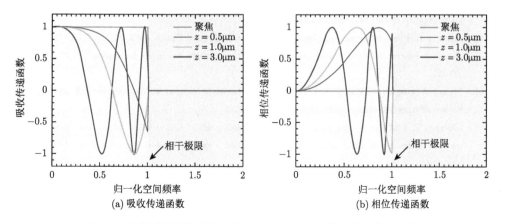

(a) 吸收传递函数　　　　　　　　(b) 相位传递函数

图 4-8　有限孔径成像系统在相干照明下不同离焦距离的传递函数

参 考 文 献

[1]   Streibl N. Phase imaging by the transport equation of intensity[J]. Optics Communications, 1984, 49(1): 6-10.

[2]   Streibl N. Three-dimensional imaging by a microscope[J]. Journal of the Optical Society of America A, 1985, 2(2): 121-127.

[3]   Sheppard C J R, Mao X Q. Three-dimensional imaging in a microscope[J].Journal of the Optical Society of America A, 1989, 6(9): 1260-1269.

[4]   Hopkins H H, Barham P M. The influence of the condenser on microscopic resolution[J]. Proceedings of the Physical Society. Section B, 1950, 63(10): 737.

[5]   Born M, Wolf E, Bhatia A B, et al. Principles of Optics: Electromagnetic Theory of Propagation, Interference and Diffraction of Light[M]. 7th ed. Cambridge, New York: Cambridge University Press, 1999.

[6]   Goodman J W. Statistical optics[M]. New York: Wiley, 2000.

[7]   Barone-Nugent E D, Barty A, Nugent K A. Quantitative phase-amplitude microscopy I: optical microscopy[J]. Journal of Microscopy, 2002, 206(3): 194-203.

[8]   Sheppard C J. Defocused transfer function for a partially coherent microscope and application to phase retrieval[J]. Journal of the Optical Society of America A, 2004, 21(5): 828-831.

[9]   Sheppard C J. Three-dimensional phase imaging with the intensity transport equation[J]. Applied Optics, 2002, 41(28): 5951-5955.

[10]   Goodman J W. Introduction to Fourier Optics[M]. Colorado: Roberts and Company Publishers, 2005.

[11]   McCutchen C W. Generalizedaperture and the Three-Dimensional diffraction image[J]. JOSA, 1964, 54(2): 240-244.

[12]   Wilson T. Theory and Practice of Scanning Optical Microscopy[M]. London   , Orlando: Academic Press, 1984.

[13]   Gu M. Advanced Optical Imaging Theory[M]. Berlin, Heidelberg: Springer Berlin Heidelberg, 2000: 75.

[14]   Gerchberg R, Saxton W. A practical algorithm for the determination of the phase from image and diffraction plane pictures[J]. Optik, 1972, 35: 237-250.

[15]   Gerchberg R W. Phase determination from image and diffraction plane pictures in the electron microscope[J]. Optik, 1971, 34(3): 275-284.

[16]   Fienup J R. Phase retrieval algorithms: a comparison[J]. Applied Optics, 1982, 21(15): 2758-2769.

[17]   Guigay J. Fourier transform analysis of Fresnel diffraction patterns and in-line holograms[J]. Optik, 1977, 49: 121-125.

[18]   Pogany A, Gao D, Wilkins S W. Contrast and resolution in imaging with a microfocus X-ray source[J]. Review of Scientific Instruments, 1997, 68(7): 2774-2782.

[19]   Cloetens P, Ludwig W, Baruchel J, et al. Holotomography: Quantitative phase tomography with micrometer resolution using hard synchrotron radiation x rays[J]. Applied Physics Letters, 1999, 75(19): 2912-2914.

[20]   Cloetens P, Ludwig W, Boller E, et al. Quantitative phase contrast tomography using coherent synchrotron radiation[J]. Proceeding of SPIE, 2002, 4503: 82-91.

[21]   Mayo S C, Miller P R, Wilkins S W, et al. Quantitative X-ray projection microscopy: phase-contrast and multi-spectral imaging[J]. Journal of Microscopy, 2002, 207(2): 79-96.

[22]   Gureyev T E, Pogany A, Paganin D M, et al. Linear algorithms for phase retrieval in the Fresnel region[J]. Optics Communications, 2004, 231(1-6): 53-70.

[23]   Gureyev T E, Mayo S, Wilkins S W, et al. Quantitative in-line phase-contrast imaging with multienergy X rays[J]. Physical Review Letters, 2001, 86(25): 5827-5830.

[24]   Wu X, Liu H. A general theoretical formalism for X-ray phase contrast imaging[J]. Journal of X-ray Science and Technology, 2003, 11(1): 33-42.

[25]   Guigay J P, Langer M, Boistel R, et al. Mixed transfer function and transport of intensity approach for phase retrieval in the Fresnel region[J]. Optics Letters, 2007, 32(12): 1617-1619.

[26]   Langer M, Cloetens P, Guigay J P, et al. Quantitative comparison of direct phase retrieval algorithms in in-line phase tomography[J]. Medical Physics, 2008, 35(10): 4556-4566.

[27]   Falaggis K, Kozacki T, Kujawinska M. Optimum plane selection criteria for single-beam phase retrieval techniques based on the contrast transfer function[J]. Optics Letters, 2014, 39(1): 30-33.

[28]   Cloetens P, Barrett R, Baruchel J, et al. Phase objects in synchrotron radiation hard X-ray imaging[J]. Journal of Physics D: Applied Physics, 1996, 29(1): 133.

[29]   Zabler S, Cloetens P, Guigay J P, et al. Optimization of phase contrast imaging using hard X rays[J]. Review of Scientific Instruments, 2005, 76(7): 2912-2944.

[30]   Sun J, Zuo C, Chen Q. Iterative optimum frequency combination method for high efficiency phase imaging of absorptive objects based on phase transfer function[J]. Optics Express, 2015, 23(21): 28031-28049.

[31]   Teague M R. Deterministic phase retrieval: a Green's function solution[J]. Journal of the Optical Society of America A, 1983, 73(11): 1434-1441.

[32]   Paganin D, Nugent K A. Noninterferometric phase imaging with partially coherent light[J]. Physical Review Letters, 1998, 80(12): 2586-2589.

[33]   Zuo C, Chen Q, Li H, et al. Boundary-artifact-free phase retrieval with the transport of intensity equation II: applications to microlens characterization[J]. Optics Express, 2014, 22(15): 18310-18324.

[34]   Gureyev T E, Nugent K A. Rapid quantitative phase imaging using the transport of intensity equation[J]. Optics Communications, 1997, 133(1): 339-346.

[35]   Roddier F. Curvature sensing: a diffraction theory[J]. NOAO RD Note, 1987, 87.

[36]   Hecht E. Optics[M]. 4th ed. Reading, Mass: Addison-Wesley, 2001.

5 光强轴向微分的差分估计 > > >

在前面几章中，我们已经了解到求解光强传输方程需要预先获得待测面上的光强分布以及光强的轴向微分。其中光强的轴向微分 $\partial I / \partial z$ 不可直接测量，而需要通过采集不同传输距离(至少两个面)上的光强分布并由数值差分法估计得到。准确可靠的光强轴向微分的差分估计是采用光强传输方程进行准确相位重构的一个关键问题，本章将对此进行详细讨论。

5.1 双平面光强轴向微分估计

为了获得光强的轴向微分 $\partial I / \partial z$，Teague[1]于 1983 年提出了经典的双平面光强轴向微分估计法。该方法采集两幅轻微离焦图像，这两幅图像的离焦距离相对于中心聚焦图像相等但方向相反，然后利用中心有限差分法求解获得光强的轴向微分的估计：

$$\frac{\partial I(\boldsymbol{x})}{\partial z} \approx \frac{I(\boldsymbol{x}, \Delta z) - I(\boldsymbol{x}, -\Delta z)}{2\Delta z} \tag{5-1}$$

注意在本节中，我们将光强函数显式地表示为离焦距离 Δz 的函数。基于双平面的有限差分公式式(5-1)采用差分来近似微分，计算简单又便于实施，因此得到了广泛应用。但同时也带来了一个问题：选取多大离焦距离 Δz 得到的差分结果来近似微分才是合理的[1-3]。在无噪声的理想情况下，这个问题的答案是显而易见的。如图 5-1 给出的仿真结果所示：当离焦量 Δz 越小时，该差分逼近的精度越高，相应地重建的相位的空间分辨率也就越高。但是当 Δz 变大后，式(5-1)的差分逼近的准确性就会随之下降，表现在重建相位的空间分辨率的下降，即出现了"相位模糊"现象，如图 5-1(c)所示。"相位模糊"有时候又被称为"非线性误差"，这是因为式(5-1)本身利用局部线性近似来逼近光强轴向微分，而 Δz 的增加直接导致了实际信号中非线性项产生误差的增大。所以从数学角度而言，应该尽可能地减小 Δz，从而提高差分逼近的精度。

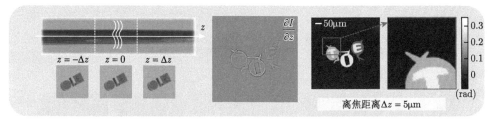

(a) 小离焦距离下的原始光强图像（左），由两幅图像差分估计得到的光强轴向微分图像（中）以及恢复的相位分布（右），红框区域为对应的所选区域的放大显示

(b) 中等离焦距离下的相应结果

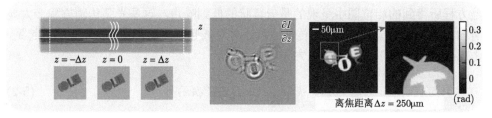

(c) 大离焦距离下的相应结果

图 5-1　无噪声情况下离焦距离对光强传输方程相位复原的影响

实际测量中存在的噪声、探测器的量化效应等因素使光强轴向微分估计问题复杂化，如图 5-2 所示。在含噪声的情况下，Δz 并不能取得太小，否则光强微分估计就会被噪声所淹没，如图 5-2(a)所示。此时重建的相位中就会出现严重的云雾状低频噪声。此时为了提高信噪比，不得不增加 Δz，如图 5-2(b)所示。但是 Δz 取得过大时，相位模糊作用也就越发明显。所以在有噪声的情况下，必须在噪声与非线性误差之间作出折中，选取一个使二者之间最优的离焦距离。显然这个最优的离焦距离一定是与噪声水平和物体本身的特征密切相关的。

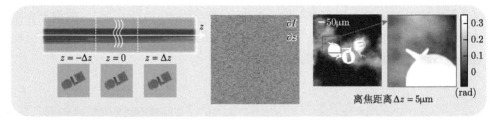

(a) 小离焦距离下的原始光强图像（左），由两幅图像差分估计得到的光强轴向微分（中），
以及恢复的相位分布（右），红框内区域为对应的所选区域的放大显示

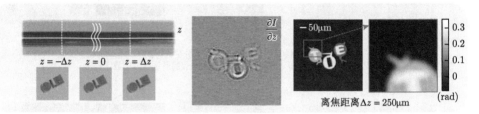

(b) 大离焦距离下的相应结果

图 5-2　有噪声情况下离焦距离对光强传输方程相位复原的影响

5.1.1　低频云雾噪声与高频相位模糊的成因

从前面的仿真结果中可以发现，当光强图像存在高斯白噪声时，求解光强传输方程所得到的相位图中呈现的是云雾状的低频噪声。这是光强传输方程一大显著的问题，本节首先分析光强传输方程这种对低频噪声敏感性的成因。简单起见，考虑弱吸收近似下的光强传输方程：

$$-k\frac{\partial I(\boldsymbol{x})}{\partial z} = I(\boldsymbol{x})\nabla^2\phi(\boldsymbol{x}) \tag{5-2}$$

其在频域内的解可以被写为 $\left(\nabla^{-2} \leftrightarrow -\dfrac{1}{4\pi^2|\boldsymbol{u}|^2}\right)$。

$$\hat{\phi}(\boldsymbol{u}) = \frac{1}{2\pi\lambda|\boldsymbol{u}|^2}\mathscr{F}\left\{\frac{1}{I(\boldsymbol{x})}\frac{\partial I(\boldsymbol{x})}{\partial z}\right\} \overset{\Delta z\to 0}{\approx} \frac{1}{4\pi\lambda\Delta z|\boldsymbol{u}|^2}\frac{\hat{I}(\boldsymbol{u},\Delta z) - \hat{I}(\boldsymbol{u},-\Delta z)}{\hat{I}(\boldsymbol{u})} \tag{5-3}$$

其中，$\hat{\phi}(\boldsymbol{u})$ 为待求相位的傅里叶变换，等式最右侧分式为实验所估计得到的归一化的光强轴向微分的傅里叶变换(注意该近似仅当 Δz 足够小才能成立)，将式(5-3)与式(4-27)相比较可得，式(5-3)中系数分母的 $\pi\lambda\Delta z|\boldsymbol{u}|^2$ 实际上可以看作光强传输方程的相位传递函数：

$$H_{\text{TIE}}(\boldsymbol{u}) = \pi\lambda\Delta z|\boldsymbol{u}|^2 \tag{5-4}$$

该相位传递函数代表了相位的不同空间频率成分通过成像系统，并最终能够体现在获得的光强图像中的比重。而求解光强传输方程重构相位的过程实际上就是由光强图像中所对应的相位衬度，借助相衬传递函数进行逆滤波(乘上逆拉普拉斯 $1/(\pi\lambda\Delta z\mid\boldsymbol{u}\mid^2))$ 反推出原相位分布的过程。需要注意的是，光强传输方程的相位传递函数 $H_{\text{TIE}}(\boldsymbol{u})$ 的响应随 $\mid\boldsymbol{u}\mid\to0$ 二次衰减为 0，因此相位的低频成分难以通过离焦被传递到光强信号中(考虑极端情况下，相位的零频成分，也就是直流分量并不会因为离焦产生任何相位衬度)，换句话说，所拍摄的光强信号中本身体现相位低频成分的分量就很弱，因此重构相位所需的增益系数也就越大(逆拉普拉斯 $1/(\pi\lambda\Delta z\mid\boldsymbol{u}\mid^2)$ 在 0 频处存在奇点，接近 0 频处的增益也接近于无穷大)。当所拍摄的光强图像存在噪声时，低频部分(特别是位于 0 频附近的频率)的噪声就会因为逆拉普拉斯运算被过度放大而产生云雾状噪声叠加在相位重构结果中。

下面我们再来分析一下图 5-2 中高频相位模糊的成因。当待测物体为满足弱物体或缓变物体近似的情况，由第 4.3.2 节的结论可知，物体相位部分通过成像系统后形成的相衬主要由如下的相衬传递函数所表征：

$$H_{\text{CTF}}(\boldsymbol{u})=\sin(\pi\lambda\Delta z\mid\boldsymbol{u}\mid^2) \tag{5-5}$$

注意此时图像光强线性化表示的成立仅依赖于弱物体或缓变物体近似，而并未对离焦距离 Δz 做出任何限制，换言之，当 Δz 很大时，式(4-27)依然成立。对比式(5-4)与式(5-5)可以发现，因为 $H_{\text{TIE}}(\boldsymbol{u})\neq H_{\text{CTF}}(\boldsymbol{u})$，所示二者重构的相位表达式在形式上并不吻合。图 5-3 对比了 $H_{\text{TIE}}(\boldsymbol{u})$ 与 $H_{\text{CTF}}(\boldsymbol{u})$ 在不同离焦距离下的取值分布，从图中不难发现当 $\Delta z\to0$ 时，$H_{\text{TIE}}(\boldsymbol{u})$ 与 $H_{\text{CTF}}(\boldsymbol{u})$ 的重合程度非常高。但随着 Δz 的增加，二者就逐渐开始产生差异。光强传输方程的 $H_{\text{TIE}}(\boldsymbol{u})$ 认为相位衬度是随着离焦距离增大呈线性增长，随着空间频率呈二次增长关系。该

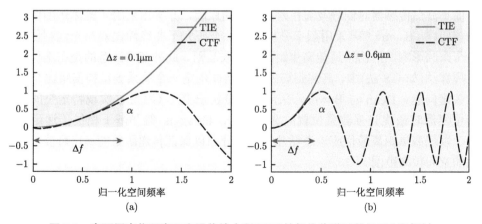

图 5-3 在不同离焦距离下光强传输方程(TIE)的相位传递函数(PTF)和相衬
传递函数(CTF)响应曲线的对比

假设显然在大离焦距离下不成立，因为相位衬度不可能随着离焦距离与空间频率的增加而无休止地增加，这违背了能量守恒定律。而 $H_{CTF}(u)$ 可以适用于大离焦，曲线随着 Δz 的增加表现出逐渐加快的正弦振荡的趋势，这是合乎逻辑的。因此当离焦距离增大时，光强传输方程会对于空间高频成分相位衬度不准确(过度)估计，以至于在重构相位时对高频信息进行了过度衰减，导致最终重构相位中的高频细节损失，造成了相位模糊现象。

5.1.2 最优离焦距离的分析与选取

从上节分析可知，光强传输方程在离焦距离的选择上具有"两头犯难"的问题：过小的 Δz 会造成严重的低频噪声，过大的 Δz 又会导致相位分辨率下降。因此对离焦距离的选择应该综合考虑，力求在这两方面的影响之间达到一种平衡，这和图 5-3 中的仿真结果是相符的。噪声的影响主要体现于离焦量较小的时候。随着离焦量的增加，噪声影响减小，而非线性误差却随之增加。可以想象，在某种情况下非线性误差与低频误差都较小(此时测量误差最小)，这时的距离为最佳离焦距离。光强轴向微分估计中离焦距离的选择问题自光强传输方程诞生之初就受到了广泛关注，Teague[1]于 1983 年提出光强传输方程相位复原方法时，就已经注意到了非线性项和测量噪声对传输距离选取的影响。随后 Roddier[4]从几何光学近似出发，给出了波前曲率传感器离焦量选择应满足的条件。Soto 等[5]分析了高阶项对波前曲率探测的影响，在考虑光强测量噪声的条件下，针对不同的测量像差，给出了曲率波前传感器的最佳传输距离。Paganin 等[3]系统地研究了光强传输方程中的噪声效应，分析了离焦距离的选择给复原结果的信噪比与空间分辨率带来的影响。Martin 等[6]利用仿真实例对比说明了光强传输方程中离焦距离、照明相干性等因素与物体最高空间频率和重构信噪比之间的关联。Guyon 等[7]在频域中分析了曲率波前传感器对低频波前相差不敏感的原因，并提出采用 4 幅离焦图像来克服该问题。Huang 等[8]采用频率分析方法综合研究了非线性误差和光强测量噪声所带来的影响，给出了最佳离焦距离的选取准则。此外值得注意的是在迭代相位复原算法(如 GS 法)中，离焦距离的选择同样也是一个关系到重构信噪比与精度的关键问题。Dean 与 Bowers[9]采用频率分析研究了 GS 算法实现特定空间频率相位复原时最优光强测量位置的选取方法。Falaggis 等[10]基于相位传递函数分析，发现离焦距离最优应该遵循几何序列分布以保证传递函数能够尽可能覆盖更大的空间频率范围。

尽管上述工作的侧重点与分析手段略有不同，但它们最终得到的结论是大致相同的。下文将简要地推导在双平面情况下最优离焦距离的选取准则。显然，为了使光强传输方程获得相位的准确估计，我们必须保证光强传输方程的相位传递函数 $H_{TIE}(u)$ 与相衬传递函数 $H_{CTF}(u)$ 在给定的空间频率与离焦距离内达到较高

的重合程度，即 $\sin(\pi\lambda\Delta z\,|\,\boldsymbol{u}\,|^2)\approx\pi\lambda\Delta z\,|\,\boldsymbol{u}\,|^2$。为了满足该线性条件，我们需要使 $\pi\lambda\Delta z\,|\,\boldsymbol{u}\,|^2\ll 1$，即当离焦距离满足

$$\Delta z \ll 1/(\pi\lambda\,|\,\boldsymbol{u}\,|^2) \tag{5-6}$$

时，有限中心差分公式误差在可满足的线性范围内，此时光强轴向微分和波前曲率近似呈线性关系，最终可以得到一个较为准确的相位测量结果。超出线性范围，会给测量结果带来误差，这种光强差和曲率之间的非线性关系给测量带来的影响，被称为非线性效应。式(5-6)仅仅给出了离焦距离选取的上限，其是由所研究物体的最高空间频率 $|\,\boldsymbol{u}\,|_{\max}$ 所决定的。当然，离焦距离选得足够小的话，线性条件式(5-1)虽可以满足，但重构结果易受到低频噪声的影响。所以在讨论实际测量情况中的噪声对离焦距离的影响时，假设所拍摄到的光强图像中包含有标准差为 σ 的高斯白噪声 $I_{\text{noise}}(\boldsymbol{x},\pm\Delta z)=I(\boldsymbol{x},\pm\Delta z)+N_\sigma$，此时可得到测量的光强有限中心差分公式表示为

$$\frac{I_{\text{noise}}(\boldsymbol{x},\Delta z)-I_{\text{noise}}(\boldsymbol{x},-\Delta z)}{2\Delta z}=\frac{I(\boldsymbol{x},+\Delta z)-I(\boldsymbol{x},-\Delta z)}{2\Delta z}+\frac{N_\sigma}{\sqrt{2}\Delta z} \tag{5-7}$$

当满足式(5-6)所示的有限差分公式线性条件时，式(5-7)中等号右侧第一项最终可转换为相位的拉普拉斯变换，即

$$\frac{I_{\text{noise}}(\boldsymbol{x},\Delta z)-I_{\text{noise}}(\boldsymbol{x},-\Delta z)}{2\Delta z}\approx-\frac{I(\boldsymbol{x})}{k}\nabla^2\phi(\boldsymbol{x})+\frac{N_\sigma}{\sqrt{2}\Delta z} \tag{5-8}$$

从上式可以看到包含噪声情况下的光强轴向微分信号是由相位的二阶拉普拉斯项和后面的一项噪声分量组成。当离焦距离 Δz 增加时，噪声项会得到线性衰减，从而使光强轴向微分信号得到更高的信噪比。因此，为了使光强轴向微分信号中的有效信号分量远大于噪声分量[3, 8]，即

$$\frac{I(\boldsymbol{x})}{k}\nabla^2\phi(\boldsymbol{x})\gg\frac{N_\sigma}{\sqrt{2}\Delta z} \tag{5-9}$$

则离焦距离必须大于由噪声水平所决定的下限：

$$\Delta z\gg\frac{N_\sigma k}{\sqrt{2}I(\boldsymbol{x})\nabla^2\phi(\boldsymbol{x})} \tag{5-10}$$

综合上文所得，在实际测量中双平面情况下最优离焦距离的选取区间为

$$\frac{N_\sigma k}{\sqrt{2}I(\boldsymbol{x})\nabla^2\phi(\boldsymbol{x})}\ll\Delta z\ll 1/(\pi\lambda\,|\,\boldsymbol{u}\,|_{\max}^2) \tag{5-11}$$

由上述分析可知，为了获得一个较为准确的测量结果，离焦距离 Δz 必须综合考虑非线性效应与噪声水平。其上限由所测量物体的最高空间频率所决定，而下限由光强测量噪声的大小所制约。然而，在实际情况中噪声水平与物体的空间频率这两方面的先验知识往往在测量前都难以预知。此外当物体同时包含高频与低频信息，且噪声较为严重时，经常会出现一种不可调和的情况，即由光强测量噪声的大小决定的离焦距离下限会超过由物体的最高空间频率所决定的离焦距离上限。简单地说，相位低频成分受噪声的影响较大，但对非线性误差不敏感，此时倾向于选取较大的离焦距离；相反地，相位高频信息受非线性效应的影响较大，但具有较高的信噪比，此时倾向于选取较小的离焦距离。二者的矛盾往往不可调和，不得不做出某种"妥协"，让误差尽可能地降低。但在此种特殊情况下，无论如何选择离焦量，基于双平面的轴向微分估计方法都是不可能对物体相位进行准确复原的。

5.2　多平面光强轴向微分估计

考虑到双平面的轴向微分估计方法中仅采用两个平面的光强信息，其中唯一可控参数就是离焦距离，为了解决上述问题，许多研究人员提出采用多面(>2)的强度测量对轴向微分进行估计，以便更灵活地校正非线性误差或者降低噪声的影响。

5.2.1　差分公式的拓展与优化

当获得多个测量平面的光强 $I(\boldsymbol{x}, i\Delta z), i = -n, \cdots, 0, \cdots, n$ 时，我们可以采用如下的更加灵活的差分格式去逼近光强轴向微分：

$$\frac{\partial I(\boldsymbol{x})}{\partial z} \approx \sum_{i=-n}^{n} \frac{a_i I(\boldsymbol{x}, i\Delta z)}{\Delta z} \tag{5-12}$$

其中，a_i 为对应光强的权重系数。式(5-12)可以看作式(5-1)在多个平面的拓展形式，而权重系数 a_i 赋予了差分格式额外的自由度，也是下面将要介绍的若干种不同差分方法之间的唯一区别。

(1)**高阶有限差分法**(higher order finite difference)。高阶有限差分法首先由 Ishizuka 与 Allman[11]在电子显微成像领域所提出，随后又被 Cong 等[12]与 Waller 等[13]分别拓展到了 X 射线医学成像与光学显微成像领域。高阶有限差分法的表示系数为[14](有趣的是文献[11-13]的作者都没有系统地推导出光强的权重系数的显式公式，而该公式在文献[15]中被补全)

$$a_i = \frac{i(-1)^{i+1}(n!)^2}{(n+1)!(n-1)!} \qquad (5\text{-}13)$$

高阶有限差分法的核心思想是通过增加光强测量从而尽可能高地去逼近光强轴向微分中的高阶次的泰勒展开项。对于采用 $2n$ 个平面的光强测量，若不考虑噪声的影响，式(5-13)可以完美逼近 $2n$ 阶的泰勒多项式，因此差分估计的误差是 $O(\Delta z^{2n})$ 阶次的。在高阶有限差分法中，靠近中心平面的光强的系数要尽可能地大(举例来说，当 $n=2$ 的时候，噪声抑制有限差分法系数为 $a_i = \frac{1}{12}\{1,-8,0,8,-1\}$)，这是为了更好地去估计逼近光强轴向微分中的高阶项。然而当噪声存在的情况下，高阶有限差分法往往对噪声十分敏感。此外不仅限于中心差分，高阶有限差分法也可以适用于可变离焦距离(不等间距采样)的情况[16]。

(2)**噪声抑制有限差分法**(noise-reduction finite difference)。为了更有效地利用多个平面的光强测量去抑制噪声的影响，Soto 与 Acosta[17]提出了噪声抑制有限差分法，其差分公式仍为式(5-12)，但表示系数有所不同：

$$a_i = \frac{3i}{n(n+1)(2n+1)} \qquad (5\text{-}14)$$

该系数是通过忽略所有泰勒展开项中的高阶项(>1 阶)，并最小化噪声效应推导得到的(即最小化 $\sum_{i=-n}^{n} a_i^2$，该量在信号处理书籍中被定义为噪声抑制因子(noise reduction ratio，NRR[18]))。对比式(5-13)与式(5-14)的系数我们可以发现，噪声抑制有限差分法的目的是最小化系数的平方和，也就是希望越靠近中心平面的光强取越小的权重系数(举例来说，当 $n=2$ 的时候，噪声抑制有限差分法系数为 $a_i = \frac{1}{10}\{-2,-1,0,1,2\}$)。所以高阶有限差分法与噪声抑制有限差分法在某种意义上是存在矛盾的。

(3)**噪声抑制高阶有限差分法**(higher order finite difference with noise reduction)。噪声抑制高阶有限差分法是 Bie 等[19]在结合上述两种方法的基础上提出的。该方法同时考虑噪声的泰勒展开式中高阶项与噪声的影响。对于采用 $2n$ 个平面的光强测量，噪声抑制高阶有限差分法仅仅将高阶项考虑到第 m 阶($m < 2n+1$)，这样就为噪声抑制(降低噪声抑制因子)留下了一些"自由度"可供优化。Bie 等[19]并没有给出类似于式(5-13)与式(5-14)那样的显式系数表示，但证明了该最优化系数问题是适定的。

(4)**最小二乘拟合法**。除了上述基于有限差分的方法，Waller 等[13]还建议采用最小二乘拟合法来解决光强轴向微分估计问题。该方法将每个像素在不同平面上的光强测量值看作一离散点列，然后通过最小二乘法对其进行曲线拟合。通过调整最小二乘法拟合的阶数，可以尽可能准确地拟合出光强轴向区间内的变化曲线，这样就可以对高阶误差与噪声效应同时进行抑制。由于通过拟合最终可以得到每个位置处的光强随离焦距离变化的解析表达式，光强在中心处的轴向微分值也就可以很容易地计算得到了。

5.2.2　基于 Savitzky-Golay 差分滤波器统一化框架

总体而言，基于多平面的方法在高阶误差与噪声抑制方面相比于双平面法有所提高，在某些特定情形下，也获得了良好的效果，但有些研究人员已经发现，上述多平面方法的实际表现也非常依赖于噪声水平与所测物体的空间频率特性[19-21]。当给定一组强度数据时，选取一种最适合的方法往往是非常困难的。对于噪声抑制高阶有限差分法与最小二乘拟合法，还需要确定逼近(拟合)的阶次，这似乎与双平面中如何选择最佳离焦量的问题如出一辙。因此建立一种可以更加系统地去理解、分析、比较，甚至是去尽可能地改进现有的基于多平面的轴向微分估计方法的理论框架是十分必要的。

针对此问题，Zuo 等[22]提出了基于 Savitzky-Golay 差分滤波器的统一化框架理论。Savitzky-Golay 滤波器是 Savitzky 与 Golay[23]于 1964 年所提出的，他们证明了一组离散数据点经最小二乘拟合后，再仅针对区间内的单个点进行分析，此过程等价于对原始数据点采用一个固定的冲击响应函数(即 Savitzky-Golay 滤波器)进行离散卷积。更具体地来说，Savitzky-Golay 差分滤波器其实就等价于 Waller等的最小二乘拟合法[13]的一种卷积表达形式。当采用 m 阶次的多项式去对 $2n+1$个数据点进行最小二乘拟合，然后再去分析点 t 处的 s 阶微分，此过程等价于对原始数据点采用 Savitzky-Golay 差分滤波器进行离散卷积。该差分滤波器的系数 a_i，即卷积核可以由如下公式计算得到[24]：

$$a_i = \sum_{k=0}^{m} \frac{(2k+1)(2n)^{(k)}}{(2n+k+1)^{(k+1)}} P_k^n(i) P_k^{n,1}(0) \tag{5-15}$$

其中，$(a)^{(b)}$ 为广义阶乘函数，其定义为 $(a)(a-1)\cdots(a-b+1)$，且 $(a)^{(0)}=1$。$P_k^n(t)$是格拉姆多项式，$P_k^{n,s}(t)$ 是其 s 阶微分：

$$P_k^{n,s}(t) = \left(\frac{\mathrm{d}^s}{\mathrm{d}x^s} P_k^n(x) \right)_{x=t} \tag{5-16}$$

Zuo 等对式(5-15)中的拟合的阶数分别取 $m=2n,1,m(m<2n+1)$，并适当化简，建立了上述提及的光强轴向微分估计差分格式与 Savitzky-Golay 差分滤波器之间的关联。具体而言：

　　结论 1：高阶有限差分法等价于 $2n$ 阶的 Savitzky-Golay 差分滤波器。

　　结论 2：噪声抑制有限差分法等价于 1 阶 Savitzky-Golay 差分滤波器。

　　结论 3：噪声抑制高阶有限差分法等价于 m 阶 Savitzky-Golay 差分滤波器（$m < 2n + 1$）。

　　最后必须注意到，那些非均匀采样的多平面的光强轴向微分估计法无一例外地也能够被归入 Savitzky-Golay 差分滤波器的大家族中，这是因为 Savitzky-Golay 差分滤波器本身就可以推广到非等间距采样的情形[18, 23, 24]。甚至连基于双平面的光强轴向微分估计法都可以被看作 Savitzky-Golay 差分滤波器的一种特例（$n = 1, m = 1$）。

　　将所有光强轴向微分估计方法归入 Savitzky-Golay 差分滤波器框架下的优点在于我们仅需要通过对 Savitzky-Golay 差分滤波器的分析，就可以系统地去研究与比对这些看似不同、实质相同的光强轴向微分估计方法的特征与优缺点。Savitzky-Golay 差分滤波器本身具有很多良好的性质[25]：

　　(1)卷积运算非常简单，相比于标准最小二乘拟合要方便快捷得多；

　　(2)卷积核(权重系数)本身可以被预先求解得到，然后存储在查找表中以方便实现；

　　(3)它们是在满足保矩(moments preservation)约束下的最小化噪声抑制因子的最优差分滤波器[18]。

　　其中性质(3)是 Savitzky-Golay 差分滤波器最重要的性质。从概率统计的角度而言，若原始数据信号能够完美地被一个 m 阶的多项式所表示，且噪声为独立的高斯白噪声时，利用 m 阶 Savitzky-Golay 差分滤波器所得估计的准确度是可以达到克拉默–拉奥下界(Cramer-Rao lower bound)的[26]。但在实际测量前，信号本身的阶次往往是未知的，所以采用非最优阶次 Savitzky-Golay 差分滤波器就不可避免地会导致估计结果的非最优化，影响微分估计的精度与噪声抑制的效果。简言之，就是"欠拟合"或者"过拟合"的问题。从信号处理的角度而言，噪声抑制因子 $\sum_{i=-n}^{n} a_i^2$ 定义了 Savitzky-Golay 滤波器抵抗噪声的能力。通过频域响应分解，一个 Savitzky-Golay 差分滤波器(频域响应为 $H_{\mathrm{SG}}(\mathrm{e}^{\mathrm{j}\omega})$)可以看作理想一阶微分滤波器(频域响应为 $H_{\mathrm{ideal}}(\mathrm{e}^{\mathrm{j}\omega}) = \mathrm{j}\omega$)与一低通滤波器(频域响应为 $H_{\mathrm{LP}}(\mathrm{e}^{\mathrm{j}\omega})$)的组合。

$$H_{\mathrm{SG}}(\mathrm{e}^{\mathrm{j}\omega}) = \mathrm{j}\omega \frac{H_{\mathrm{SG}}(\mathrm{e}^{\mathrm{j}\omega})}{\mathrm{j}\omega} = H_{\mathrm{ideal}}(\mathrm{e}^{\mathrm{j}\omega}) H_{\mathrm{LP}}(\mathrm{e}^{\mathrm{j}\omega}) \tag{5-17}$$

这就意味着 Savitzky-Golay 差分滤波器实际上相当于对给定信号进行理想一阶微分后，再进行一次平滑滤波(其实也就是去噪)。越高阶的 Savitzky-Golay 差分滤波器虽然能够在较高的频率响应范围接近理想微分滤波器，但其噪声抑制因子越大，对噪声也就越敏感。反之，低阶滤波器虽然在高频部分的响应有所衰减，但是其固有的低通滤波作用却对噪声具有较强的抵抗力，如图 5-4 中频谱响应曲线所示。

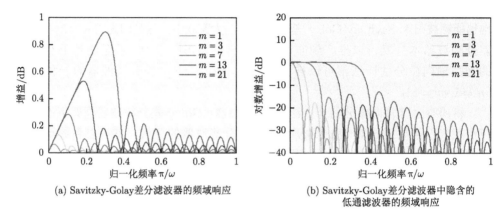

(a) Savitzky-Golay差分滤波器的频域响应

(b) Savitzky-Golay差分滤波器中隐含的低通滤波器的频域响应

图 5-4 **不同阶次的 Savitzky-Golay 差分滤波器的频域性质**($n = 15$)

综上所述，基于多平面的强度测量对轴向微分进行估计时，仅在空域通过修改差分格式并不能有效应用多个平面的强度测量信息，反而将离焦距离选择的矛盾转化为了滤波器阶次选择的矛盾。因此，这并不能从根本上解决低频噪声与高阶误差之间的矛盾。

5.2.3 与传递函数分析理论的殊途同归

在光线传播过程中，传递函数在低频处的响应较弱，导致光强传输方程对低频噪声敏感，而空间分辨率的提升可以通过将高阶非线性误差考虑进去而实现。故为了解决低频噪声与高阶误差之间的矛盾，除了在空域中进行差分格式的优化外，也有许多研究者将目光集中在频域分析，通过基于多平面的强度测量来优化光强传输方程的相位频域响应。实际上，光强轴向微分的最优估计问题与 4.3 节中所讨论的衬度传递函数理论是密切相关的。传递函数理论可以定量分析相位衬度与离焦距离的定量关系，从而为算法参数的优化设计提供理论指导。在此方面有两种解决的思路。

(1)光强传输方程与其他非线性相位复原方法相结合。由第 4.2 节可知，由于光强传输方程的有效性仅适于小离焦的情形，在大离焦下将不满足线性条件，因此，许多研究者考虑在大离焦下采用别的相位复原或线性化手段作为光强传输方程的补充，以获得更加准确的重构解决。如 Gureyev[27]将光强传输方程与迭代相位复原相结合，利用光强传输方程的求解结果作为初值，而后进一步经过迭代相位复原去优化重构相位的高频细节。Donnadieu 等[28]随后通过对相位传递函数的分析指出，在大离焦下光强传输方程模型与弱相位近似下传递函数并不吻合，因此高频信息无法正确复原。他们还发现迭代相位复原可以有效弥补光强传输方程对低频噪声敏感这一缺点，并提出了类似的组合相位复原法。随后 Gureyev 等[29]进一步将一阶玻恩近似与光强传输方程统一化到同一个理论框架下，从而将相位重构的线性化范围由小离焦范围拓展到了近菲涅耳区。Guigay 等[30]将 X 射线衍射成像中的相位衬度传递函数法与光强传输方程法相结合推导出了混合光强传输模型(已在 4.3 节中讨论)，该模型在小离焦范围内算法退化为光强传输方程，而在弱吸收近似下更加偏向于衬度传递函数法，这样就能够使算法适用于多种离焦距离的场合。Langer 等[31]对传统光强传输方程、CTF 模型以及混合模型三者进行了仿真与实验的定量对比，结果表明混合模型能够获得最高的重构精度。混合模型结合了光强传输方程法适用于强吸收样品以及玻恩/弱物体近似下适用于大离焦的两方面优点，有效拓宽了光强传输方程的适用范围。但与此同时图像的数学模型也就变得更为复杂且无法被完全线性化，因此一般情况下仍需要将光强传输方程(忽略大离焦项解 TIE)或衬度传递函数法(忽略小离焦项利用最小二乘反卷积)的求解结果作为初值，并结合非线性迭代对初始解进行优化以获得最终的精确解。此外，离焦图像距离的选取对测量的效率与算法重构稳定性至关重要。针对此问题，Falaggis 等[10]基于相位传递函数分析发现在混合光强传输模型中，离焦距离最优应该遵循几何序列分布以保证仅采用较少的图像数据使传递函数能够尽可能覆盖更大的空间频率范围。

(2)基于多差分格式的相位滤波分解与最优频域重组。图 5-2 中的仿真结果表明，采用传统双平面光强传输方程求解相位时，当离焦距离选取过小时，重构相位具有清晰的高频细节但是同时存在严重的低频噪声；反之当离焦距离选取过大时，重构相位的低频噪声得到抑制但高频细节发生损失。尽管直接找到二者之间完美的折中较为困难，但这启发了我们一个想法：倘若能同时记录小离焦和大离焦距离光强并分别重构相位，并将小离焦距离下重构的相位的高频成分与大离焦距离下重构的相位的低频成分相结合，就为同时解决低频噪声与高阶误差的问题提供了可能。基于这一思想，Paganin 等[3]采用一对互补的高斯低通/高通滤波器对相位信息分解重组，并采用相位传递函数分析推导出了互补滤波器的最优截止频率。该方法有效提升了光强传输方程的噪声鲁棒性，但其仅限于两个离焦距离的情形，作为传统双平面法光强微分估计法的拓展，并没有充分利用所有拍摄到的光强信息。针对多个光强平面的差分格式，Zuo 等[22]采用相位传递函数分析后发现，采用 Savitzky-Golay 差分滤波器估计得到的光强微分，通过求解光强传输方程获得的相位，可以看作理想相位经过低通滤波后的版本：

$$\hat{\phi}(\boldsymbol{x}) = \phi(\boldsymbol{x}) * \mathscr{F}^{-1}\{H_{\mathrm{LP}}(\mathrm{e}^{\mathrm{j}\omega})\big|_{\omega = \Delta z \pi \lambda \boldsymbol{u}^2}\} \tag{5-18}$$

而该低通滤波器即 Savitzky-Golay 差分滤波器中隐含的低通滤波器 H_{LP}(式(5-17)，即 Savitzky-Golay 差分滤波器与理想微分滤波器频域响应之比)。考虑处于某一段空间频率域中的相位信息，如果它既可以由低阶次的 Savitzky-Golay 差分滤波器正确重建(这里的"正确重建"指在文献[22]中被量化为对应阶次的 Savitzky-Golay 差分滤波器中隐含的低通滤波器 $H_{\mathrm{LP}}(\mathrm{e}^{\mathrm{j}\omega})$ 处于严格通带，即 0.3dB 点以内)，又可以由高阶次的滤波器正确重建，那将采用低阶次的重建结果，因为它具有更低的噪声抑制因子；或者换句话说，其重建的相位将具有更高的信噪比。更高阶的 Savitzky-Golay 差分滤波器当且仅当所有比其低阶的滤波器均不能正确重建出该频段的相位信息时才会被采用。基于这一思想，Zuo 等[14]提出了最优频率选择法(OFS)。其在 Savitzky-Golay 差分滤波器的统一化框架理论的基础上推导了不同阶次 Savitzky-Golay 差分滤波器的最优截止频率，并利用互补滤波器组，提取出不同阶次 Savitzky-Golay 差分滤波器重建相位中的最优空间频率成分，最终组合成最优重建相位结果，其方法流程如图 5-5 所示。这种频域分解、最优滤波、再重组的方式有效解决了传统方法中低频云雾状噪声与高阶非线性难以兼顾的矛盾，避免了固定阶 Savitzky-Golay 滤波器中难以确定滤波器阶次的问题，有效提升了光强传输方程的抗噪性与相位重建的准确性。此外相较于 Paganin 等[3]的方法，OFS 不仅可以更灵活地兼容任意间距与任意数量的测量平面，而且 Savitzky-Golay 差分滤波器在每次估计光强轴向微分时都充分利用了所有的光强信息，从而可以获得更优的重构结果。但该方法的缺点是其推导时假设了离焦间隔是均匀分布的，因此仍然需要大量的光强原始数据，此外光强平面离焦距离间隔的选取仍未被讨论。针对此问题，Martinez-Carranza 等[21, 32]以 Soto 与 Acosta[17]的噪声抑制有限差分法为例分别讨论了多平面的差分格式下获得最优光强微分估计[21]以及最小相位重构误差[32]下的最优离焦距离的选取准则，并指明在最小相位重构误差引导下能获得更优的重构精度。Zhong 等[33]还基于 Falaggis 等[10]的发现，提出采用遵循指数分布的轴向离焦距离间隔的高斯过程回归估计算法(Gaussian process regression)以精确估计光强轴向微分，从而可以有效降低所需采集的图像数量，并且几乎不损失重构精度。Martinez-Carranza 等[34]指出非等间距离焦距离的选择也应基于最小相位重构误差准则而非最优光强微分估计准则，并进一步对相位滤波分解与最优频域重组法中的(不等间隔)离焦距离的选取方法进行了优化。Sun 等[35]进一步推导了非傍轴、非弱物体下的非线性模型，当待测物体具有较强的吸收时，首先采用非等间距下的频域分解合成获得初始相位，再代入非线性模型进行迭代优化以获得更为准确的重建结果。

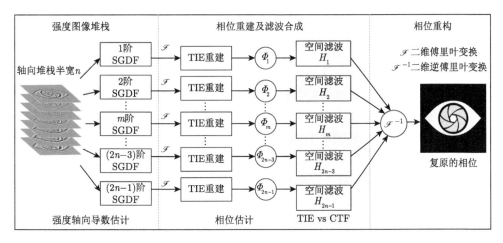

图 5-5　基于最优频率选择的多平面光强传输方程定量相位复原方法流程图

5.3　病态逆问题的正则化手段

不管是采用双平面还是多平面来估计光强轴向微分，基于光强传输方程的相位复原方法本身就是一个病态的逆问题。例如在弱吸收近似下，光强传输方程为一标准的泊松方程(式(2-42))，通过求解光强传输方程实现相位复原本质上就是在频域中进行逆拉普拉斯反卷积(式(5-3))。类似地，第 4.3 节中的相位传递函数法同样将光强频谱分布中的相差成分正向建模为相位分布与相位传递函数的乘积，而相位重构的逆过程其实就是在频域中采用相位传递函数反卷积。二者的共同点是它们都可以被离散成如下的能量最优化问题：

$$\hat{\boldsymbol{\Phi}} = \arg\min_{\boldsymbol{\Phi}} \frac{1}{2} \| \boldsymbol{H}\boldsymbol{\Phi} - \boldsymbol{b} \|_2^2 \tag{5-19}$$

其中，$\boldsymbol{H} \in \mathbb{R}^{N \times N}$ 代表离散拉普拉斯或者相位传递函数的线性化矩阵表示；$\boldsymbol{\Phi} \in \mathbb{R}^N$ 代表待求的相位信息；$\boldsymbol{b} \in \mathbb{R}^N$ 代表测量值(通常是归一化的光强轴向微分)。此表达式中，我们认为图像包含 N 个像素，并且被按列堆叠重排列为一个列向量。

如前所述，由于噪声的存在以及相位传递函数 $H_{\text{TIE}}(\boldsymbol{u})$ 在零频附近取值趋于 0，这个反卷积问题通常是高度病态的：即测量信号的一些较小的扰动会引起解的任意大的偏移。这种病态性对于相位传递函数法而言更为明显，因为 $H_{\text{CTF}}(\boldsymbol{u})$ 函数会随空间频率升高而来回振荡，从而导致曲线存在多个过零点。前面几节的讨论重点集中于如何通过优化离焦距离，或者采用多个光强平面的测量来优化传递函数的频域响应以降低此反卷积问题的病态性，而在信号处理领域我们经常采用的一类常用的手段是正则化：

$$\hat{\boldsymbol{\Phi}} = \arg\min_{\boldsymbol{\Phi}} \frac{1}{2} \parallel \boldsymbol{H\Phi} - \boldsymbol{b} \parallel_2^2 + \tau R(\boldsymbol{\Phi}) \tag{5-20}$$

其中，$R(\boldsymbol{\Phi}) \in \mathbb{R}^N$ 为正则化函数/泛函(又称作惩罚项)；τ 为相应的可调节的正则化参数。从根本上而言，反卷积最优化问题(式(5-19))的病态性是解空间太宽，从而导致解的不稳定性。而正则化方法通过引入附加限制，定义一个包含真解的紧集，即可在原来的解空间和这个紧集的交集中去找真实解具有可接受物理意义的近似值。这样得到的解就是稳定的，且连续依赖于观测数据。常用的求解图像重建反问题正则化模型，如 Tikhonov 正则化[36-39]，全变分(total variation)正则化[37, 40, 41]等，均被成功应用于光强传输方程以解决求解反问题的病态性所导致的低频噪声。Tikhonov 正则化简单易行但去噪能力有限，且往往伴随物体低频信息的过度抑制。全变分正则化具有较好的抗噪性与边缘保持效果，非常适合分块台阶状相位物体的重构，但该算法运算量较大，对参数的选择较为敏感，且重构后的相位易出现明显的斑块效应。待测样品的先验信息，如非负约束、支持域约束以及在 X 射线衍射领域中常采用的相位吸收对偶性(phase-attenuation duality)[38, 42]也被有效地引入最优化模型中以进一步限制解空间，从而显著提升重构相位的质量。

参 考 文 献

[1] Teague M R. Deterministic phase retrieval: a Green's function solution[J]. JOSA, 1983, 73(11): 1434-1441.

[2] Beleggia M, Schofield M A, Volkov V V, et al. On the transport of intensity technique for phase retrieval[J]. Ultramicroscopy, 2004, 102(1): 37-49.

[3] Paganin D, Barty A, Mcmahon P J, et al. Quantitative phase-amplitude microscopy. III. The effects of noise[J]. Journal of Microscopy, 2010, 214(1): 51-61.

[4] Roddier F. Curvature sensing: a diffraction theory[J]. NOAO R&D Note, 1987, 87.

[5] Soto M, Acosta E, Ríos S. Performance analysis of curvature sensors: optimum positioning of the measurement planes[J]. Optics Express, 2003, 11(20): 2577-2588.

[6] Martin A V, Chen F, Hsieh W, et al. Spatial incoherence in phase retrieval based on focus variation[J]. Ultramicroscopy, 2006, 106(10): 914-924.

[7] Guyon O, Blain C, Takami H, et al. Improving the sensitivity of astronomical curvature wavefront sensor using dual-stroke curvature[J]. Publications of the Astronomical Society of the Pacific, 2008, 120(868): 655.

[8] Huang S, Xi F, Liu C, et al. Frequency analysis of a wavefront curvature sensor: selection of propagation distance[J]. Journal of Modern Optics, 2012, 59(1): 35-41.

[9] Dean B H, Bowers C W. Diversity selection for phase-diverse phase retrieval[J]. JOSA A, 2003, 20(8): 1490-1504.

[10] Falaggis K, Kozacki T, Kujawinska M. Optimum plane selection criteria for single-beam phase retrieval techniques based on the contrast transfer function[J]. Optics Letters, 2014, 39(1): 30-33.

[11] Ishizuka K, Allman B. Phase measurement of atomic resolution image using transport of intensity

equation[J]. Journal of Electron Microscopy, 2005, 54(3): 191-197.

[12]　Cong W, Wang G. Higher-order phase shift reconstruction approach: Higher-order phase shift reconstruction approach[J]. Medical Physics, 2010, 37(10): 5238-5242.

[13]　Waller L, Tian L, Barbastathis G. Transport of Intensity phase-amplitude imaging with higher order intensity derivatives[J]. Optics Express, 2010, 18(12): 12552-12561.

[14]　Zuo C, Chen Q, Yu Y, et al. Transport-of-intensity phase imaging using Savitzky-Golay differentiation filter- theory and applications[J]. Opt. Express, 2013, 21(5): 5346-5362.

[15]　Zuo C, Chen Q, Tian L, et al. Transport of intensity phase retrieval and computational imaging for partially coherent fields: The phase space perspective[J]. Optics and Lasers in Engineering, 2015, 71: 20-32.

[16]　Xue B, Zheng S, Cui L, et al. Transport of intensity phase imaging from multiple intensities measured in unequally-spaced planes[J]. Optics Express, 2011, 19(21): 20244-20250.

[17]　Soto M, Acosta E. Improved phase imaging from intensity measurements in multiple planes[J]. Applied Optics, 2007, 46(33): 7978-7981.

[18]　Orfanidis S J. Introduction to Signal Processing[M]. Englewood Cliffs, N.J: Prentice Hall, 1995.

[19]　Bie R, Yuan X H, Zhao M, et al. Method for estimating the axial intensity derivative in the TIE with higher order intensity derivatives and noise suppression[J]. Optics Express, 2012, 20(7): 8186-8191.

[20]　Zheng S, Xue B, Xue W, et al. Transport of intensity phase imaging from multiple noisy intensities measured in unequally-spaced planes[J]. Optics Express, 2012, 20(2): 972-985.

[21]　Martinez-Carranza J, Falaggis K, Kozacki T. Optimum measurement criteria for the axial derivative intensity used in transport of intensity-equation-based solvers[J]. Optics Letters, 2014, 39(2): 182-185.

[22]　Zuo C, Chen Q, Yu Y, et al. Transport-of-intensity phase imaging using Savitzky-Golay differentiation filter-theory and applications[J]. Optics Express, 2013, 21(5): 5346-5362.

[23]　Savitzky A, Golay M J E. Smoothing and differentiation of data by simplified least squares procedures[J]. Analytical Chemistry, 1964, 36(8): 1627-1639.

[24]　Gorry P A. General least-squares smoothing and differentiation of nonuniformly spaced data by the convolution method[J]. Analytical Chemistry, 1991, 63(5): 534-536.

[25]　Luo J W, Ying K, He P, et al. Properties of Savitzky-Golay digital differentiators[J]. Digital Signal Processing, 2005, 15(2): 122-136.

[26]　Volkov V V, Zhu Y, De Graef M. A new symmetrized solution for phase retrieval using the transport of intensity equation[J]. Micron., 2002, 33(5): 411-416.

[27]　Gureyev T E. Composite techniques for phase retrieval in the Fresnel region[J]. Optics Communications, 2003, 220(1): 49-58.

[28]　Donnadieu P, Verdier M, Berthomé G, et al. Imaging a dense nanodot assembly by phase retrieval from TEM images[J]. Ultramicroscopy, 2004, 100(1-2): 79-90.

[29]　Gureyev T E, Pogany A, Paganin D M, et al. Linear algorithms for phase retrieval in the Fresnel region[J]. Optics Communications, 2004, 231(1-6): 53-70.

[30]　Guigay J P, Langer M, Boistel R, et al. Mixed transfer function and transport of intensity approach for phase retrieval in the Fresnel region[J]. Optics Letters, 2007, 32(12): 1617-1619.

[31]　Langer M, Cloetens P, Guigay J, et al. Quantitative comparison of direct phase retrieval algorithms in in-line phase tomography[J]. Medical Physics, 2008, 35(10): 4556-4566.

[32]　Martinez-Carranza J, Falaggis K, Kozacki T. Optimum plane selection for transport-of-intensity-equation-

based solvers[J]. Applied Optics, 2014, 53(30): 7050-7058.

[33] Zhong J S, Claus R A, Dauwels J, et al. Transport of intensity phase imaging by intensity spectrum fitting of exponentially spaced defocus planes[J]. Optics Express, 2014, 22(9): 10661-10674.

[34] Martinez-Carranza J, Falaggis K, Kozacki T. Multi-filter transport of intensity equation solver with equalized noise sensitivity[J]. Optics Express, 2015, 23(18): 23092-23107.

[35] Sun J, Zuo C, Chen Q. Iterative optimum frequency combination method for high efficiency phase imaging of absorptive objects based on phase transfer function[J]. Optics Express, 2015, 23(21): 28031.

[36] Paganin D, Nugent K A. Noninterferometric phase imaging with partially coherent light[J]. Physical Review Letters, 1998, 80(12): 2586-2589.

[37] Bostan E, Froustey E, Nilchian M, et al. Variational phase imaging using the transport-of-intensity equation[J]. IEEE Transactions on Image Processing, 2016, 25(2): 807-817.

[38] Langer M, Cloetens P, Peyrin F. Regularization of phase retrieval with phase-attenuation duality prior for 3-D holotomography[J]. IEEE Transactions on Image Processing, 2010, 19(9): 2428-2436.

[39] Zuo C, Chen Q, Qu W, et al. Direct continuous phase demodulation in digital holography with use of the transport-of-intensity equation[J]. Optics Communications, 2013, 309: 221-226.

[40] Tian L, Petruccelli J C, Barbastathis G. Nonlinear diffusion regularization for transport of intensity phase imaging[J]. Optics Letters, 2012, 37(19): 4131-4133.

[41] LEE P. Phase retrieval method for in-line phase contrast X-ray imaging and denoising by regularization[J]. Optics Express, 2015, 23(8): 10668.

[42] Wu X, Liu H. X-Ray cone-beam phase tomography formulas based on phase-attenuation duality[J]. Optics Express, 2005, 13(16): 6000-6014.

6 部分相干光场下的图像生成模型 > > >

在前面的章节，我们的讨论大多还局限于从完全相干光波场的光强来重构相位的问题。但实际上不论是完全相干光、部分相干光还是完全非相干光，光波场的光强都是清晰适定且直接可测的，但传统"相位"的意义却仅限于完全相干光的范畴。Teague[1]起初推导光强传输方程时也是基于完全相干假设，即单色相干光。然而正如我们第 4.1 节所讨论的，严格意义上说任何物理可实现的光源都不能被认为是严格相干的，而且在光学相位显微成像领域，采用部分相干照明对于提高成像质量与分辨率、抑制相干噪声具有重要意义。因此，本章将介绍考虑一些部分相干光场的统计光学知识以及部分相干光场下的图像生成模型，这将为下一章介绍部分相干光场下的光强传输方程提供必要的理论基础。如表 6-1 所示，相干性表征理论可划分为两大类：经典的相干函数理论与相空间光学理论，我们接下来对这两类表征方式分别讲述。

表 6-1 相干性度量理论

	表征函数	定义	时/空相干性
经典相干函数	互相干函数	$\Gamma(\boldsymbol{x}_1, \boldsymbol{x}_2, \tau) = \langle U(\boldsymbol{x}_1, t)U^*(\boldsymbol{x}_2, t+\tau) \rangle$	
	复相干度	$\gamma(\boldsymbol{x}_1, \boldsymbol{x}_2, \tau) = \dfrac{\Gamma(\boldsymbol{x}_1, \boldsymbol{x}_2, \tau)}{[\Gamma(\boldsymbol{x}_1, \boldsymbol{x}_1, 0)\Gamma(\boldsymbol{x}_2, \boldsymbol{x}_2, 0)]^{1/2}}$	时间和空间
	交叉谱密度函数	$W(\boldsymbol{x}_1, \boldsymbol{x}_2, \omega) = \int \Gamma(\boldsymbol{x}_1, \boldsymbol{x}_2, \tau)\exp(2\pi i\nu\tau)\mathrm{d}\tau$	
	自相干函数	$\Gamma(\boldsymbol{x}, \tau) = \langle U^*(\boldsymbol{x}, t)U(\boldsymbol{x}, t+\tau) \rangle$ Note：$I(\boldsymbol{x}) = \Gamma(\boldsymbol{x}, 0)$	时间
	自复相干度	$\gamma(\boldsymbol{x}, \tau) = \dfrac{\Gamma(\boldsymbol{x}, \tau)}{\Gamma(\boldsymbol{x}, 0)}$	

续表

	表征函数	定义	时/空相干性
经典相干函数	互强度	$J(\boldsymbol{x}_1,\boldsymbol{x}_2)\equiv\Gamma(\boldsymbol{x}_1,\boldsymbol{x}_2,0)=\langle U(\boldsymbol{x}_1,t)U^*(\boldsymbol{x}_2,t)\rangle$	空间(准单色)
	复相干因子	$\mu(\boldsymbol{x}_1,\boldsymbol{x}_2)\equiv\gamma(\boldsymbol{x}_1,\boldsymbol{x}_2,0)=\dfrac{J(\boldsymbol{x}_1,\boldsymbol{x}_2)}{[J(\boldsymbol{x}_1,\boldsymbol{x}_1)J(\boldsymbol{x}_2,\boldsymbol{x}_2)]^{1/2}}$	
相空间光学	维格纳分布函数	$W(\boldsymbol{x},\boldsymbol{u})=\int W\left(\boldsymbol{x}+\dfrac{\boldsymbol{x}'}{2},\boldsymbol{x}-\dfrac{\boldsymbol{x}'}{2}\right)\exp(-\mathrm{j}2\pi\boldsymbol{u}\boldsymbol{x}')\mathrm{d}\boldsymbol{x}'$ $=\int\Gamma\left(\boldsymbol{u}+\dfrac{\boldsymbol{u}'}{2},\boldsymbol{u}-\dfrac{\boldsymbol{u}'}{2}\right)\exp(\mathrm{j}2\pi\boldsymbol{x}\boldsymbol{u}')\mathrm{d}\boldsymbol{u}'$	空间
	模糊函数	$A(\boldsymbol{u}',\boldsymbol{x}')=\int W\left(\boldsymbol{x}+\dfrac{\boldsymbol{x}'}{2},\boldsymbol{x}-\dfrac{\boldsymbol{x}'}{2}\right)\exp(-\mathrm{j}2\pi\boldsymbol{u}\boldsymbol{x}')\mathrm{d}\boldsymbol{x}$ $=\int\Gamma\left(\boldsymbol{u}+\dfrac{\boldsymbol{u}'}{2},\boldsymbol{u}-\dfrac{\boldsymbol{u}'}{2}\right)\exp(\mathrm{j}2\pi\boldsymbol{u}\boldsymbol{x}')\mathrm{d}\boldsymbol{u}$	

6.1　部分相干光场的相关函数表征

大部分光源所发出来的光是由组成光源的不同独立辐射振子所产生的,因此光场实质上表示了某种随机涨落现象。在光场的标量理论中,光场通常由一个关于时间和空间的标量复函数所描述。对于角频率为ω_0的严格单色相干光场而言,该函数可以表示为

$$U(\boldsymbol{x},t)=U(\boldsymbol{x})\exp(-\mathrm{j}\omega_0 t)=A(\boldsymbol{x})\exp[\mathrm{j}(\phi-\omega_0 t)] \tag{6-1}$$

即光场振幅部分不随时间变化,相位随时间线性变化。对于单色定态(deterministic)光场而言,空间每点处的光振动在时间上波动规律都是相同的且在空间上是无限延伸的,因此$U(\boldsymbol{x},t)$中与时间相关的快速波动的部分$\exp(-\mathrm{j}\omega_0 t)$通常可被略去,即仅可通过不含时间的二维标量复振幅$U(\boldsymbol{x})$或者说叫相幅矢量(phasor)来确定地(deterministically)描述。此外由于复指数函数$\exp(-\mathrm{j}\omega_0 t)$是线性时不变系统的本征函数,因此单色相干光场$U(\boldsymbol{x},t)$对时间变量$t$的傅里叶变换可以表示为

$$\mathscr{F}\{U(\boldsymbol{x},t)\}=A(\boldsymbol{x})\exp[\mathrm{j}\phi(\boldsymbol{x})]\delta(\omega-\omega_0) \tag{6-2}$$

因此单色光场的傅里叶变换仅存在一个谱峰。为了表示方便,在本章的如下部分中我们把角频率为ω的单色相干光场的二维标量复振幅表示为$U_\omega(\boldsymbol{x})$:

$$U_\omega(\boldsymbol{x})=A_\omega(\boldsymbol{x})\exp[\mathrm{j}\phi_\omega(\boldsymbol{x})] \tag{6-3}$$

　　然而对于实际的物理光源，从发光的量子本质来讲，在外界温度、湿度、振动等多方面因素及发光原子本身的统计涨落和非均匀衰减的影响下，光场的振幅和相位不可避免地受到扰动，所以二维复振幅函数 $U(\boldsymbol{x})$ 无法完整描述这种部分相干光场中不同时间或者不同空间位置的随机扰动。举个简单的例子，两束同频率的光波 $U_{\omega 1}(\boldsymbol{x})$ 与 $U_{\omega 2}(\boldsymbol{x})$ 在空间中相遇，能否形成干涉条纹实际上是由它们的干涉项 $A_{\omega 1}(\boldsymbol{x})A_{\omega 2}(\boldsymbol{x})\cos[\varphi_{\omega 2}(\boldsymbol{x})-\varphi_{\omega 1}(\boldsymbol{x})]$ 所决定的。如果两束光波的相位差由于发光机制或其他因素的影响在光强的测量时间内不能形成稳定值，那么干涉项可能会在时间平均内因相位的随机扰动而衰减甚至抵消，从而会直接影响到干涉效应的形成。在这种情况下，我们就不能仅局限于定态光波的复振幅函数描述，而需要使用统计的方法来描述光场的相干性。即根据随机过程的理论，将标量函数 $U(\boldsymbol{x},t)$ 看成是在 t 时刻，表征 $\boldsymbol{x}$ 点光场统计性质的函数系综(ensemble)中的一个典型成员，或被称作一次"实现"。然后不失一般性地假设光场是一个平稳和各态历经的随机过程，其统计性质不随时间改变。图 6-1 中给出了部分相干光场中的一个典型的时间"实现"(光场中固定一点在不同时刻的光振动)和一个典型的空间"实现"(光场中一点在同一时刻不同位置的光振动)。

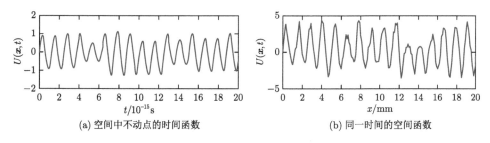

(a) 空间中不动点的时间函数　　　　　(b) 同一时间的空间函数

图 6-1　解析信号：一种典型的实现

　　从频域(光谱)角度而言，光场 $U(\boldsymbol{x},t)$ 的随机扰动也可以看作不同频率的确定性单色光场作用的总和，因此可以把 $U(\boldsymbol{x},t)$ 写成如下的傅里叶变换形式：

$$U(\boldsymbol{x},t)=\int U(\boldsymbol{x},\omega)\exp(-\mathrm{j}\omega t)\mathrm{d}\omega \tag{6-4}$$

其中，$U(\boldsymbol{x},\omega)$ 为频率为 ω 的确定性单色光场不含时标量复振幅(区别于单色定态光波场 $U_{\omega}(\boldsymbol{x})$，这里的 $U(\boldsymbol{x},\omega)$ 代表部分相干光场的多色分解，因此 ω 为变量)；$\exp(-\mathrm{j}\omega t)$ 为其对应的与时间相关的快速波动的部分；积分代表不同频率单色光场叠加作用的结果。如果具有固定相位关系的不同频率的光波相互叠加(频域展宽)，根据傅里叶变换的性质，它们在时间轴上所涵盖的部分就会随之减小，从而将会在时间轴上形成一个波包往前传播。在波包以外其他区域的部分光振动非常微小，可以被忽略(当光波的频率很宽时，波包近似为一个脉冲)。在量子力学里，波包又可以近似从概念上用来代表光子，表示光子的概率波；也就是说，波包在某时间、位置的振幅平方可以看作光子在该时间、位置的概率密度。根据德布罗意关系[2]，光子的动量为 $p = h / \lambda$，因此，波包越窄，则光子位置的不确定性 Δr 越小，但谱宽越宽，则动量的变化 Δp 的不确定性越大；反之亦然。这就是海森伯不确定性原理[3]的具体体现($\Delta p \Delta x \geqslant h / (4\pi)$，$h$ 为普朗克常量)。注意，波包的形成依赖于"不同频率的光波具有固定的相位关系"这一假设。如图 6-2 所示，不难想象，如果不同频率波之间的相位差是随机的，那么它们只会非相干叠加形成一个连续的随机扰动(白光或白噪声)。对于描述部分相干光场的性质而言，$U(\boldsymbol{x}, \omega)$ 与 $U(\boldsymbol{x}, t)$ 具有同等的重要性(因为它们本身互为傅里叶变换对)，其代表任意相干态光场下 $\boldsymbol{x}$ 点光场统计性质的函数系综在频域的一个"实现"，由角频率 ω 所描述。

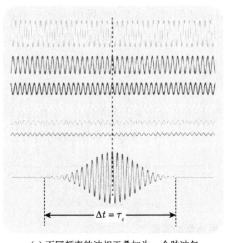 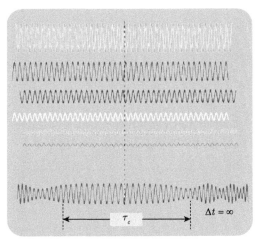

(a) 不同频率的波相干叠加为一个脉冲包　　　(b) 不同频率的波非相干叠加为一个连续波
　　　　　　　　　　　　　　　　　　　　　　　　　　（非周期无限宽）

相位与振幅都是随机变化的

图 6-2　不同频率光波的相干与非相干叠加

6.1.1　互相干函数与交叉谱密度

我们在第 1 章已经讨论论过，光的振动周期十分短，远超出了目前光探测器的时间分辨率；即其随时间的瞬时变化在实验上不能用现有的探测器测量出来，实际能测量到的量是一个强度的时间平均。例如对于相干光场 $U(\boldsymbol{x}, t)$ 而言，其光振动同样是无法直接探测的，而我们所能观测到的仅仅是光探测器所能拍摄到的光强：

$$I(\boldsymbol{x}) = \langle |\, U(\boldsymbol{x},t)\,|^2 \rangle = \langle U(\boldsymbol{x}_1,t_1)U^*(\boldsymbol{x}_2,t_2)\rangle \,|_{\boldsymbol{x}_1=\boldsymbol{x}_2=\boldsymbol{x},t_1=t_2}$$

$$\overset{t=t_1}{\underset{\tau=t_2-t_1}{=}} \langle U(\boldsymbol{x}_1,t)U^*(\boldsymbol{x}_2,t+\tau)\rangle \,|_{\boldsymbol{x}_1=\boldsymbol{x}_2=\boldsymbol{x},\tau=0} \tag{6-5}$$

其中，角括号表示求系综时间平均。同理，对于这部分相干光场，我们通过分振幅或者分波阵面的手段将其形成两个副本 $U(\boldsymbol{x}_1,t_1)$ 与 $U(\boldsymbol{x}_2,t_2)$，然后将它们在空间中相互叠加产生干涉，那么光探测器所能拍摄到的光强 $I(\boldsymbol{x})$ 为[4]

$$I(\boldsymbol{x}) = \langle |\, U(\boldsymbol{x}_1,t_1)+U(\boldsymbol{x}_2,t_2)\,|^2 \rangle \overset{t=t_1}{\underset{\tau=t_2-t_1}{=}} \langle |\, U(\boldsymbol{x}_1,t)+U(\boldsymbol{x}_2,t+\tau)\,|^2 \rangle$$

$$= \langle |\, U(\boldsymbol{x}_1,t)\,|^2 \rangle + \langle |\, U(\boldsymbol{x}_2,t+\tau)\,|^2 \rangle + 2Re\langle U(\boldsymbol{x}_1,t)U^*(\boldsymbol{x}_2,t+\tau)\rangle \tag{6-6}$$

$$= I(\boldsymbol{x}_1) + I(\boldsymbol{x}_2) + 2Re\langle U(\boldsymbol{x}_1,t)U^*(\boldsymbol{x}_2,t+\tau)\rangle$$

观察式(6-5)与式(6-6)发现，二者光强中都存在一个相关函数 $\langle U(\boldsymbol{x}_1,t) \cdot U^*(\boldsymbol{x}_2,t+\tau)\rangle$，这个相关函数就称为光场的互相干函数[5]。对于平稳、各态历经的光波场，互相干函数被更严格地定义为一个相对时延为 τ 的 $\boldsymbol{x}_1$ 和 $\boldsymbol{x}_2$ 点光振动的相关函数[5]：

$$\Gamma_{12}(\tau) = \Gamma(\boldsymbol{x}_1,\boldsymbol{x}_2,\tau) = \langle U(\boldsymbol{x}_1,t_1)U^*(\boldsymbol{x}_2,t_2)\rangle = \langle U(\boldsymbol{x}_1,t)U^*(\boldsymbol{x}_2,t+\tau)\rangle \tag{6-7}$$

其中，$\tau = t_2 - t_1$；角括号表示求系综平均(ensemble average)，对于平稳和各态历经的随机过程，系综平均等价于时间平均，此时与式(6-5)与式(6-6)中的相关函数相吻合。采用互相干函数的定义，光强也可以被简单地表示为 $I(\boldsymbol{x}) = \Gamma(\boldsymbol{x},\boldsymbol{x},0)$，而光场叠加产生的干涉条纹强度则可被表示为 $I(\boldsymbol{x}) = \Gamma(\boldsymbol{x}_1,\boldsymbol{x}_1,0) + \Gamma(\boldsymbol{x}_2,\boldsymbol{x}_2,0) + 2Re\Gamma(\boldsymbol{x}_1,\boldsymbol{x}_2,\tau)$。相干理论就是通过实际可量测的部分相干光场的二阶，或者高阶统计量去描述或者表征光场的物理特性。

将 $\Gamma_{12}(\tau)$ 归一化，可以定义归一化的互相干函数为复相干度[6]：

$$\gamma_{12}(\tau) = \frac{\Gamma_{12}(\tau)}{\sqrt{\Gamma_{11}(0)\Gamma_{22}(0)}} = \frac{\Gamma_{12}(\tau)}{\sqrt{I_1 I_2}} \tag{6-8}$$

互相干函数和复相干度是两个十分重要的物理量，它们表示光场中两个不同点的光振动的关联程度。结合式(6-6)不难理解，复相干度的物理意义实际上就代表两束光波干涉叠加后形成干涉条纹的对比度(例如可以借助于平稳光场的杨氏双缝(双孔)干涉实验去解释[7]：$\boldsymbol{x}_1$ 和 $\boldsymbol{x}_2$ 代表两个针孔的位置，而 $\tau = t_2 - t_1$ 代表两个针孔发出的光到观测点的时间差)。两束光在观察点叠加所引起的光强度与每束光在观察点的强度以及复相干度实部的值有关。利用施瓦兹不等式可以证明 $0 \leqslant |\,\gamma_{12}(\tau)\,| \leqslant 1$；当 $|\,\gamma_{12}(\tau)\,|$ 取最大值 1 时，相对时延 τ 的 $\boldsymbol{x}_1$ 和 $\boldsymbol{x}_2$ 点的光振动是完全相干的，干涉条纹对比度达到最大值 1。当 $|\,\gamma_{12}(\tau)\,|$ 取最小值 0 时，$\boldsymbol{x}_1$ 和 $\boldsymbol{x}_2$ 点

的光振动是非相干的，即观察不到任何干涉条纹。而介于二者之间的情况，即 $0<|\gamma_{12}(\tau)|<1$ 时，$\boldsymbol{x}_1$ 和 $\boldsymbol{x}_2$ 点的光振动是部分相干的。

在第 4.1 节我们已经讨论过光场的相干性必然与光源的时间特性(光谱分布)和空间特性(光源的空间扩展)相联系，因此，存在两类相干性问题，即时间相干性和空间相干性，它们可以一并包含在互相干函数的概念中。例如 $\boldsymbol{x}_1 \neq \boldsymbol{x}_2$ 时，$\Gamma(\boldsymbol{x}_1,\boldsymbol{x}_2,\tau)$ 中包含了光场空间和时间相干性的信息，而当 $\tau \neq 0$ 时，$\Gamma(\boldsymbol{x}_1,\boldsymbol{x}_2,\tau)$ 中包含了光场时间相干性的信息。虽然互相干函数从理论上完备地描述了光的相干性，但是因为空间相干性与时间相干性的关系密不可分，用这些方法和物理量来讨论部分相干光的传播是极其复杂的。某些情况下，我们需要单独分析部分相干光的空间相干性与时间相干性两方面因素的影响。首先考虑时间相干性，在互相干函数的定义式(6-7)中，当 $\boldsymbol{x}_1$ 和 $\boldsymbol{x}_2$ 点重合时，互相关函数退化为 $\boldsymbol{x}_1$ 和 $\boldsymbol{x}_2$ 点各自的自相干函数：

$$\Gamma_{11}(\tau) = \Gamma(\boldsymbol{x}_1,\boldsymbol{x}_1,\tau) = \langle U(\boldsymbol{x}_1,t+\tau)U^*(\boldsymbol{x}_1,t)\rangle \tag{6-9}$$

$$\Gamma_{22}(\tau) = \Gamma(\boldsymbol{x}_2,\boldsymbol{x}_2,\tau) = \langle U(\boldsymbol{x}_2,t+\tau)U^*(\boldsymbol{x}_2,t)\rangle \tag{6-10}$$

可以看出，在光场的自相关函数中，我们忽略了空间位置差异的因素而只考虑相对时延对关联函数的影响，因此自相干函数是光场时间相干性的直接体现。显然当 $\tau=0$ 时，$\Gamma_{11}(0)$ 和 $\Gamma_{22}(0)$ 就分别退化为 $\boldsymbol{x}_1$ 和 $\boldsymbol{x}_2$ 点的光强，即实际通过光探测器可以直接测量到的量。由式(6-9)与式(6-10)可以看出，自相干函数就是把光振动当成由大量有限长的波列组成的随机过程的自相关函数。从实验上，我们可利用迈克耳孙干涉仪对待测光束进行分振幅，并测量两束光经历不同光程后相叠加产生的干涉效应来对自相关函数进行测量。随机过程的维纳-欣钦定理(Wiener-Khinchin)告诉我们，平稳随机过程的自相关函数与其功率谱密度有密切关系。针对部分相干光场而言，光场中某点 $\boldsymbol{x}$ 处信号的自相关函数 $\Gamma_x(\tau)$ 与其光源的功率谱密度 $S_x(\omega)$ 互为傅里叶变换：

$$S_x(\omega) = \int \Gamma_x(\tau)\exp(\mathrm{j}\omega\tau)\mathrm{d}\tau \tag{6-11}$$

$$\Gamma_x(\tau) = \frac{1}{2\pi}\int S_x(\omega)\exp(-\mathrm{j}\omega\tau)\mathrm{d}\omega \tag{6-12}$$

式中，$\omega=2\pi\nu=2\pi c/\lambda$ 为光波的角频率，其中 ν 是光波的频率，c 是光速，λ 是波长。光源的功率谱密度即通常所理解的光谱分布(图 6-3 展示了两个具有不同时间相干度的随机光场)，因此光源的光谱分布直接决定光场时间相干性。为了更简单方便地衡量光源的时间相干性，可以利用光谱的半功率宽(谱宽)来定义相干时间和相干长度：

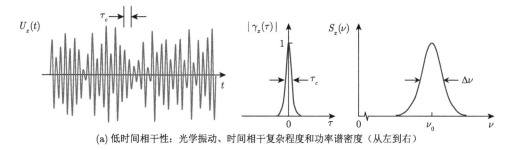

(a) 低时间相干性：光学振动、时间相干复杂程度和功率谱密度（从左到右）

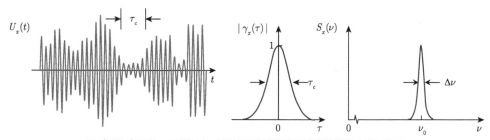

(b) 高时间相干性：光学振动、时间相干复杂程度和功率谱密度（从左到右）

图 6-3　两个具有不同时间相干度的随机光场

$$\tau_c = \frac{1}{\Delta\nu} \tag{6-13}$$

$$l_c = c\tau_c = \frac{c}{\Delta\nu} = \frac{\overline{\lambda}^2}{\Delta\lambda} \tag{6-14}$$

它们的物理概念就是表示光波与其自身最大允许延迟多少时间/距离以后还能够形成干涉。尽管不像自相干函数那样严格，然而相干时间和相干长度由于其物理概念的简单直观一直被广泛使用(比如 532nm 的连续激光器，线宽是 0.1nm，那么该激光器输出的光波相干长度 532nm×532nm÷0.1nm = 2.83mm)。反之，我们也可以通过干涉法测量光场的自相干函数来反推出光源的功率谱密度(采用臂长调节的迈克耳孙干涉仪记录光源自相干产生的干涉光强随光程差的变化，然后通过傅里叶变换将所记录的干涉图变化转化为光谱图)，这就是傅里叶变换光谱仪(FTS)的基本原理(图 6-4)。

接下来我们考虑空间相干性的影响。与自相干函数类似，可以定义互相干函数的傅里叶变换为交叉谱密度[8]：

$$W_\omega(\boldsymbol{x}_1, \boldsymbol{x}_2) = \frac{1}{2\pi} \int_{-\infty}^{\infty} \Gamma_{12}(\tau)\exp(\mathrm{j}\omega\tau)\mathrm{d}\tau \tag{6-15}$$

上式又被称为广义的维纳-欣钦定理，其定义的交叉谱密度函数(与下面所要提及的互强度函数)是部分相干理论中的一个中心概念，它描述了一个多色部分相干光场中某个特殊的单色频率的系综相关特性。它还能够被等价地表示为

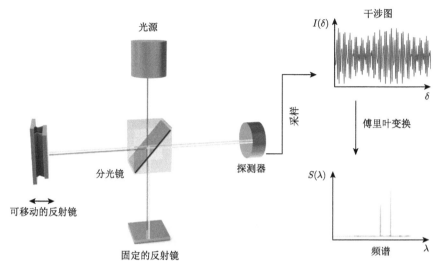

图 6-4　傅里叶变换光谱仪的基本原理

$$W_\omega(\boldsymbol{x}_1,\boldsymbol{x}_2)\delta(\omega-\omega_0)=\langle U(\boldsymbol{x}_1,\omega)U^*(\boldsymbol{x}_2,\omega_0)\rangle \tag{6-16}$$

其中，$U(\boldsymbol{x},\omega)$ 为 $U(\boldsymbol{x},t)$ 的傅里叶变换，由式(6-4)所定义，代表任意相干态光场下 $\boldsymbol{x}$ 点光场统计性质的函数系综在频域的一个"实现"，由角频率 ω 所描述。角括号表示针对不同频率成分的系综平均。式(6-16)表示部分相干光场中不同频率的光波成分是互不相关的(不产生干涉)，因此交叉谱密度代表空间内不同位置的两点，在相同时刻同一频率成分光扰动之间的相关性，其定量描述了光波场的空间相干性。交叉谱密度矩阵非常重要的性质是它是个半正定的厄米(Hermitian)矩阵。式(6-15)的傅里叶逆变换可以被表示为

$$\Gamma_{12}(\tau)=\int_0^\infty W_\omega(\boldsymbol{x}_1,\boldsymbol{x}_2)\exp(-\mathrm{j}\omega\tau)\mathrm{d}\omega \tag{6-17}$$

与式(6-4)类似，式(6-17)表示部分相干光场的互相干函数其实就是不同频率单色光场的交叉谱密度叠加作用的结果。

值得注意的是，基于相干模式分解理论(详见 6.1.6 节)，我们也可以将交叉谱密度同样表示为一个关联函数[5]：

$$W_\omega(\boldsymbol{x}_1,\boldsymbol{x}_2)=\langle V(\boldsymbol{x}_1,\omega)V^*(\boldsymbol{x}_2,\omega)\rangle \tag{6-18}$$

其中，$V(\boldsymbol{x},\omega)$ 代表光场单色频率成分实现组成系综的一个典型成员，通常被称为关联场[9](associated field)，角括号表示针对不同频率成分的系综平均。注意，尽管都是光场系综在频域的一个"实现"，$V(\boldsymbol{x},\omega)$ 与 $U(\boldsymbol{x},\omega)$ 是通过不同的方式(维纳-欣钦定理/相干模式分解)推导得到的，因此它们并不相同，即 $V(\boldsymbol{x},\omega)$ 并非 $U(\boldsymbol{x},t)$ 的傅里叶变换。

不仅限于在空间域描述两点之间的相关程度,我们还可以对交叉谱密度进行四维空域傅里叶变换,将其转换到空间频率域:

$$\hat{W}_\omega(\boldsymbol{u}_1,\boldsymbol{u}_2)=\iint W_\omega(\boldsymbol{x}_1,\boldsymbol{x}_2)\exp[-\mathrm{j}(\boldsymbol{u}_1\boldsymbol{x}_1+\boldsymbol{u}_2\boldsymbol{x}_2)]\mathrm{d}\boldsymbol{x}_1\mathrm{d}\boldsymbol{x}_2 \qquad (6\text{-}19)$$

基于衍射的角谱理论,光场的不同空间频率其实对应不同传播方向的平面波,因此 $\hat{W}_\omega(\boldsymbol{u}_1,\boldsymbol{u}_2)$ 描述了部分相干光场中两个不同传播方向的角谱分量之间的相干性,所以又被称为方向交叉谱密度。由于交叉谱密度是半正定的厄米矩阵,那么显然方向交叉谱密度也是个关于两个空间频率变量 $(\boldsymbol{u}_1,\boldsymbol{u}_2)$ 的半正定的厄米矩阵。类似于互相干函数,我们还可以定义归一化的交叉谱密度函数为在频率 ω 处的光谱相干因子(spectral degree of coherence at frequency ω)或复空间相干度(complex degree of spatial coherence):

$$\mu_\omega(\boldsymbol{x}_1,\boldsymbol{x}_2)=\frac{W_\omega(\boldsymbol{x}_1,\boldsymbol{x}_2)}{\sqrt{W_\omega(\boldsymbol{x}_1,\boldsymbol{x}_1)W_\omega(\boldsymbol{x}_2,\boldsymbol{x}_2)}}=\frac{W_\omega(\boldsymbol{x}_1,\boldsymbol{x}_2)}{\sqrt{S_\omega(\boldsymbol{x}_1)S_\omega(\boldsymbol{x}_2)}} \qquad (6\text{-}20)$$

其中,$S_\omega(\boldsymbol{x}_1)\geqslant 0$ 为光源的功率谱(power spectrum),其代表光场中的特定单色成分的光强:

$$S_\omega(\boldsymbol{x})=W_\omega(\boldsymbol{x},\boldsymbol{x})=\langle V(\boldsymbol{x},\omega)V^*(\boldsymbol{x},\omega)\rangle \qquad (6\text{-}21)$$

因为光场的不同单色成分互不相干且无法干涉,所以光场的总光强可以被表示为不同单色成分光强的总和:

$$I(\boldsymbol{x})=\int_{-\infty}^{\infty}S_\omega(\boldsymbol{x})\mathrm{d}\omega \qquad (6\text{-}22)$$

从光谱复相干因子的定义中可以发现,当 $\boldsymbol{x}_1$ 和 $\boldsymbol{x}_2$ 重合为一点时,$|\mu_\omega(\boldsymbol{x}_1,\boldsymbol{x}_2)|$ 恒取最大值 1(对于同一频率成分而言,同一空间位置的光振动必然与自己空间完全相干[10]);而 $\boldsymbol{x}_1$ 和 $\boldsymbol{x}_2$ 分离时,$|\mu_\omega(\boldsymbol{x}_1,\boldsymbol{x}_2)|$ 的值将小于等于 1。当 $|\mu_\omega(\boldsymbol{x}_1,\boldsymbol{x}_2)|$ 取最大值 1 时,角频率为 ω 的单色光成分在 $\boldsymbol{x}_1$ 和 $\boldsymbol{x}_2$ 点的光振动是完全相干的;当 $|\mu_\omega(\boldsymbol{x}_1,\boldsymbol{x}_2)|$ 取最小值 0 时,角频率为 ω 的单色光成分在 $\boldsymbol{x}_1$ 和 $\boldsymbol{x}_2$ 点的光振动是完全不相干的;而介于二者之间的情况,即 $0<|\mu_\omega(\boldsymbol{x}_1,\boldsymbol{x}_2)|<1$ 时,$\boldsymbol{x}_1$ 和 $\boldsymbol{x}_2$ 点的光振动是部分相干的。值得注意的是 $|\mu_\omega(\boldsymbol{x}_1,\boldsymbol{x}_2)|$ 仅仅和两点的空间位置有关,而对于不同频率的光场而言,它们永远是不相干的,即使当 $\boldsymbol{x}_1$ 和 $\boldsymbol{x}_2$ 重合为一点时。

6.1.2 准单色光的互强度

在一些经典的文献中,为了更方便地分析光的空间相干性,通常假设光学系统满足所谓"准单色条件",即窄带条件(光源频宽 $\Delta\omega$ 远远小于中心频率 $\bar\omega$)和小程差条件(观测区域内所引起的光程差远小于光源相干长度):

$$\Delta\omega \ll \overline{\omega} \tag{6-23}$$

$$|\boldsymbol{x}_1 - \boldsymbol{x}_2| \ll l_c \tag{6-24}$$

此时式(6-17)可以被简化为

$$
\begin{aligned}
\Gamma_{12}(\tau) &= \int_0^\infty W_\omega(\boldsymbol{x}_1, \boldsymbol{x}_2)\exp(-\mathrm{j}\omega\tau)\mathrm{d}\omega \\
&= \exp(-\mathrm{j}\overline{\omega}\tau)\int_0^\infty W_\omega(\boldsymbol{x}_1, \boldsymbol{x}_2)\exp[-\mathrm{j}(\omega-\overline{\omega})\tau]\mathrm{d}\omega \\
&\overset{\exp(-\mathrm{j}\Delta\omega\tau)\approx 1}{=} \exp(-\mathrm{j}\overline{\omega}\tau)\int_0^\infty W_\omega(\boldsymbol{x}_1, \boldsymbol{x}_2)\mathrm{d}\omega = \exp(-\mathrm{j}\overline{\omega}\tau)\Gamma_{12}(0)
\end{aligned} \tag{6-25}
$$

这就是说，在准单色条件下，空间两点的光振动传播某一距离后是否产生干涉现象完全取决于其空间相干性，此时光场的特性近似可由零时延的互相干函数 $\Gamma_{12}(0)$ 所表述，因此定义表征准单色条件下空间相干性的物理量 $\Gamma_{12}(0)$ 为互强度 J_{12}

$$J_{12} = J(\boldsymbol{x}_1, \boldsymbol{x}_2) = \Gamma_{12}(\boldsymbol{x}_1, \boldsymbol{x}_2, 0) = \langle U(\boldsymbol{x}_1, t)U^*(\boldsymbol{x}_2, t)\rangle \tag{6-26}$$

所以准单色条件近似下的光波场仍可以被单频时域谐波很好地表述。不难发现互强度 J_{12} 也是厄米矩阵。同理，定义准单色光的复相干度为复相干因子(complex coherence factor)，其即为零时延的复相干度：

$$\mu_{12} = \frac{\Gamma_{12}(0)}{[\Gamma_{11}(0)\Gamma_{22}(0)]^{1/2}} = \frac{J_{12}}{\sqrt{I_1 I_2}} = \gamma_{12}(0) \tag{6-27}$$

将式(6-25)两侧对时间变量进行傅里叶变换可得

$$W_\omega(\boldsymbol{x}_1, \boldsymbol{x}_2) = J_{12}\delta(\omega - \overline{\omega}) \tag{6-28}$$

上式表明准单色光场的交叉谱密度函数中仅包含位于 ω 的一个非零光学频率分量。这也就说明准单色光波场可以近似认为其仅含有一个光学频率成分 $\overline{\omega}$，或者说准单色光的时间相干性接近于理想的完全时间相干光场。因此从最终结果来看，如果我们不把 $W_\omega(\boldsymbol{x}_1, \boldsymbol{x}_2)$ 视为一个关于 ω 的函数，而把它简单理解为一个表示部分相干光场中频率为 ω 的单色成分的系综相关特性时(ω 不为变量而取一个固定的值，如 $\overline{\omega}$)，用基于互强度 J_{12} 研究准单色光与基于交叉谱密度在某一特定频率下的切片 $W_{\overline{\omega}}(\boldsymbol{x}_1, \boldsymbol{x}_2)$ 研究准单色光光波场的性质在实质上是完全等价的，即

$$W_{\overline{\omega}}(\boldsymbol{x}_1, \boldsymbol{x}_2) = J(\boldsymbol{x}_1, \boldsymbol{x}_2) = \Gamma_{12}(\boldsymbol{x}_1, \boldsymbol{x}_2, 0) \tag{6-29}$$

光源的时间相干性与光源光谱分布紧密相关，光源的光谱分布可以对光源的时间相干性进行度量，即引入相干长度和相干时间。类似的，光源的空间相干性实际上是与光源的尺寸密切相关的(对于准单色的非相干光源，其衍射场的复相干

因子与光源的光强分布互为傅里叶变换的关系，详见 6.1.4 节范西泰特-泽尼克定理的讨论)，对于一个形状任意面积为 A_s 的均匀光强分布的非相干光源，可以定义空间相干性的度量——在离光源 z 处的相干面积为 A_c：

$$A_c = \frac{\overline{\lambda}^2 z^2}{A_s} = \frac{\overline{\lambda}^2}{\Omega_s} \tag{6-30}$$

它的物理概念即表示准单色光的非相干光源在离光源 z 处的平面多大的范围内能够形成可见的干涉条纹。反之，我们也可以通过干涉法来测量准单色光场的空间相干度从而反推出光源的尺寸(如图 6-5 所示，采用间距调节的迈克耳孙干涉仪记录光源的干涉光强随空间间距的变化，当干涉条纹对比度由最大值降为 0 的时候获得最大空间相干间隔，并由此反推光源的角直径)，这就是迈克耳孙恒星干涉仪的基本原理。

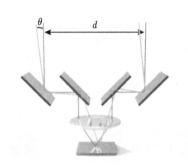

(a) 光学配置　　　　　　　　　(b) 真实系统的照片

通过干涉测量准单色场的空间相干性来推断光源的尺寸

图 6-5　迈克耳孙恒星干涉仪

6.1.3　互相干函数的传播

在单色相干光场中，光场分布可由复振幅分布完整地描述，它是空间任意坐标的函数。当处于某平面(如不失一般性认为位于原点且垂直于光轴的平面)复振幅已知的情况下，便可根据 2.2 节所讨论的标量衍射理论确定光波在距离 Δz 的任一平面上的复振幅分布。而在部分相干光场中，空间任一点的光扰动随时间作无规则变化。需要关注的是光场的统计性质，应在时间-空间坐标系中考察两个不同点的光扰动的关联程度。因而互相干函数是描述光场性质的基本参量。注意光场不同位置的互相干函数是不同的，从这个意义上讲，光波在传播过程中，光场的相干性亦随之传播。确切地说，对于自由空间传播的部分相干光场而言，时间相干性并不会发生改变，它由光源的光谱分布所确定且不随传播过程而改变，而空间相干性却随着光场的传播发生显著的改变，因此本节着重讨论部分相干光场空间相干性的传输特性，即互强度/交叉谱密度的传播。

回顾 2.2.2 节，我们知道惠更斯-菲涅耳原理或基尔霍夫衍射公式的思想是基于线性叠加原理：由于任意复杂的光波场都可以看成点光源的集合，所以总可以将复杂光波分解为简单球面波的线性组合，且波动方程的线性性质允许每个球面波分别应用上述原理，再把它们在衍射平面上所产生的贡献叠加起来。考虑一个含时复振幅分布为 $U_0(\boldsymbol{x}, t)$ 的单色光场，在传播 Δz 的距离后得到的光场的复振幅信息 $U_{\Delta z}(\boldsymbol{x}, t)$ 可以表示为

$$U_{\Delta z}(\boldsymbol{x}, t) = \int U_0(\boldsymbol{x}', t) h_{\Delta z}(\boldsymbol{x}', \boldsymbol{x}) \mathrm{d}\boldsymbol{x}' \overset{\text{忽略倾斜因子}}{=} U_0(\boldsymbol{x}, t) \otimes h_{\Delta z}(\boldsymbol{x}) \qquad (6\text{-}31)$$

其中，$h_{\Delta z}(\boldsymbol{x})$ 为相干光场自由空间传播的脉冲响应函数。忽略倾斜因子的作用后，该脉冲响应函数即光源每点球面子波传播在观察面上产生的复振幅。以惠更斯-菲涅耳与基尔霍夫的标量衍射计算原理为基础且根据互强度的定义，我们可以将距离 Δz 处另一平面上的四维互强度函数 $J_{\Delta z}(\boldsymbol{x}_1, \boldsymbol{x}_2)$ 表示为

$$\begin{aligned} J_{\Delta z}(\boldsymbol{x}_1, \boldsymbol{x}_2) &= \langle U_{\Delta z}(\boldsymbol{x}_1, t) U_{\Delta z}^*(\boldsymbol{x}_2, t) \rangle \\ &= \iint \langle U_0(\boldsymbol{x}_1, t) U_0^*(\boldsymbol{x}_2, t) \rangle h_{\Delta z}(\boldsymbol{x}_1', \boldsymbol{x}_1) h_{\Delta z}^*(\boldsymbol{x}_2', \boldsymbol{x}_2) \mathrm{d}\boldsymbol{x}_1' \mathrm{d}\boldsymbol{x}_2' \\ &= J_0(\boldsymbol{x}_1, \boldsymbol{x}_2) \underset{\boldsymbol{x}_1, \boldsymbol{x}_2}{\otimes} h_{\Delta z}(\boldsymbol{x}_1, \boldsymbol{x}_2) \end{aligned} \qquad (6\text{-}32)$$

其中，$h_{\Delta z}(\boldsymbol{x}_1, \boldsymbol{x}_2)$ 为部分相干光场互强度自由空间传播的互点扩散函数(mutual point spread function)，其定义为

$$h_{\Delta z}(\boldsymbol{x}_1, \boldsymbol{x}_2) = h_{\Delta z}(\boldsymbol{x}_1) h_{\Delta z}^*(\boldsymbol{x}_2) \qquad (6\text{-}33)$$

因此当处于某平面的四维互强度函数($J_0(\boldsymbol{x}_1, \boldsymbol{x}_2)$)已知的情况下，我们也能够根据式(6-32)来获得距离 Δz 处另一平面上的光场的四维互强度函数 $J_{\Delta z}(\boldsymbol{x}_1, \boldsymbol{x}_2)$。式(6-32)还表明，互强度的传播现象也可以看作一个四维空间内的线性系统，针对每一对空间位置 $(\boldsymbol{x}_1, \boldsymbol{x}_2)$ 互强度的响应函数由四维函数 $h_{\Delta z}(\boldsymbol{x}_1, \boldsymbol{x}_2)$ 所决定。将 $J_0(\boldsymbol{x}_1, \boldsymbol{x}_2)$ 作为权重因子，对所有响应函数进行线性叠加后就可以得到距离 z 处另一平面上的互强度函数 $J_{\Delta z}(\boldsymbol{x}_1, \boldsymbol{x}_2)$。

类似于 2.2.2 节中所讨论的标量衍射理论的角谱思想，我们同样可以在空间频率域中讨论部分相干光场的传播。将式(6-32)两侧对 $(\boldsymbol{x}_1, \boldsymbol{x}_2)$ 进行四维傅里叶变换，可以得到

$$\hat{J}_z(\boldsymbol{u}_1, \boldsymbol{u}_2) = \hat{J}_0(\boldsymbol{u}_1, \boldsymbol{u}_2) H_{\Delta z}(\boldsymbol{u}_1, \boldsymbol{u}_2) \qquad (6\text{-}34)$$

其中，$\hat{J}_z(\boldsymbol{u}_1, \boldsymbol{u}_2)$、$\hat{J}_0(\boldsymbol{u}_1, \boldsymbol{u}_2)$ 与 $H_{\Delta z}(\boldsymbol{u}_1, \boldsymbol{u}_2)$ 分别是 $J_{\Delta z}(\boldsymbol{x}_1, \boldsymbol{x}_2)$、$J_0(\boldsymbol{x}_1, \boldsymbol{x}_2)$ 与 $h_{\Delta z}(\boldsymbol{x}_1, \boldsymbol{x}_2)$

对应的四维傅里叶变换，$(\boldsymbol{u}_1, \boldsymbol{u}_2)$ 为 $(\boldsymbol{x}_1, \boldsymbol{x}_2)$ 在频域对应的四维空间频率坐标。$H_{\Delta z}(\boldsymbol{u}_1, \boldsymbol{u}_2)$ 称为部分相干光场互强度自由空间传播的传递函数，其定义为

$$H_{\Delta z}(\boldsymbol{u}_1, \boldsymbol{u}_2) = H_{\Delta z}(\boldsymbol{u}_1) H_{\Delta z}^*(\boldsymbol{u}_2) \tag{6-35}$$

其中，$H_{\Delta z}(\boldsymbol{u})$ 为相干光场自由空间传播的角谱传递函数。

6.1.4　互相干函数传播的波动方程

上节所导出的部分相干光场空间相干性的传输特性是以惠更斯-菲涅耳与基尔霍夫的标量衍射原理为基础的。图 6-6 展示了由于光的传播产生的相干性。而我们又知道，光的传播以本质上来说是受波动方程所支配的。由实扰动所满足的标量波动方程出发，可以导出互相干函数所遵循的波动方程：

$$\nabla_1^2 \Gamma_{12}(\tau) = \frac{1}{c^2} \frac{\partial^2}{\partial \tau^2} \Gamma_{12}(\tau) \tag{6-36}$$

$$\nabla_2^2 \Gamma_{12}(\tau) = \frac{1}{c^2} \frac{\partial^2}{\partial \tau^2} \Gamma_{12}(\tau) \tag{6-37}$$

其中，∇ 为三维空间 $(\boldsymbol{x}, z)$ 中的哈密顿算符。利用傅里叶变换的微分性质进而得到交叉谱密度传播所满足的一对亥姆霍兹方程：

$$\nabla_1^2 W_{12} + k^2 W_{12} = 0 \tag{6-38}$$

$$\nabla_2^2 W_{12} + k^2 W_{12} = 0 \tag{6-39}$$

与互强度传播所满足的亥姆霍兹方程：

$$\nabla_1^2 J_{12} + \overline{k}^2 J_{12} = 0 \tag{6-40}$$

$$\nabla_2^2 J_{12} + \overline{k}^2 J_{12} = 0 \tag{6-41}$$

其中，平均波数 $\overline{k} = 2\pi / \overline{\lambda}$；$\nabla_1^2$ 与 ∇_2^2 分别代表针对 $\boldsymbol{x}_1$ 与 $\boldsymbol{x}_2$ 的拉普拉斯算子。可以看出在这里部分相干光场下的相关函数与两个三维空间坐标相关联的六维函数，在其各自的三维空间坐标 $(\boldsymbol{x}_1, z_1)$ 与 $(\boldsymbol{x}_2, z_2)$ 下都同样满足单色相干光场下的亥姆霍兹方程(式2-2)。此外，注意交叉谱密度传播所满足的亥姆霍兹方程与互强度传播所满足的亥姆霍兹方程在形式上相似，不同的是方程组式(6-38)与式(6-39)中用的是一般的波数 k，而方程组式(6-40)与式(6-41)用的是平均波数 $\overline{k}$。由于交叉谱密度与互强度传播方程的相似性，后面将讨论关于互强度传播的结论都可以直接应用到交叉谱密度函数。

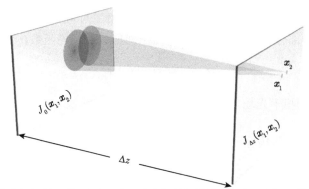

光在源平面上是完全不相干的，但在 $\boldsymbol{x}_1$ 和 $\boldsymbol{x}_2$ 点上的光波动共享一个共同区域，因此是部分相干的

图 6-6　由于光的传播产生的相干性

6.1.5　范西泰特–泽尼克(van Cittert-Zernike)定理

在研究部分相干光衍射的时候，观察面上任意一点的光振动都是由孔径面上所有各点的贡献叠加而成的，因此，即使孔径面上的光场是非相干的，观察面上任何两点的光振动也都存在一定程度的联系，即有一定的相干性。近代光学中最重要的定理之一范西泰特–泽尼克定理[6, 11, 12]，讨论的就是由准单色非相干光源照明而产生的光场的互强度。考虑一个准单色非相干的扩展光源，由于光源不同位置的光振动是统计无关的，所以在光源平面的互强度通常可以近似表示为

$$J_0(\boldsymbol{x}_1, \boldsymbol{x}_2) = I_0(\boldsymbol{x}_1)\delta(\boldsymbol{x}_1 - \boldsymbol{x}_2) \tag{6-42}$$

注意如果对于交叉谱密度而言，式(6-42)应被写为 $W_0(\boldsymbol{x}_1, \boldsymbol{x}_2) = S(\boldsymbol{x}_1)\delta(\boldsymbol{x}_1 - \boldsymbol{x}_2)$。由式(6-32)出发并结合式(6-42)，可以推导得到

$$
\begin{aligned}
J_{\Delta z}(\boldsymbol{x}_1, \boldsymbol{x}_2) &= \int I_0(\boldsymbol{x}')h_{\Delta z}(\boldsymbol{x}', \boldsymbol{x}_1)h_{\Delta z}^*(\boldsymbol{x}', \boldsymbol{x}_2)\mathrm{d}\boldsymbol{x}' \\
&= \frac{1}{\bar{\lambda}^2}\int I_0(\boldsymbol{x}')\frac{\exp\!\left[\mathrm{j}k\!\left(\sqrt{z^2+|\boldsymbol{x}_2-\boldsymbol{x}'|^2}-\sqrt{z^2+|\boldsymbol{x}_1-\boldsymbol{x}'|^2}\right)\right]}{\sqrt{z^2+|\boldsymbol{x}_1-\boldsymbol{x}'|^2}\sqrt{z^2+|\boldsymbol{x}_2-\boldsymbol{x}'|^2}}\mathrm{d}\boldsymbol{x}'
\end{aligned}
\tag{6-43}
$$

式(6-43)积分中的相位因子可以看作由光源面 $\boldsymbol{x}'$ 点所发出的球面波在衍射平面上点 $\boldsymbol{x}_1$ 与 $\boldsymbol{x}_2$ 上形成的 2 份拷贝相互干涉叠加的结果，因此衍射平面上的互强度分布在 $(\boldsymbol{x}_1, \boldsymbol{x}_2)$ 的取值相当于光源面每一点 $\boldsymbol{x}'$ 在衍射平面 $\boldsymbol{x}_1$ 与 $\boldsymbol{x}_2$ 处形成的球面波干涉叠加，再将光源各点所产生的干涉场的贡献按光强加权叠加起来的结果。注意式中的常数因子已被略去。

我们再假设光源与衍射平面之间的距离满足傍轴近似条件时，式(6-43)积分中脉冲响应函数的球面波可以被傍轴近似条件下的脉冲响应所近似，从而得到如下的范西泰特–泽尼克定理[6, 11, 12]：

$$J_{\Delta z}(\boldsymbol{x}_1, \boldsymbol{x}_2) = J_{\Delta z}(\boldsymbol{x}_1 - \boldsymbol{x}_2)$$
$$= \frac{1}{\bar{\lambda}^2 z^2} \exp(\mathrm{j}\psi) \int I_0(\boldsymbol{x}') \exp\left(-\frac{2\pi}{\bar{\lambda}z} \boldsymbol{x}' \cdot (\boldsymbol{x}_2 - \boldsymbol{x}_1)\right) \mathrm{d}\boldsymbol{x}' \tag{6-44}$$

其中，相位因子为

$$\exp(\mathrm{j}\psi) = \exp\left[\mathrm{j}\frac{\pi}{\lambda\Delta z}(|\boldsymbol{x}_1|^2 - |\boldsymbol{x}_2|^2)\right] \tag{6-45}$$

该相位因子可以看作光源面上位于光轴上的一个点光源所发出的球面波在衍射平面上点 $\boldsymbol{x}_1$ 与 $\boldsymbol{x}_2$ 上形成的 2 份拷贝相互干涉叠加的结果。显然式(6-44)的积分是一个傅里叶变换式，它说明衍射平面上互强度正比于光源光强分布的傅里叶变换，这种关系类似于完全相干情况下夫琅禾费衍射图案正比于孔径平面复振幅的傅里叶变换。我们还可以利用衍射平面的光强(即令式(6-44)中的 $\boldsymbol{x}_1 = \boldsymbol{x}_2$) $I_{\Delta z}(\boldsymbol{x}_1) = I_{\Delta z}(\boldsymbol{x}_2) = \frac{1}{\lambda^2 \Delta z^2} \int I_0(\boldsymbol{x}') \mathrm{d}\boldsymbol{x}'$ 对 $J_z(\boldsymbol{x}_1, \boldsymbol{x}_2)$ 归一化，将其写成复相干因子的形式：

$$\mu_{\Delta z}(\boldsymbol{x}_1, \boldsymbol{x}_2) = \exp(\mathrm{j}\psi) \frac{\int I_0(\boldsymbol{x}') \exp\left(-\frac{2\pi}{\bar{\lambda}\Delta z} \boldsymbol{x}_1' \cdot (\boldsymbol{x}_2 - \boldsymbol{x}_1)\right) \mathrm{d}\boldsymbol{x}'}{\int I_0(\boldsymbol{x}') \mathrm{d}\boldsymbol{x}'} \tag{6-46}$$

注意式(6-46)中的相位因子 $\exp(\mathrm{j}\psi)$ 并不影响复相干因子的模 $|\mu_{\Delta z}(\boldsymbol{x}_1, \boldsymbol{x}_2)|$，也就是说不影响 $\boldsymbol{x}_1$ 和 $\boldsymbol{x}_2$ 两点在杨氏干涉实验中产生的干涉条纹的对比度，因此 $|\mu_{\Delta z}(\boldsymbol{x}_1, \boldsymbol{x}_2)|$ 只和衍射平面上选定 $\boldsymbol{x}_1$ 和 $\boldsymbol{x}_2$ 两点间的坐标差 $\boldsymbol{x}_2 - \boldsymbol{x}_1$ 有关。

虽然范西泰特-泽尼克定理将准单色非相干光源照明产生的光场的互强度与光源光强分布的傅里叶变换相关联，但其所要求的远场近似(夫琅禾费近似)在实际应用中往往较难满足。当研究部分相干光成像下照明的光学系统的性质时，往往需要考虑更多的是具有透镜(聚光镜)的照明系统，如显微成像系统中最常用的科勒照明结构。这时候光源(聚光镜孔径光阑)放置于透镜的前焦面上成像于无穷远处，从而提供了高度均匀的照明场。不难证明，在这样的光路结构中透镜前后焦面上互强度的关系为

$$J_f(\boldsymbol{x}_1, \boldsymbol{x}_2) = \frac{1}{\lambda^2 f^2} \iint J_0(\boldsymbol{x}_1', \boldsymbol{x}_2') \exp\left\{\frac{2\pi}{\lambda f}[\boldsymbol{x}_2' \cdot (\boldsymbol{x}_2 - \boldsymbol{x}_1) - \boldsymbol{x}_1' \cdot (\boldsymbol{x}_2 - \boldsymbol{x}_1)]\right\} \mathrm{d}\boldsymbol{x}_1' \mathrm{d}\boldsymbol{x}_2'$$

$$\tag{6-47}$$

上式表明，薄凸透镜前后焦面上互强度之间构成一个四维傅里叶变换对，即 $J_f(\boldsymbol{x}_1, \boldsymbol{x}_2) = \hat{J}_0(\boldsymbol{u}_1, \boldsymbol{u}_2)\big|_{\boldsymbol{u}_{1,2}=\pm\frac{\boldsymbol{x}_{1,2}}{\lambda f}} = \mathscr{F}\left\{J_0(\boldsymbol{x}_1, \boldsymbol{x}_2)\big|_{\boldsymbol{u}_{1,2}=\pm\frac{\boldsymbol{x}_{1,2}}{\lambda f}}\right\}$。这种关系类似于完全相干

光学成像下透镜前后焦面上的复振幅光场之间的二维傅里叶变换关系(对于相干场而言，频域坐标的对应关系也为 $\boldsymbol{u} = \dfrac{\boldsymbol{x}}{\lambda f}$)。我们再进一步考虑准单色非相干光源照明的情形，将式(6-42)代入式(6-47)可以推导得到

$$J_f(\boldsymbol{x}_1, \boldsymbol{x}_2) = J_f(\boldsymbol{x}_1 - \boldsymbol{x}_2) = \frac{1}{\bar{\lambda}^2 z^2} \int I_0(\boldsymbol{x}') \exp\left(-\frac{2\pi}{\bar{\lambda} f}\boldsymbol{x}'\cdot(\boldsymbol{x}_2 - \boldsymbol{x}_1)\right) \mathrm{d}\boldsymbol{x}'$$

(6-48)

不考虑常系数，衍射平面上的互强度就是光源光强分布的傅里叶变换(比较式(6-46)中，相位因子 $\exp(\mathrm{j}\psi)$ 完全消失)，其只和衍射平面上选定的 $\boldsymbol{x}_1$ 和 $\boldsymbol{x}_2$ 两点间的坐标差 $\boldsymbol{x}_2 - \boldsymbol{x}_1$ 有关。

6.1.6　相干模式分解

虽然互相干或交叉谱密度函数可以很好地对部分相干光场进行表征并描述其传输特性，但它们都是四维函数，导致相关的分析、计算以及对它们的完整重构都变得十分复杂。相干模式分解[8, 13-15]为解决这些问题提供了一种有效的工具，其基本思想是将部分相干光场表示为若干自身完全相干却互相非相干的光场组分的叠加：

$$W_\omega(\boldsymbol{x}_1, \boldsymbol{x}_2) = \sum_n \lambda_n(\omega)\psi_n(\boldsymbol{x}_1, \omega)\psi_n^*(\boldsymbol{x}_2, \omega)$$

(6-49)

其中，$\psi_n(\boldsymbol{x}, \omega)$ 为一复振幅，其被称为相干模式，并且不同的相干模式之间是互不相干的；λ_n 为一个非负实数，代表对应模式的权重。一个相干模式 $\psi_n(\boldsymbol{x}, \omega)$ 可以看作一个频率为 ω 的单色定态光波场，它有确定的振幅与相位，且传播特性完全满足亥姆霍兹方程。当 $\boldsymbol{x}_1 = \boldsymbol{x}_2$，式(6-49)即表示部分相干光场的功率谱密度，即为不同相干模式下功率谱密度的非相干叠加：

$$S_\omega(\boldsymbol{x}) = \sum_n \lambda_n(\omega)\psi_n(\boldsymbol{x}, \omega)\psi_n^*(\boldsymbol{x}, \omega) = \sum_n \lambda_n(\omega)S_{\omega n}(\boldsymbol{x})$$

(6-50)

所以 λ_n 实际上表示对应相干模式在总 ω 光强中所占的比例。数学上，相干模式分解式(6-49)可以被理解为对交叉谱密度矩阵 $W_\omega(\boldsymbol{x}_1, \boldsymbol{x}_2)$ 进行正交分解的过程，其中 λ_n 为特征值，$\psi_n(\boldsymbol{x}, \omega)$ 为对应的特征向量，它们之间还满足如下的关系：

$$\int W_\omega(\boldsymbol{x}_1, \boldsymbol{x}_2)\psi_n(\boldsymbol{x}_2, \omega)\mathrm{d}\boldsymbol{x}_2 = \lambda_n\psi_n(\boldsymbol{x}_1, \omega)$$

(6-51)

由于 $W_\omega(\boldsymbol{x}_1, \boldsymbol{x}_2)$ 为厄米矩阵，因此其特征向量是完备且正交的：

$$\sum_n \psi_n(\boldsymbol{x}_1)\psi_n^*(\boldsymbol{x}_2) = \delta(\boldsymbol{x}_1 - \boldsymbol{x}_2)$$

(6-52)

$$\int \psi_n(\boldsymbol{x}_1)\psi_m^*(\boldsymbol{x}_2)\mathrm{d}\boldsymbol{x}_2 = \delta_{nm} \tag{6-53}$$

其中，δ_{nm} 为 Kronecker δ 函数，特征值是非负实数，因此 $W_\omega(\boldsymbol{x}_1,\boldsymbol{x}_2)$ 是个半正定矩阵。采用类似的思想，也可以对单色部分相干光场所对应的关联场采用相干模式进行表征：

$$V(\boldsymbol{x},\omega) = \sum_n a_n(\omega)\psi_n(\boldsymbol{x},\omega) \tag{6-54}$$

其中，$V(\boldsymbol{x},\omega)$ 代表光场单色频率成分实现组成系综的一个典型成员；a_n 是个随机系数，定义如下：

$$\langle a_n^*(\omega)a_m(\omega)\rangle = \lambda_n(\omega)\delta_{nm} \tag{6-55}$$

此时，交叉谱密度可以被表示为 $V(\boldsymbol{x},\omega)$ 的关联函数[8]：

$$W_\omega(\boldsymbol{x}_1,\boldsymbol{x}_2) = \langle V(\boldsymbol{x}_1,\omega)V^*(\boldsymbol{x}_2,\omega)\rangle \tag{6-56}$$

可以看出，一个部分相干光场可以被表示为其各个单色频率成分实现的一种集合平均，而 $V(\boldsymbol{x},\omega)$ 代表光场单色频率系综中的一个典型成员。对于一个给定的关联场的实现 $V(\boldsymbol{x},\omega)$，它可以看作由独立相干模式 $\psi_n(\boldsymbol{x},\omega)$ 相干叠加组成的(式(6-54))，因此 $V(\boldsymbol{x},\omega)$ 也可以看作一个频率为 ω 的单色定态光波场，且传播特性完全满足亥姆霍兹方程。不难理解，当光场仅包含一个模式时，$W_\omega(\boldsymbol{x}_1,\boldsymbol{x}_2)$ 可以写成如下的形式：

$$W_\omega(\boldsymbol{x}_1,\boldsymbol{x}_2) = \lambda(\omega)\psi(\boldsymbol{x}_1,\omega)\psi^*(\boldsymbol{x}_2,\omega) = V(\boldsymbol{x}_1,\omega)V^*(\boldsymbol{x}_2,\omega) \tag{6-57}$$

此时光场是空频域下完全相干的。

相干模式分解有效地将四维互相干或交叉谱密度函数进行降维，因而十分适合对部分相干光场的传播过程进行简化。在 6.1.3 节我们知道部分相干光场的传播过程可以基于惠更斯-菲涅耳与基尔霍夫的标量衍射计算原理被表示为式(6-32)的四重积分。但可以想象，该四重积分的运算量是十分庞大的。对输入平面上的交叉谱密度进行相干模式分解，式(6-32)可以被写成

$$W_{\omega z}(\boldsymbol{x}_1,\boldsymbol{x}_2) = \sum_n \lambda_n(\omega)\int \psi_n(\boldsymbol{x}_1',\omega)h_z(\boldsymbol{x}_1',\boldsymbol{x}_1)\mathrm{d}\boldsymbol{x}_1'\left[\int \psi_n(\boldsymbol{x}_2',\omega)h_z(\boldsymbol{x}_2',\boldsymbol{x}_2)\mathrm{d}\boldsymbol{x}_2'\right]^* \tag{6-58}$$

从而有效地将四重积分运算简化到二维积分的累加。这种相干模式分解的方法在光场的相干性较高时(模式数一般较少且较为集中)往往是十分高效的。

相干模式分解为理解部分相干光场背后的物理机理提供了一种简单而直观的手段，但值得注意的是，部分相干光场的相干模式是由其交叉谱密度函数衍生而出的。可借助于图 6-7 理解部分相干场的各种模型的物理意义。当交叉谱密度函数未知的情况下，想要获得所感兴趣光场的相干模式往往十分困难，因此为了更

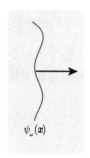

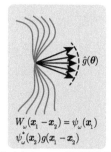

$\psi_\omega(\boldsymbol{x})$

$W_\omega(\boldsymbol{x}_1 - \boldsymbol{x}_2) = \psi_\omega(\boldsymbol{x}_1)$
$\psi_\omega^*(\boldsymbol{x}_2)g(\boldsymbol{x}_1 - \boldsymbol{x}_2)$

(a) 相干光场   (b) 由广义Schell模型描述的部
分相干光场，其中 $\hat{g}(\boldsymbol{\theta})$ 是源分
布（方向因子）的傅里叶变换

图 6-7 理解部分相干场的各种模型的物理意义

方便地应用相干模式分解的思想，研究者们在实际应用时往往并不一定局限于从待测场特性本身去提取相干模式，而直接采用预先定义好的非正交的完备基函数去对光场进行表征，再单独进行分析或者计算并最终将各个模式的贡献叠加。如当研究激光器输出的多模光束时，认为它们可由厄米-高斯模[16]或拉盖尔-高斯模[17]叠加而成。厄米-高斯模是直角坐标系下傍轴波动方程的一组正交完备集，拉盖尔-高斯模是柱面坐标系下的傍轴波动方程一组正交的完备集。这两种模式的传输都可以通过惠更斯-菲涅耳积分的方法来求解，在此基础上对部分相干光场的传输特性进行研究将会更为简便。

6.1.7 特殊照明的交叉谱密度形式

6.1.5 节的范西泰特-泽尼克定理表明在傍轴近似下，非相干的扩展光源在衍射平面所产生的交叉谱密度遵循式(6-44)。更一般地，我们可以将衍射平面的交叉谱密度写成如下的形式：

$$W_\omega(\boldsymbol{x}_1, \boldsymbol{x}_2) = \psi_\omega(\boldsymbol{x}_1)\psi_\omega^*(\boldsymbol{x}_2)g(\boldsymbol{x}_1 - \boldsymbol{x}_2) \tag{6-59}$$

式(6-59)和式(6-49)所表示的相干模式分解相比思想上有些类似，我们称式(6-59)中的 $\psi_\omega(\boldsymbol{x})$ 为相干成分波(coherent component wave)。对照式(6-44)可以发现 $\psi_\omega(\boldsymbol{x})$ 的形式为

$$\psi_\omega(\boldsymbol{x}) = -\frac{\mathrm{j}}{\lambda\Delta z}\exp\left(\mathrm{j}\frac{\pi}{\lambda\Delta z}\mid\boldsymbol{x}\mid^2\right) \tag{6-60}$$

其可以看作光源面上位于光轴上的点光源在衍射平面点 $\boldsymbol{x}$ 上形成的球面波。不同于相干模式分解中模式的权重仅能取常数，式(6-59)中的"权重" $g(\boldsymbol{x}_1 - \boldsymbol{x}_2)$ 是坐标差 $\boldsymbol{x}_1 - \boldsymbol{x}_2$ 的函数，我们称其为方向因子。对照式(6-44)可以发现方向因子 $g(\boldsymbol{x})$ 的形式为

$$g(\boldsymbol{x}) = \int I_0(\boldsymbol{x}')\exp\left(-\frac{2\pi}{\lambda\Delta z}\boldsymbol{x}'\cdot\boldsymbol{x}\right)\mathrm{d}\boldsymbol{x}' \tag{6-61}$$

该式其实就是光源光强分布的傅里叶变换，因此方向因子与光谱复相干因子是紧

密相关的。一般而言 $g(\boldsymbol{x})$ 的最大值取在 $\boldsymbol{x}=0$，且其随两点间距离衰减的快慢决定了光场的空间相干性的好坏。

在式(6-61)中，光源面的 $\boldsymbol{x}'$ 代表角谱中的某个组分产生的倾斜平面波组分。虽然式(6-59)中的相干成分波是固定的，但其与 $\psi_\omega(\boldsymbol{x})$ 相乘作用后，方向被 $\boldsymbol{x}'$ 调制就形成了另一个角度的成分波。按照这个思路，我们可以对式(6-44)的范西泰特-泽尼克定理进行重新解读：非相干光源面上的各点形成的不同倾角的球面成分波，最终乘上 $I_0(\boldsymbol{x}')$ 的权重系数后非相干叠加形成光场的交叉谱密度。当一个部分相干光场的交叉谱密度可以写成式(6-59)的形式时，我们称其满足广义谢尔(generalized Schell)模型[18-20]。

我们再假设光源与衍射平面之间的距离大到足够满足夫琅禾费条件时，$\psi_\omega(\boldsymbol{x})$ 可以被简化为平面波，此时广义谢尔模型退化为谢尔模型[18]：

$$W_\omega(\boldsymbol{x}_1,\boldsymbol{x}_2)=\sqrt{S_\omega(\boldsymbol{x}_1)S_\omega(\boldsymbol{x}_2)}g(\boldsymbol{x}_1-\boldsymbol{x}_2) \tag{6-62}$$

结合定义式(6-20)可以发现，在谢尔模型中，方向因子 $g(\boldsymbol{x}_1-\boldsymbol{x}_2)$ 就是光场的光谱复相干因子 $\mu_\omega(\boldsymbol{x}_1,\boldsymbol{x}_2)$，其仅仅与所考察两点的坐标差有关，且有 $g(\boldsymbol{x})=g^*(-\boldsymbol{x})$ 和 $g(\boldsymbol{0})=1$。

在激光技术领域，比谢尔模型更为人熟知的是高斯-谢尔模型(GSM)[8, 15]，其能够很好地描述大多数激光器发出的部分相干多模激光。高斯-谢尔模型是式(6-62)的一个特例，其中 $S_\omega(\boldsymbol{x})$ 与 $g_\omega(\boldsymbol{x})$ 均具有高斯函数的形式：

$$S_\omega(\boldsymbol{x})=S_{\omega0}\exp\left(-\frac{|\boldsymbol{x}|^2}{2\sigma_S^2}\right) \tag{6-63}$$

$$g_\omega(\boldsymbol{x})=\exp\left(-\frac{|\boldsymbol{x}|^2}{2\sigma_g^2}\right) \tag{6-64}$$

其中，σ_S 与 σ_g 分别为 GSM 光束的束腰宽度和空间相关长度。当 $\sigma_S\ll\sigma_g$ 时，光源平面上是空间相干的；$\sigma_S\gg\sigma_g$ 时，光源大体是空间非相干的，二者比值 $q=\sigma_g/\sigma_S$ 与衡量激光光束的 M^2 因子具有如下的关联[21]：

$$M^2=\sqrt{1+\frac{2}{q^2}} \tag{6-65}$$

当部分相干光场的强度较为均匀时，且光源的空间相干性并不那么强($|g(\boldsymbol{x})|$ 随着两点间距离的增加而衰减较快)，那么 $S_\omega(\boldsymbol{x})$ 相比较 $g(\boldsymbol{x})$ 而言就是一个缓变函数，可以满足如下的近似：

$$\sqrt{S_\omega(\boldsymbol{x}_1)S_\omega(\boldsymbol{x}_2)}\approx S_\omega\left(\frac{\boldsymbol{x}_1+\boldsymbol{x}_2}{2}\right) \tag{6-66}$$

在式(6-62)的谢尔模型基础上加上式(6-66)的限定范围，就得到了准均匀(quasi-homogeneous)模型。在早期的文献中，满足准均匀模型的光源还有个更直观的名称，叫做"缓变均匀"光源：

$$W_\omega(\boldsymbol{x}_1, \boldsymbol{x}_2) = S_\omega\left(\frac{\boldsymbol{x}_1 + \boldsymbol{x}_2}{2}\right) g(\boldsymbol{x}_1 - \boldsymbol{x}_2) \tag{6-67}$$

更进一步地，在 6.1.5 节我们还考虑了当光源(聚光镜孔径光阑)放置于透镜的前焦面上成像于无穷远处的情况，产生的交叉谱密度遵循式(6-48)。如果不考虑透镜的有限孔径效应，此时照明光场的强度是完全均匀的。对照式(6-44)可以发现 $\psi_\omega(\boldsymbol{x})$ 可以被简化为均匀光强的平面波。此时我们称光场满足统计平稳模型(statistically stationary model)：

$$W_\omega(\boldsymbol{x}_1, \boldsymbol{x}_2) = S_{\omega 0} g(\boldsymbol{x}_1 - \boldsymbol{x}_2) \tag{6-68}$$

当部分相干光场满足统计平稳模型时，其可以看作不同倾角的平面成分波以光源光强作为权重系数后非相干叠加形成的结果。该模型能够很好地描述大部分具有科勒照明结构的显微镜所产生的高度均匀的照明光场。

6.2　部分相干光场的相空间表征

除了上节中所介绍的空间关联函数外，另一种非常经典的部分相干光场的表征方法称为"相空间光学"。宽泛来说，"相空间"是数学与物理学的概念，它用来表示一个系统所有可能状态的空间，该系统每一个可能的状态都一一对应相空间的点。我们知道，傅里叶变换被广泛应用于对稳态信号的研究中，但对于非平稳信号(如部分相干统计光场)，必须借助于时/空频联合分析的手段，同时描述该光场的空间信息和空间频率信息。1932 年，维格纳(Wigner)[22]首次针对热力学体系的量子修正提出维格纳分布函数(Wigner's distribution function，WDF)，其实质是相空间中的准概率分布函数。随后，维格纳分布函数便成了相空间中最具代表性的典型物理量。20 世纪 60 年代以后，维格纳分布被 Dolin[23]与 Walther[24, 25]引入光学领域。它能同时表示出信号的空间位置和频率特征，很好地满足了人们对于空域、频域信息结合的需要，为光学研究提供了新的思路。随后 Bastiaans[26-28]详细分析并总结了维格纳分布函数在描述部分相干光时的独特优势。在另一方面，1953 年 Woodward[29]在研究雷达系统时提出模糊函数(ambiguity function，AF)的概念，20 年后 Papoulis[30]将这一概念引入光学系统的研究。类似于维格纳分布函数，模糊函数也具有同时表征光信号空域和频域信息的优良特性，实际上它与维格纳分布函数互为一对傅里叶变换对。使用维格纳分布函数和模糊函数研究光信号时不需严格在频谱面，可根据需要在空域和频域之间的特定平面进行，因此它也是一种联系空域和频域的研究方法。这种空频联合描述光场的方法与物理学中相空间的概念类似，因此被称为相空间光学[31]。不同于常见的空间域或频率域，相空间是一个人为构造的多维空间，在这个多维空间中，光信号的空间位置和角谱能够同时表征出来。因此，我们可以在相空间光学中同时表现信号的空间特征和频率特征。维格纳分布函数和模糊函数就是相空间光学中同时描述这两个空间信息的典型数学方法。

6.2.1　维格纳分布函数与模糊函数

在经典部分相干理论中，时空域中的互相干函数或空频域的交叉谱密度函数是描述部分相干光最常用的工具。然而它们的双线性的本质导致计算较为复杂，并且通常难以对公式背后所蕴含的物理意义做出直观解释。通过维格纳分布函数对部分相干光场进行表征能够有效克服上述缺点，简化对成像过程、系统以及相关机理的描述。对于部分相干光场 $U(\boldsymbol{x},t)$，维格纳分布函数被定义为其交叉谱密度函数在差分变换坐标系下的傅里叶变换：

$$W_{\omega}(\boldsymbol{x},\boldsymbol{u}) = \int W_{\omega}\left(\boldsymbol{x}+\frac{\boldsymbol{x}'}{2},\boldsymbol{x}-\frac{\boldsymbol{x}'}{2}\right)\exp(-\mathrm{j}2\pi\boldsymbol{u}\boldsymbol{x}')\mathrm{d}\boldsymbol{x}' \tag{6-69}$$

其中，$\boldsymbol{u}$ 是对应于 $\boldsymbol{x}$ 在空间频率域的坐标。为方便起见将维格纳分布函数同样用字母 $W_{\omega}(\boldsymbol{x},\boldsymbol{u})$ 表示，但这里有两点需要注意：一方面，与交叉谱密度函数 $W_{\omega}(\boldsymbol{x}_1,\boldsymbol{x}_2)$ 类似，维格纳分布函数 $W_{\omega}(\boldsymbol{x},\boldsymbol{u})$ 等价地描述了一个多色部分相干光场中针对 ω 的单频成分的空间相干性；另一方面，维格纳分布函数 $W_{\omega}(\boldsymbol{x},\boldsymbol{u})$ 定义在相空间中，即拥有空间域与空间频率域的联合坐标 $(\boldsymbol{x},\boldsymbol{u})$，并对此交叉谱密度函数 $W_{\omega}(\boldsymbol{x}_1,\boldsymbol{x}_2)$（两个二维空间坐标）进行区分。维格纳分布函数中关于 $(\boldsymbol{x},\boldsymbol{x}')$ 的中心差分坐标系与原坐标系 $(\boldsymbol{x}_1,\boldsymbol{x}_2)$ 的关系为

$$\begin{cases}\boldsymbol{x}=\dfrac{\boldsymbol{x}_1+\boldsymbol{x}_2}{2}\\[2mm]\boldsymbol{x}'=\boldsymbol{x}_1-\boldsymbol{x}_2\end{cases}\quad\text{或等价地}\quad\begin{cases}\boldsymbol{x}_1=\boldsymbol{x}+\dfrac{\boldsymbol{x}'}{2}\\[2mm]\boldsymbol{x}_2=\boldsymbol{x}-\dfrac{\boldsymbol{x}'}{2}\end{cases} \tag{6-70}$$

注意到该变换是个酉变换，根据雅可比(Jacobian)矩阵的定义，雅可比矩阵的行列式为 1。且维格纳分布函数 $W_{\omega}(\boldsymbol{x},\boldsymbol{u})$ 的空间坐标实际上定位于交叉谱密度函数 $W_{\omega}(\boldsymbol{x}_1,\boldsymbol{x}_2)$ 两点的中间位置，而空间两点间隔与空间频率形成对应的傅里叶变换坐标。等价地，我们还可以将维格纳分布函数定义为方向交叉谱密度函数(式(6-19))在差分变换坐标系下的傅里叶变换：

$$W_\omega(\boldsymbol{x},\boldsymbol{u}) = \int \hat{W}_\omega\left(\boldsymbol{u}+\frac{\boldsymbol{u}'}{2},\boldsymbol{u}-\frac{\boldsymbol{u}'}{2}\right)\exp(-\mathrm{j}2\pi\boldsymbol{x}\boldsymbol{u}')\mathrm{d}\boldsymbol{u}' \tag{6-71}$$

不同于交叉谱密度函数(空间域)与方向交叉谱密度函数(空间频率域),维格纳分布函数同时描述了光场信号的空间域与空间频率域信息,因此可以看作一种局域频谱(local frequency spectrum),即描述某个局部空间坐标 $\boldsymbol{x}$ 处的空间频率 $\boldsymbol{u}$。

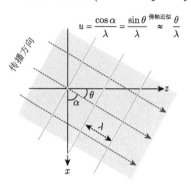

图 6-8　傍轴近似下空间频率与倾斜方向的关系示意图

维格纳分布函数物理意义严格来说可以被理解为关于光子的位置和动量的概率密度分布。在第 2.2.2 节,我们知道单色相干光波场的标量复振幅函数在某一个平面上的空间频率坐标实际上对应不同角度传播的平面波分量(角谱),所以我们可以将维格纳分布函数 $W_\omega(\boldsymbol{x},\boldsymbol{u})$ 中的 $\boldsymbol{u}$ 直观(近似)地理解为某点 $\boldsymbol{x}$ 处的光线分布的角度。考虑如图 6-8 所示的一维简化情形,维格纳分布函数中的空间频率 u 与光线传播方向和光轴之间的夹角 θ 在傍轴近似下具有如下关系:

$$u = \frac{\cos\alpha}{\lambda} = \frac{\sin\theta}{\lambda} \overset{\text{傍轴近似}}{\approx} \frac{\theta}{\lambda} \tag{6-72}$$

在几何光学中,通过某点处的一束光线可以被该点的空间坐标以及光线传播的角度/方向这两个元素所唯一确定,因此维格纳分布函数又可以被理解为一种更加严格的光线模型,被定义为"广义辐亮度(generalized radiance)"[24, 25]。不同于传统辐亮度,广义辐亮度可以取负值[32],因此它不仅考虑了光线的直线传播,还能够精确描述光波的波动光学效应,如干涉与衍射现象。关于维格纳分布函数物理意义的更多讨论请参见 6.2.6 节。

由于当给定频率 ω 时,维格纳分布函数 $W_\omega(\boldsymbol{x},\boldsymbol{u})$ 仅能够描述单频光场的空间相干性,因此以下为了简要起见,在不引起歧义的情况下我们将下标 ω 省略,即仅考虑(准)单色光场的情形,并忽略光场的时间相干性。当需要考虑多色光场时,可将其建模为不同波长光波的组合,然后就可以利用本节的结论针对单个波长的维格纳分布函数 $W_\omega(\boldsymbol{x},\boldsymbol{u})$ 进行独立分析,最后将它们的贡献叠加在一起即可。首先我们考虑当光场为单色定态完全相干光时,其交叉谱密度可以表示为 $W(\boldsymbol{x}_1,\boldsymbol{x}_2) = U(\boldsymbol{x}_1)U^*(\boldsymbol{x}_2)$,则其维格纳分布函数可以表示为[33]

$$W(\boldsymbol{x},\boldsymbol{u}) = \int U\left(\boldsymbol{x}+\frac{\boldsymbol{x}'}{2}\right)U^*\left(\boldsymbol{x}-\frac{\boldsymbol{x}'}{2}\right)\exp(-\mathrm{j}2\pi\boldsymbol{u}\boldsymbol{x}')\mathrm{d}\boldsymbol{x}' \tag{6-73}$$

类似地，同维格纳分布相对应地我们可以定义如下的模糊函数(ambiguity function)：

$$A(\boldsymbol{u}',\boldsymbol{x}') = \int W\left(\boldsymbol{x}+\frac{\boldsymbol{x}'}{2},\boldsymbol{x}-\frac{\boldsymbol{x}'}{2}\right)\exp(-j2\pi\boldsymbol{u}'\boldsymbol{x}')\mathrm{d}\boldsymbol{x} \tag{6-74}$$

不难证明模糊函数与维格纳分布函数之间存在如下的傅里叶变换关系：

$$\begin{aligned}A(\boldsymbol{u}',\boldsymbol{x}') &= \iint W(\boldsymbol{x},\boldsymbol{u})\exp[-j2\pi(\boldsymbol{u}'\boldsymbol{x}-\boldsymbol{u}\boldsymbol{x}')]\mathrm{d}\boldsymbol{x}\mathrm{d}\boldsymbol{u}\\ &= \mathscr{F}\{W(\boldsymbol{x},\boldsymbol{u})\}(\boldsymbol{u}',\boldsymbol{x}')\end{aligned} \tag{6-75}$$

可见，当对维格纳分布函数进行四维傅里叶变换以后，便可以将其转换为模糊函数。所以二者作为相空间光学的两种表述方式，在本质上是等价的。下文将集中讨论维格纳分布函数的相关性质。

6.2.2 维格纳分布函数的性质

如表 6-2 所示，维格纳分布函数具有实性空间边缘(spatial marginal)性质、频率边缘(spatial frequency marginal)性质、卷积(convolution)性质和瞬时频率(instantaneous frequency)等重要性质，这是它得到广泛应用的主要原因。

表 6-2　维格纳分布函数的性质

性质	表征	解释
实性	$W(\boldsymbol{x},\boldsymbol{u})\in\mathbb{R}$	W 总是一个实函数
空间边缘性质	$I(\boldsymbol{x})=\int W(\boldsymbol{x},\boldsymbol{u})\mathrm{d}\boldsymbol{u}$	$I(\boldsymbol{x})$ 为光强
频率边缘性质	$S(\boldsymbol{u})=\int W(\boldsymbol{x},\boldsymbol{u})\mathrm{d}\boldsymbol{x}$	$S(\boldsymbol{u})$ 为功率谱
卷积性质	$U(\boldsymbol{x})=U_1(\boldsymbol{x})U_2(\boldsymbol{x})\ \ W(\boldsymbol{x},\boldsymbol{u})=W_1(\boldsymbol{x},\boldsymbol{u})\underset{\boldsymbol{u}}{\otimes}W_2(\boldsymbol{x},\boldsymbol{u})$ $U(\boldsymbol{x})=U_1(\boldsymbol{x})\underset{\boldsymbol{x}}{\otimes}U_2(\boldsymbol{x})\ \ W(\boldsymbol{x},\boldsymbol{u})=W_1(\boldsymbol{x},\boldsymbol{u})\underset{\boldsymbol{x}}{\otimes}W_2(\boldsymbol{x},\boldsymbol{u})$	$\otimes$ 是对 $\boldsymbol{u}$ 的卷积 $\otimes$ 是对 $\boldsymbol{x}$ 的卷积
瞬时频率	$\dfrac{\int \boldsymbol{u}W(\boldsymbol{x},\boldsymbol{u})\mathrm{d}\boldsymbol{u}}{\int W(\boldsymbol{x},\boldsymbol{u})\mathrm{d}\boldsymbol{u}}=\dfrac{1}{2\pi}\nabla\phi(\boldsymbol{x})$	$\phi(\boldsymbol{x})$ 是相位部分 $\nabla\phi(\boldsymbol{x})$ 是瞬时频率

1) 实性

不论 $U(\boldsymbol{x})$ 的性质如何，其 $W(\boldsymbol{x},\boldsymbol{u})$ 都是 $\boldsymbol{x}$ 和 $\boldsymbol{u}$ 的实函数，即

$$W(\boldsymbol{x},\boldsymbol{u})\in\mathbb{R} \qquad \forall\boldsymbol{x},\forall\boldsymbol{u} \tag{6-76}$$

该性质可由交叉谱密度函数的半正定以及厄米对称性推导得出。但注意 $W(\boldsymbol{x},\boldsymbol{u})$

并不具有非负性，即可能取到负值，因此严格意义上维格纳分布函数不能直接被等价于能量密度函数(辐亮度)。

2)空间边缘性质

$$\int W_\omega(\boldsymbol{x}, \boldsymbol{u})\mathrm{d}\boldsymbol{u} = W_\omega(\boldsymbol{x}, \boldsymbol{x}) = S_\omega(\boldsymbol{x}) \tag{6-77}$$

该式表明信号的维格纳分布函数沿频率轴的积分等于该信号在 $\boldsymbol{x}$ 位置的对应光波频率 ω 的功率谱密度。当研究信号为(准)单色光场时，维格纳分布函数的空间边缘即光波的光强。更严格地来说，对于多色光波场，光强还需要再将功率谱密度对波长求积分：

$$\iint W_\omega(\boldsymbol{x}, \boldsymbol{u})\mathrm{d}\boldsymbol{u}\mathrm{d}\omega = \int S_\omega(\boldsymbol{x})\mathrm{d}\omega = I(\boldsymbol{x}) \tag{6-78}$$

3)频率边缘性质

$$\int W_\omega(\boldsymbol{x}, \boldsymbol{u})\mathrm{d}\boldsymbol{x} = G_\omega(\boldsymbol{u}) \tag{6-79}$$

其中，$G_\omega(\boldsymbol{u})$ 代表谱密度函数的二维傅里叶变换，称为方向性功率谱(directional power spectrum)。当研究信号为单色相干光场时，$G_\omega(\boldsymbol{u})$ 为其空间频率域的功率谱，即傅里叶变换模的平方 $|U_\omega(\boldsymbol{u})|^2$。

4)卷积性质

当信号 $U(\boldsymbol{x}) = U_1(\boldsymbol{x})U_2(\boldsymbol{x})$，则

$$W(\boldsymbol{x}, \boldsymbol{u}) = W_1(\boldsymbol{x}, \boldsymbol{u}) \underset{\boldsymbol{u}}{\otimes} W_2(\boldsymbol{x}, \boldsymbol{u}) \tag{6-80}$$

其中，$\underset{\boldsymbol{u}}{\otimes}$ 代表关于参量 $\boldsymbol{u}$ 的卷积；$W_1(\boldsymbol{x}, \boldsymbol{u})$ 与 $W_2(\boldsymbol{x}, \boldsymbol{u})$ 分别为 $U_1(\boldsymbol{x})$ 与 $U_2(\boldsymbol{x})$ 的维格纳分布函数。

当信号 $U(\boldsymbol{x}) = U_1(\boldsymbol{x}) \underset{\boldsymbol{x}}{\otimes} U_2(\boldsymbol{x})$，则

$$W(\boldsymbol{x}, \boldsymbol{u}) = W_1(\boldsymbol{x}, \boldsymbol{u}) \underset{\boldsymbol{x}}{\otimes} W_2(\boldsymbol{x}, \boldsymbol{u}) \tag{6-81}$$

其中，$\underset{\boldsymbol{x}}{\otimes}$ 代表关于参量 $\boldsymbol{x}$ 的卷积。

5)瞬时频率

对于单色相干光场 $U(\boldsymbol{x}) = a(\boldsymbol{x})\mathrm{e}^{\mathrm{j}\phi(\boldsymbol{x})}$，其维格纳分布函数为 $W(\boldsymbol{x}, \boldsymbol{u})$，则 $U(\boldsymbol{x})$ 的瞬时频率[34] $\nabla\phi(\boldsymbol{x})$ (注：这里沿用一维信号瞬时频率这一概念)和维格纳分布函数之间有如下关系：

$$\frac{\int \boldsymbol{u} W(\boldsymbol{x}, \boldsymbol{u}) \mathrm{d}\boldsymbol{u}}{\int W(\boldsymbol{x}, \boldsymbol{u}) \mathrm{d}\boldsymbol{u}} = \frac{1}{2\pi} \nabla \phi(\boldsymbol{x}) \tag{6-82}$$

关于式(6-82)的证明，请参阅文献[31]。

6.2.3　维格纳分布函数的光学变换

维格纳分布函数具有空间、频率双重表述的功能，其概念上非常接近于几何光学中的光线。虽然严格意义上其不能直接被等价于能量密度函数(由于并不满足非负性)，但其空间传播与光学变换性质却无一例外地遵循光线模型，这使维格纳分布成为一座连接几何光学(光度学)与物理光学的桥梁，为分析成像系统提供了一种非常简单而实用的分析工具。下面讨论利用维格纳分布函数来表示的光学变换(表 6-3)。

表 6-3　维格纳分布函数的常见光学变换

光学变换	表征	解释
菲涅耳衍射	$W_z(\boldsymbol{x}, \boldsymbol{u}) = W_0(\boldsymbol{x} - \lambda z \boldsymbol{u}, \boldsymbol{u})$	λ 是波长，z 是衍射距离
Chirp 调制(透镜)	$W(\boldsymbol{x}, \boldsymbol{u}) = W_0\left(\boldsymbol{x}, \boldsymbol{u} + \dfrac{v}{\lambda f}\right)$	λ 是波长，f 是透镜的焦距
傅里叶变换(夫琅禾费衍射)	$W_{\hat{U}}(\boldsymbol{x}, \boldsymbol{u}) = W_U(-\boldsymbol{u}, \boldsymbol{x})$	$\hat{U}$ 是信号的傅里叶变换
分数阶傅里叶变换	$W_{\hat{U}_\theta}(\boldsymbol{x}, \boldsymbol{u}) = W_U(\boldsymbol{x} \cos\theta - \boldsymbol{u} \sin\theta, \boldsymbol{u} \cos\theta + \boldsymbol{x} \sin\theta)$	$\hat{U}_\theta$ 是分数阶傅里叶变换，θ 是旋转角
光束放大器	$W_M(\boldsymbol{x}, \boldsymbol{u}) = W_0(\boldsymbol{x}, \boldsymbol{u}/M)$	M 是放大系数
一阶光学系统	$\begin{bmatrix} \boldsymbol{x}' \\ \boldsymbol{u}' \end{bmatrix} = \begin{bmatrix} A & B \\ C & D \end{bmatrix} \begin{bmatrix} \boldsymbol{x} \\ \boldsymbol{u} \end{bmatrix}$	A, B, C, D 与一阶光学系统有关

1)菲涅耳衍射

在傍轴近似下，利用相干光场与部分相干光场的菲涅耳衍射公式，可以推导出维格纳分布函数所遵循的传播公式：

$$W_{\Delta z}(\boldsymbol{x}, \boldsymbol{u}) = W_0(\boldsymbol{x} - \lambda z \boldsymbol{u}, \boldsymbol{u}) \tag{6-83}$$

可以看出，处于距离 Δz 处光波的维格纳分布函数仅仅是原始平面维格纳分布函数在 $\boldsymbol{x}$ 轴方向上的一个剪切($\boldsymbol{x}$-shear)，剪切量与传播距离成正比。

2)Chirp 调制(透镜)

当光场经过透镜，或者二次相位掩膜时，输入与输出光场间被加载了一个二次相位因子：$\exp\left(j\dfrac{\pi}{\lambda f}\mid \boldsymbol{x}\mid^2\right)$，其中 f 为透镜的焦距，用于表示相位因子的曲率。那么输出光场的维格纳分布函数可以表示为

$$W_f(\boldsymbol{x},\boldsymbol{u}) = W_0\left(\boldsymbol{x},\boldsymbol{u}+\frac{\boldsymbol{x}}{\lambda f}\right) \tag{6-84}$$

可以看出，透射光波的维格纳分布函数是原始平面维格纳分布函数在 $\boldsymbol{u}$ 轴方向上的一个剪切($\boldsymbol{u}$-shear)，剪切量与透镜的焦距成正比。

3)傅里叶变换(夫琅禾费衍射)

原信号 $U(\boldsymbol{x})$ 的傅里叶变换 $\hat{U}(\boldsymbol{u})$ 所对应的维格纳分布函数可以由原维格纳分布函数交换空间与频率坐标来实现：

$$W_{\hat{U}}(\boldsymbol{x},\boldsymbol{u}) = W_U(-\boldsymbol{u},\boldsymbol{x}) \tag{6-85}$$

4)分数阶傅里叶变换

分数阶傅里叶变换是传统傅里叶变换在分数阶次(或广义的连续阶次)上的推广[35-38]，其一般被定义为一个旋转角度 θ 的函数：

$$\begin{aligned}
f_\theta(\boldsymbol{x}) &= \mathscr{F}_\theta\{f(\boldsymbol{x}_{\text{in}})\} \\
&= \left[\frac{\exp\left(j\dfrac{1}{2}-\theta\right)}{\sqrt{j\sin\theta}}\right]\int f(\boldsymbol{x}_{\text{in}})\exp\left[j\pi\frac{(\mid \boldsymbol{x}_{\text{in}}\mid^2+\mid \boldsymbol{x}\mid^2)\cos\theta-2\boldsymbol{x}_{\text{in}}\cdot\boldsymbol{x}}{\sin\theta}\right]\mathrm{d}\boldsymbol{x}_{\text{in}}
\end{aligned} \tag{6-86}$$

其中，θ 为旋转角且 $\theta \neq n\pi$，变换的分数阶次被定义为 $\theta/(\pi/2)$。特殊地，当 $\theta=0$ 时，$f(\boldsymbol{x})=\mathscr{F}_0\{f(\boldsymbol{x})\}$ 即为原始信号；当 $\theta=\pi$ 时，$f(-\boldsymbol{x})=\mathscr{F}_\pi\{f(\boldsymbol{x})\}$ 即原信号的镜像；当 $\theta=\pi/2$ 时，$\hat{f}(\boldsymbol{u})=\mathscr{F}_{\frac{\pi}{2}}\{f(\boldsymbol{x})\}$ 即原信号的传统(1 阶)傅里叶变换；当 $\theta=-\pi/2$ 时，$f(\boldsymbol{x})=\mathscr{F}_{-\frac{\pi}{2}}\{\hat{f}(\boldsymbol{u})\}$ 即原信号的传统逆(-1 阶)傅里叶变换。在光学上，分数阶傅里叶变换可以采用单透镜或双透镜组合光路来实现(分别称为

Ⅰ型 RQR 或者Ⅱ型光路 QRQ)[36, 37]，如图 6-9 所示。通过改变透镜的焦距或者间距(对于Ⅰ型光路 $R = \tan(\theta / 2)$，$Q = \sin\theta$；对于Ⅱ型光路 $Q = \tan(\theta / 2)$，$R = \sin\theta$)，即可在输入平面与输出平面上获得不同阶次的分数阶傅里叶变换对。

可以证明，原信号 $U(\boldsymbol{x})$ 的分数阶傅里叶变换 $\hat{U}_{\theta}(\boldsymbol{u})$ 所对应的维格纳分布函数可以表示为原维格纳分布函数在相空间的旋转：

$$W_{\hat{U}_{\theta}}(\boldsymbol{x}, \boldsymbol{u}) = W_U(\boldsymbol{x}\cos\theta - \boldsymbol{u}\sin\theta, \boldsymbol{u}\cos\theta + \boldsymbol{x}\sin\theta) \tag{6-87}$$

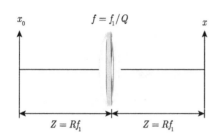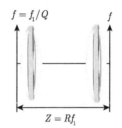

(a) 执行分数阶傅里叶变换的光路结构（类型Ⅰ）   (b) 执行分数阶傅里叶变换的光路结构（类型Ⅱ）

参数 R 和 Q 决定度数 P 和角度 $\phi = P\pi/2$。信号是二维的；透镜是球形的

图 6-9　分数阶傅里叶变换

类似地，如果我们再将 $W_{\hat{U}_{\theta}}(\boldsymbol{x}, \boldsymbol{u})$ 沿着 $\boldsymbol{u}$ 进行投影，即最终得到的光强 $\int W_{\hat{U}_{\theta}}(\boldsymbol{x}, \boldsymbol{u})\mathrm{d}\boldsymbol{u}$ 实际上是原维格纳分布函数 W_U 在角度 θ 的拉东(Radon)变换(详见 6.2.5 节)[39]。$\int W_{\hat{U}_{\theta}}(\boldsymbol{x}, \boldsymbol{u})\mathrm{d}\boldsymbol{u}$ 又被称为维格纳函数的广义边缘(generalized marginal)或广义投影，其可以被证明具有非负性。如果我们改变傅里叶变换的分数阶次(旋转角度 θ)，并采集到对应的光强分布，就可以通过类似断层扫描的原理去重构原光场的维格纳分布函数。这种利用旋转投影重构维格纳分布函数的相干性测量技术又被称为相空间断层扫描(phase-space tomography)[40-43]，相关内容将在 6.2.6 节讨论。

5)光束放大(压缩)器

如果光信号通过一个焦距不对等的 4f 光学系统，则光束的尺寸将会被放大(或者缩小) m 倍(m 为两个透镜的焦距比)，如图 6-10 所示。则输出光场所对应的维格纳分布函数可以由原维格纳分布函数的缩放来表示：

$$W_M(\boldsymbol{x}, \boldsymbol{u}) = W_0(\boldsymbol{x}, \boldsymbol{u} / M) \tag{6-88}$$

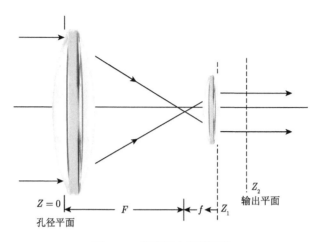

$$Z=0$$　孔径平面　F　f　Z_1　Z_2　输出平面

图 6-10　光束放大(压缩)器

6)一阶光学系统

一阶光学系统是一种最常见的光学系统[44]。在几何光学的范畴内，按照矩阵光学理论，轴对称的傍轴光学系统的光学特性可以由一个 2×2 的 $ABCD$ 传输矩阵所描述，该传输矩阵作用于四维光线矢量，即可推导出著名的几何成像的定律[45]。类似的，在波动光学的范畴内，一阶光学系统对输入光场的变换作用也可以基于 $ABCD$ 传输矩阵，由 Collins 衍射积分变换公式给予描述[46]。类似于矩阵光学中 $ABCD$-矩阵中的作用，原信号 U 经过一阶光学系统后的维格纳分布函数可以表示为

$$W_{U1st}(\boldsymbol{x},\boldsymbol{u}) = W_U(A\boldsymbol{x}+B\boldsymbol{u}, C\boldsymbol{x}+D\boldsymbol{u}) \tag{6-89}$$

即在相空间，输入与输出坐标关系存在如下变换：

$$\begin{bmatrix}\boldsymbol{x}'\\\boldsymbol{u}'\end{bmatrix} = \begin{bmatrix}A & B\\C & D\end{bmatrix}\begin{bmatrix}\boldsymbol{x}\\\boldsymbol{u}\end{bmatrix} \tag{6-90}$$

其中，$ABCD$-矩阵是个正交阵，其行列式为 1。可以看出，上述所介绍的五种基本光学变换均可以看作是一阶光学系统的特例，它们所对应的 $ABCD$-矩阵分别为

$$\begin{bmatrix}1 & -\lambda z\\0 & 1\end{bmatrix}, \quad \begin{bmatrix}1 & 0\\(\lambda f)^{-1} & 1\end{bmatrix}, \quad \begin{bmatrix}0 & -1\\1 & 0\end{bmatrix}, \quad \begin{bmatrix}\cos\theta & -\sin\theta\\\sin\theta & \cos\theta\end{bmatrix}, \quad \begin{bmatrix}M & 0\\0 & 1/M\end{bmatrix} \tag{6-91}$$

它们在相空间所对应的维格纳分布函数的变化作用总结于图 6-11。

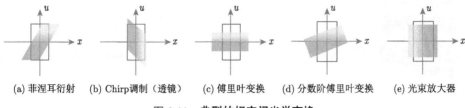

| (a) 菲涅耳衍射 | (b) Chirp调制（透镜） | (c) 傅里叶变换 | (d) 分数阶傅里叶变换 | (e) 光束放大器 |

图 6-11 **典型的相空间光学变换**

6.2.4 常见光学信号的维格纳分布函数表示

下面来讨论常见光学信号的维格纳分布函数表示，表 6-4 总结了常见光信号的空域和相空间表征。对于单色定态(deterministic)光场，其可以被给定复振幅函数完整表示为 $U(\boldsymbol{x}) = a(\boldsymbol{x}) \mathrm{e}^{\mathrm{j}\phi(\boldsymbol{x})}$，我们讨论如下五种特殊信号。

表 6-4 **常见光信号的空域和相空间表征**

光信号	空域表征	相空间表征	解释
点光源	$U(\boldsymbol{x}) = \delta(\boldsymbol{x} - \boldsymbol{x}_0)$	$W(\boldsymbol{x}, \boldsymbol{u}) = \delta(\boldsymbol{x} - \boldsymbol{x}_0)$	垂直 x 轴的直线
平面波	$U(\boldsymbol{x}) = \exp(\mathrm{j}2\pi u_0 \boldsymbol{x})$	$W(\boldsymbol{x}, \boldsymbol{u}) = \delta(\boldsymbol{u} - \boldsymbol{u}_0)$	垂直 u 轴的直线
球面波	$U(\boldsymbol{x}) = \exp(\mathrm{j}2\pi a \boldsymbol{x}^2)$	$W(\boldsymbol{x}, \boldsymbol{u}) = \delta(\boldsymbol{u} - a\boldsymbol{x})$	相空间中过原点的直线
相位缓变波	$U(\boldsymbol{x}) = a(\boldsymbol{x}) \exp(\mathrm{j}\phi)$	$W(\boldsymbol{x}, \boldsymbol{u}) \approx I(\boldsymbol{x})\delta\left(\boldsymbol{u} - \dfrac{1}{2\pi}\nabla\phi\right)$	相空间中的一条曲线
高斯信号	$U(\boldsymbol{x}) = \exp\left\{-\dfrac{\pi}{\sigma^2}(\boldsymbol{x} - \boldsymbol{x}_0)^2\right\}$	$W(\boldsymbol{x}, \boldsymbol{u}) = \exp\left\{-\left(\dfrac{\pi}{\sigma^2}(\boldsymbol{x} - \boldsymbol{x}_0)^2 + \dfrac{\sigma^2}{2\pi}\boldsymbol{u}^2\right)\right\}$	相空间中二维高斯函数
空间非相干光场	$W\left(\boldsymbol{x} + \dfrac{\boldsymbol{x}'}{2}, \boldsymbol{x} - \dfrac{\boldsymbol{x}'}{2}\right) = I(\boldsymbol{x})\delta(\boldsymbol{x}')$	$W(\boldsymbol{x}, \boldsymbol{u}) = cI(\boldsymbol{x})$	c 是只与 x 相关的常量
统计平稳光场	$W\left(\boldsymbol{x} + \dfrac{\boldsymbol{x}'}{2}, \boldsymbol{x} - \dfrac{\boldsymbol{x}'}{2}\right) = I_0 g(\boldsymbol{x}')$	$W(\boldsymbol{x}, \boldsymbol{u}) = c\hat{g}(\boldsymbol{u})$	$\hat{\mu}(\boldsymbol{x}')$ 是 $\mu(\boldsymbol{x}')$ 的傅里叶变换
准均匀光场	$W\left(\boldsymbol{x} + \dfrac{\boldsymbol{x}'}{2}, \boldsymbol{x} - \dfrac{\boldsymbol{x}'}{2}\right) \approx I(\boldsymbol{x})g(\boldsymbol{x}')$	$W(\boldsymbol{x}, \boldsymbol{u}) \approx I(\boldsymbol{x})\hat{g}(\boldsymbol{u})$	I 是与 μ 相比相对缓变的信号

1)点光源

一个位于 $\boldsymbol{x}_0$ 处的单色点光源可以被表示为 $U(\boldsymbol{x}) = \delta(\boldsymbol{x} - \boldsymbol{x}_0)$，其维格纳分布函数为

$$W(\boldsymbol{x}, \boldsymbol{u}) = \delta(\boldsymbol{x} - \boldsymbol{x}_0) \tag{6-92}$$

这是相空间在 $\boldsymbol{x}$ 坐标下的一个切面。对于一维情况(图 6-12(a))，其对应于相空间下垂直于 x 轴、到 u 轴距离为 x_0 的一条直线。

2)平面波

空间频率为 $\boldsymbol{u}_0$ 的平面波可以被表示为 $U(\boldsymbol{x}) = \exp(\mathrm{j}2\pi\boldsymbol{u}_0\boldsymbol{x})$，其维格纳分布函数为

$$W(\boldsymbol{x}, \boldsymbol{u}) = \delta(\boldsymbol{u} - \boldsymbol{u}_0) \tag{6-93}$$

这是相空间在 $\boldsymbol{u}$ 坐标下的一个切面。对于一维情况(图 6-12(b))，其对应于相空间下垂直于 u 轴、到 x 轴距离为 u_0 的一条直线。

3)球面波

傍轴近似下的球面波可以被表示为一个二次相位因子，即 $U(\boldsymbol{x}) = \exp(\mathrm{j}2\pi a\boldsymbol{x}^2)$，其维格纳分布函数为

$$W(\boldsymbol{x}, \boldsymbol{u}) = \delta(\boldsymbol{u} - a\boldsymbol{x}) \tag{6-94}$$

对于一维情况，其对应于相空间过原点的一条直线(图 6-12(c))。

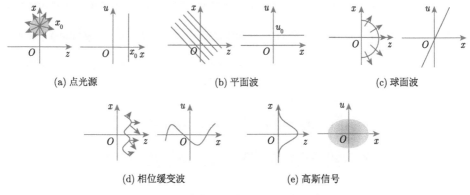

(a) 点光源   (b) 平面波   (c) 球面波

(d) 相位缓变波   (e) 高斯信号

图 6-12 **特殊信号的维格纳分布示意图**

4)相位缓变(slow-varying)波

对于一个均匀振幅，但相位在空域变换缓慢的函数，$U(\boldsymbol{x}) = \exp[\mathrm{j}\phi(\boldsymbol{x})]$ 的维格纳分布函数形式为[47]

$$W(\boldsymbol{x}, \boldsymbol{u}) \approx \delta\left(\boldsymbol{u} - \frac{1}{2\pi}\nabla\phi\right) \tag{6-95}$$

对于更一般的缓变波，其振幅不为常数，$U(\boldsymbol{x}) = a(\boldsymbol{x})\exp[\mathrm{j}\phi(\boldsymbol{x})]$，其维格纳分布函数为

$$W(\boldsymbol{x}, \boldsymbol{u}) \approx I(\boldsymbol{x})\delta\left(\boldsymbol{u} - \frac{1}{2\pi}\nabla\phi\right) \tag{6-96}$$

对于一维情况，其对应于相空间内一条曲线(图 6-12(d))。上式的证明详见文献[48]，其中要求的"缓变"严格来说应满足如下的近似：

$$\phi\left(\boldsymbol{x} + \frac{\boldsymbol{x}'}{2}\right) - \phi\left(\boldsymbol{x} - \frac{\boldsymbol{x}'}{2}\right) \approx \boldsymbol{x}' \cdot \nabla\phi(\boldsymbol{x}) \tag{6-97}$$

$$a\left(\boldsymbol{x} + \frac{\boldsymbol{x}'}{2}\right)a\left(\boldsymbol{x} - \frac{\boldsymbol{x}'}{2}\right) \approx a^2(\boldsymbol{x}) = I(\boldsymbol{x}) \tag{6-98}$$

5)高斯(Gaussian)信号

高斯信号 $U(\boldsymbol{x}) = \exp\left\{-\dfrac{\pi}{\sigma^2}(\boldsymbol{x} - \boldsymbol{x}_0)^2\right\}$ 的维格纳分布函数的形式为

$$W(\boldsymbol{x}, \boldsymbol{u}) = \exp\left\{-\left(\frac{\pi}{\sigma^2}(\boldsymbol{x} - \boldsymbol{x}_0)^2 + \frac{\sigma^2}{2\pi}\boldsymbol{u}^2\right)\right\} \tag{6-99}$$

其仍然是一个关于 $\boldsymbol{x}$ 与 $\boldsymbol{u}$ 的高斯信号，对于一维情况，其对应于相空间内一个二维高斯分布(图 6-12(e))。

对于更一般情况下的部分相干光波场，由于其波动的随机性，并不能用复振幅加以描述，其统计特性需要用交叉谱密度函数来表述。我们讨论如下三种特殊部分相干信号。

1)空间非相干光场

对于空间非相干光源，其交叉谱密度函数为

$$W_\omega(\boldsymbol{x}_1, \boldsymbol{x}_2) = S_\omega(\boldsymbol{x}_1)\delta(\boldsymbol{x}_1 - \boldsymbol{x}_2) \tag{6-100}$$

对于准单色的空间非相干光源而言，

$$W(\boldsymbol{x}_1, \boldsymbol{x}_2) = I(\boldsymbol{x}_1)\delta(\boldsymbol{x}_1 - \boldsymbol{x}_2) \tag{6-101}$$

其中，功率谱密度 $S_\omega(\boldsymbol{x}_1)$ 或光强 $I(\boldsymbol{x}_1)$ 都是非负函数。在式(6-70)表示的中心差分坐标变换下：

$$W\left(\boldsymbol{x} + \frac{\boldsymbol{x}'}{2}, \boldsymbol{x} - \frac{\boldsymbol{x}'}{2}\right) = I(\boldsymbol{x})\delta(\boldsymbol{x}') \tag{6-102}$$

其维格纳分布函数为

$$W(\boldsymbol{x}, \boldsymbol{u}) = cI(\boldsymbol{x}) \tag{6-103}$$

可以看出此函数仅仅与 $\boldsymbol{x}$ 相关，说明空间非相干光对于任何空间频率(方向)上的辐射都是等量的。

2)统计平稳光场

满足统计平稳模型的准单色光场的交叉谱密度函数为

$$W(\boldsymbol{x}_1, \boldsymbol{x}_2) = I_0 g(\boldsymbol{x}_1 - \boldsymbol{x}_2) \tag{6-104}$$

方向因子 $g(\boldsymbol{x}_1 - \boldsymbol{x}_2)$ 实际上就是光场的光谱复相干因子。照明光场的强度 I_0 是完全均匀的，在中心差分坐标变换下：

$$W\left(\boldsymbol{x} + \frac{\boldsymbol{x}'}{2}, \boldsymbol{x} - \frac{\boldsymbol{x}'}{2}\right) = I_0 g(\boldsymbol{x}') \tag{6-105}$$

其维格纳分布函数为

$$W(\boldsymbol{x}, \boldsymbol{u}) = I_0 \hat{g}(\boldsymbol{u}) \tag{6-106}$$

其中，$\hat{g}(\boldsymbol{u})$ 为 $g(\boldsymbol{x}')$ 的傅里叶变换。可以看出统计平稳光场的维格纳分布函数仅仅与 $\boldsymbol{u}$ 相关，相当于式(6-103)在相空间旋转了 $90°$，由维格纳分布函数的傅里叶变换性质式(6-85)可知，空域平稳光波与空域非相干光实质上是一种对偶关系，它们可以通过傅里叶变换(远场衍射)进行关联。这正是范西泰特-泽尼克(van Cittert-Zernike)定理(式(6-48))所表述的基本结论：非相干光源成像于无穷远处产生的光场是统计平稳的。

3)准均匀(quasi-homogeneous)光场

由式(6-67)可知，满足准均匀模型的准单色光场的交叉谱密度函数具有如下形式：

$$W(\boldsymbol{x}_1, \boldsymbol{x}_2) = I\left(\frac{\boldsymbol{x}_1 + \boldsymbol{x}_2}{2}\right) g(\boldsymbol{x}_1 - \boldsymbol{x}_2) \tag{6-107}$$

在中心差分坐标变换下：

$$W\left(\boldsymbol{x} + \frac{\boldsymbol{x}'}{2}, \boldsymbol{x} - \frac{\boldsymbol{x}'}{2}\right) = I(\boldsymbol{x}) g(\boldsymbol{x}') \tag{6-108}$$

统计平稳光场可以认为是一种局部统计平稳光场，其光强在局部变化较为缓慢，即 I 是相对于 g 较为缓变的信号。准均匀光场的维格纳分布函数为

$$W(\boldsymbol{x}, \boldsymbol{u}) = I(\boldsymbol{x}) \hat{g}(\boldsymbol{u}) \tag{6-109}$$

空间非相干光场与统计平稳光场均是准均匀光场的一种特例，对于空间非相干光场，$\hat{g}(\boldsymbol{u}) = 1$；对于空域平稳光场，$I(\boldsymbol{x}) = I_0$。

6.2.5 维格纳分布函数的传输方程

在 2.2.1 节与 6.1.3 节，我们分别讨论了相干光波传播与互强度/交叉谱密度传播均满足亥姆霍兹方程。在傍轴近似下，亥姆霍兹方程可以被进一步简化为傍轴波动方程。而维格纳分布函数作为一种相干光波与部分相干光波的新的表述方式，其在传播过程中亦必须遵循描述其传输特性的波动方程。从亥姆霍兹方程出发，结合维格纳分布的性质与 Liouville 近似(几何光学近似)，可以推导出维格纳分布函数的传播遵循如下的 Liouville 传输方程[49]：

$$\frac{\sqrt{k^2 - 4\pi^2 \mid \boldsymbol{u} \mid^2}}{k} \frac{\partial W(\boldsymbol{x}, \boldsymbol{u})}{\partial z} = -\lambda \boldsymbol{u} \nabla_{\boldsymbol{x}} \cdot W(\boldsymbol{x}, \boldsymbol{u}) \tag{6-110}$$

式中，$\nabla_{\boldsymbol{x}} = \partial / \partial \boldsymbol{x} = (\partial_x, \partial_y)$，该方程可以被解析求解，其解的形式为

$$W_z(\boldsymbol{x}, \boldsymbol{u}) = W_0 \left(\boldsymbol{x} - \frac{2\pi \boldsymbol{u}}{\sqrt{k^2 + 4\pi^2 \mid \boldsymbol{x} \mid^2}} z, \boldsymbol{u} \right) \tag{6-111}$$

式(6-111)描述了自由空间中维格纳分布函数的传播所遵循的一般规律。我们可以利用维格纳分布函数定义出一个三维向量场 $\boldsymbol{j}_r = [\boldsymbol{j}_x, j_z]^{\mathrm{T}}$，称之为几何向量能流(geometrical vector flux)[28, 50]：

$$\boldsymbol{j}_x(\boldsymbol{x}) = \lambda \int \boldsymbol{u} W(\boldsymbol{x}, \boldsymbol{u}) \mathrm{d}\boldsymbol{u} \tag{6-112}$$

$$j_z(\boldsymbol{x}) = \frac{1}{k} \int \sqrt{k^2 - 4\pi^2 \mid \boldsymbol{u} \mid^2} W(\boldsymbol{x}, \boldsymbol{u}) \mathrm{d}\boldsymbol{u} \tag{6-113}$$

可见几何向量的横向(transversal)能流 $\boldsymbol{j}_x$ 与纵向(longitudinal or axial)能流 j_z 分别为 Liouville 传输方程式(6-110)右侧与左侧微分项对于 $\boldsymbol{u}$ 的积分。几何向量能流是个光辐射度(radiometric)的物理量，其描述了光的能量在三维空间中的传播，而 Liouville 传输方程实质上是能量守恒定律的一种表述方式。

在傍轴近似下 $\sqrt{k^2 - 4\pi^2 \mid \boldsymbol{u} \mid^2} \approx k$，式(6-110)的 Liouville 传输方程可以简化为

$$\frac{\partial W(\boldsymbol{x}, \boldsymbol{u})}{\partial z} + \lambda \boldsymbol{u} \nabla_{\boldsymbol{x}} \cdot W(\boldsymbol{x}, \boldsymbol{u}) = 0 \tag{6-114}$$

该方程同样可以被解析求解。不难验证，该方程的解的形式即为 6.2.3 节所介绍的维格纳分布所遵循的菲涅耳衍射公式：

$$W_z(\boldsymbol{x}, \boldsymbol{u}) = W_0(\boldsymbol{x} - \lambda z \boldsymbol{u}, \boldsymbol{u}) \tag{6-115}$$

6.2.6 维格纳分布函数的测量

对于单色相干光场而言，其维格纳分布函数本身是由二维复振幅函数衍生得到的(式(6-73))，因此四维的相空间表征本身是高度冗余的。当二维光强函数(直接测量)与相位函数已知时，光场的维格纳分布函数即可通过式(6-73)计算得到。因此，对于单色相干光场而言，维格纳分布函数的重建问题本质上等价于相位复原问题。

对于部分相干光场而言，维格纳分布函数的重建问题要复杂得多。由于部分相干光场的四维维格纳分布函数一般是非冗余的，所以无法仅仅通过相位测量来实现。想要对四维部分相干光场进行完整表征，一种思路是从相干函数的角度入手，测量/重构两点关联函数，如交叉谱密度函数或者准单色光下的互强度函数。获得两点关联函数后，就可以由定义(式(6-69))计算出维格纳分布函数。两点关联函数可以通过干涉来实现定量测量，即通过对光场内任意两点杨氏双缝干涉实验，并测量条纹的对比度与空间位移(相位)，如图 6-13 所示。然而如果我们想要测量二维函数的四维互相关函数，需要将两个测量点遍历整个二维光场平面，显然这是非常耗时且不便于实际操作的。因此，实际测量两点关联函数时往往采用剪切干涉原理，通过将待测光场产生一个具有横向、轴向或者旋转剪切量的副本后重叠在一起，采用 Mach-Zehnder[51]、Sagnac[52, 53]或旋转剪切[54]干涉光路来实现单次测量以获取大量关联点对的数据。

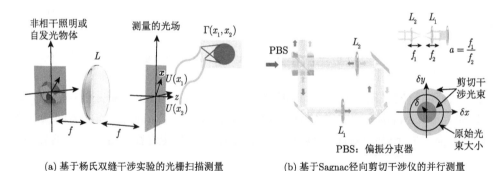

(a) 基于杨氏双缝干涉实验的光栅扫描测量　　(b) 基于Sagnac径向剪切干涉仪的并行测量

图 6-13　通过干涉测量法进行相干测量

另一种对四维部分相干光场进行完整重构的思路是基于相空间测量的方法，即直接测量或者重构四维维格纳分布函数。这类方法中最著名的是相空间断层扫描(phase-space tomography)[40, 41]。其通过对待测光场引入非对称光学元件(柱面透镜)，再对光场在各种传播距离上的光强进行大量采集，从而获得维格纳分布函数在不同角度下的旋转投影，然后通过类似传统断层扫描的方式重建出完整的四维维格纳分布函数。

在介绍相空间断层扫描之前，我们先来了解一下传统断层扫描成像的基本原理。先考虑一维情形，假设存在二维函数 $f(x,y)$，其投影可以表示沿某一方向直线 $l(s,\theta)$ 的积分：

$$
\begin{aligned}
R_f(s,\theta) &= \iint f(x,y)\delta(x\cos\theta + y\sin\theta - s)\mathrm{d}x\mathrm{d}y \\
&= \int f(s\cos\theta + t\sin\theta, s\sin\theta - t\cos\theta)\mathrm{d}t
\end{aligned}
\tag{6-116}
$$

其中，直线 $l(s,\theta)$ 的方程可以表示为

$$
x\cos\theta + y\sin\theta = s
\tag{6-117}
$$

或

$$
\begin{cases}
x = s\cos\theta - t\sin\theta \\
y = s\sin\theta + t\cos\theta
\end{cases}
\tag{6-118}
$$

其中，s 代表原点到直线的距离；θ 代表直线沿 y 轴的正向夹角(或投影面到 x 轴正向夹角)。当 θ 与 s 都给定后，式(6-117)代表与 y 轴夹角为 θ、距离原点 s 的一条直线，通过式(6-116)可以获得二维函数 $f(x,y)$ 在某条确定直线上的投影值。当给定 θ 并对 s 取不同值时，式(6-117)代表与 y 轴夹角为 θ 的一簇平行直线，此时通过式(6-116)可以获得二维函数 $f(x,y)$ 在沿直线方向上的一个一维投影。如果 θ 与 s 都取不同的值，那么函数 $f(x,y)$ 就会被映射于另一个二维空间 (s,θ)，从而获得不同方向上的投影，以 (s,θ) 建立的坐标系如图 6-14 所示。注意：$R_f(s,\theta)$ 并不是定义在极坐标系中的，而是定义在一个半圆柱的表面，将该半圆柱表面拉平，形成一个平面就是如图所示的图像。该图像又被称为正弦图(sinogram)，因为在 (x,y) 平面的一个点经变换后会形成一条正弦曲线，如图 6-14 所示。式(6-116)所表示的将 $f(x,y)$ 从直角坐标系 (x,y) 转换到 (s,θ) 的映射关系称为拉东(Radon)变换。

可以证明，式(6-116)的逆变换为

$$
f(x,y) = \iint \frac{\partial R_f(s,\theta)}{\partial s} \frac{1}{2\pi^2(x\cos\theta + y\sin\theta - s)}\mathrm{d}s\mathrm{d}\theta
\tag{6-119}
$$

式(6-119)表明，采集各角度下的投影数据获得 $R_f(s,\theta)$ 后，即可通过该式重建出物体的断层图像。这种断层成像方法称为逆 Radon 变换法。注意式(6-119)中微分项的存在，会使重建过程对于 $R_f(s,\theta)$ 中的微小误差极为敏感，因此逆 Radon 变换法目前并未得到广泛的应用。

通过投影来重建断层图像背后的数学机理还可以从频率角度去理解，即傅里叶切片定理。傅里叶切片定理又叫中心切片定理，反映物空间、投影数据和频率空间三者之间的相互转换关系。通过傅里叶变换的定义与变量代换不难证明，

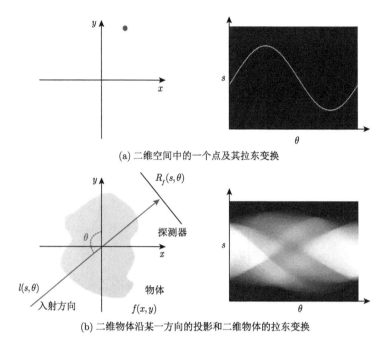

(a) 二维空间中的一个点及其拉东变换

(b) 二维物体沿某一方向的投影和二维物体的拉东变换

图 6-14　拉东变换的图解

$f(x,y)$ 在沿与 x 轴夹角为 θ 上的一维投影 $R_f(s,\theta)$（θ 固定），其对 s 进行一维傅里叶变换 $\hat{R}_f(\gamma,\theta)$（γ 为 s 所对应的空间频率坐标）等于 $f(x,y)$ 在二维傅里叶空间的过原点的一个切片，并且这个切片与 x 轴夹角同样为 θ，如图 6-15 所示。

$$\hat{R}_f(\gamma,\theta) = \hat{f}(u,v)\Big|_{\substack{u=\gamma\cos\theta \\ v=\gamma\sin\theta}} = \hat{f}(\gamma\cos\theta,\gamma\sin\theta) \overset{\text{极坐标系}}{=} \hat{f}(\gamma,\theta) \tag{6-120}$$

注意在极坐标系下：

$$\begin{cases} \gamma = \sqrt{u^2 + v^2} \\ \theta = \arctan\dfrac{u}{v} \end{cases} \tag{6-121}$$

傅里叶切片定理表明，通过采集各 θ 角度下的投影数据获得 $R_f(s,\theta)$，并对其做一维傅里叶变换，就能获得 $f(x,y)$ 的整个二维傅里叶空间。一旦 $f(x,y)$ 的傅里叶空间已知，那么利用简单的二维傅里叶逆变换就能重建出原始函数的断层图像。

二维傅里叶逆变换在极坐标下的表达式可以写成

$$f(x,y) = \iint |\gamma| \hat{f}(\gamma,\theta) \exp[2\pi\mathrm{j}\gamma(x\cos\theta + y\sin\theta)]\mathrm{d}\gamma\mathrm{d}\theta \tag{6-122}$$

根据傅里叶切片定理 $\hat{R}_f(\gamma,\theta) = \hat{f}(\gamma,\theta)$，有

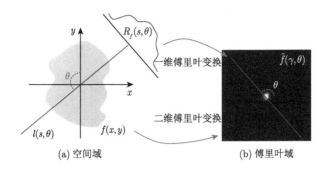

图 6-15　拉东变换与空间域和傅里叶域的对应关系

$$f(x,y) = \iint |\gamma| \hat{R}_f(\gamma,\theta) \exp[2\pi \mathrm{j}\gamma(x\cos\theta + y\sin\theta)]\mathrm{d}\gamma\mathrm{d}\theta \qquad (6\text{-}123)$$

式(6-123)中，当 θ 给定时，$|\gamma|\hat{R}_f(\gamma,\theta)$ 可以看作利用斜坡(ramp)滤波器 $|\gamma|$ 对一维投影的傅里叶变换 $\hat{R}_f(\gamma,\theta)$ 进行频域滤波。我们先计算变量 γ 的积分，即对变量 γ 先进行傅里叶逆变换，并将滤波结果 $|\gamma|\hat{R}_f(\gamma,\theta)$ 对 γ 的一维傅里叶逆变换记作 $q(s,\theta)$：

$$f(x,y) = \int q(s,\theta)\Big|_{s=x\cos\theta+y\sin\theta} \mathrm{d}\theta \qquad (6\text{-}124)$$

当 θ 给定时，$f_\theta(x,y) = q_\theta(s)\big|_{s=x\cos\theta+y\sin\theta}$ 即是 q 在 θ 角度下的反投影(因为 $s = x\cos\theta + y\sin\theta$ 的映射是从一到多 $s \to (x,y)$，即一条线上 $q_\theta(s)$ 的值决定了整个二维平面内的 $f_\theta(x,y)$)，而式(6-124)对 θ 的积分是 q 在所有角度下投影的原路叠加，即反投影。因为 q 实际上是函数投影在频域经过滤波后的分布，因此利用式(6-124)重建出原函数断层图像的方法又被称为滤波反投影重建法。在实际使用中，频域的滤波器并不局限于斜坡滤波器 $|\gamma|$，因为其难以在空域中采用卷积实现，此时可选用 Shepp-Logan，cosine，Hamming 滤波器等替代斜坡滤波器，这些滤波器具有更好的空域可实现性。这些滤波器的共性就是低频处的响应趋近于 0，以补偿反投影导致的低频域采样相对过密造成的数据量不均衡问题。

下面我们再将注意力转向相空间断层扫描。根据前面所介绍的断层扫描原理，我们了解到若想利用断层扫描原理重构相空间的维格纳分布函数，就必须获得维格纳分布函数在不同旋转角度下的投影。在第 6.2.2 节我们讨论维格纳分布函数性质时就知道，对于准单色光场，对其强度进行测量就等价于对维格纳分布函数的投影进行测量。而想要实现维格纳分布函数的旋转，最简单的方法就是对原信号进行傅里叶变换，这样变换前后光场的维格纳分布函数就交换了空间与空间频率坐标，从而等价地在相空间中旋转了 $\pi/2$，此时再对光场的光强信号进行采集，实际上就获得了维格纳分布函数沿 $\boldsymbol{u}$ 空间频率轴的投影，即维格纳分布在 $\pi/2$ 旋转角度下的投影。在具体物理实现上，光场的傅里叶变换可以通过远场衍射，或更实际地采用透镜的傅里叶变换性质来实现。如式(6-47)所表示的，透镜前后焦面上交叉谱密度的关系为一个四维傅里叶变换对：

$$W(\boldsymbol{x}_1, \boldsymbol{x}_2) = \frac{1}{\overline{\lambda}^2 f^2} \iint W_{\mathrm{in}}(\boldsymbol{x}_1', \boldsymbol{x}_2') \exp\left\{\frac{2\pi}{\overline{\lambda} f}[\boldsymbol{x}_2' \cdot (\boldsymbol{x}_2 - \boldsymbol{x}_1) - \boldsymbol{x}_1' \cdot (\boldsymbol{x}_2 - \boldsymbol{x}_1)]\right\} \mathrm{d}\boldsymbol{x}_1' \mathrm{d}\boldsymbol{x}_2'$$

$$(6\text{-}125)$$

即

$$W(\boldsymbol{x}_1, \boldsymbol{x}_2) = \hat{W}_{\mathrm{in}}(\boldsymbol{u}_1, \boldsymbol{u}_2)\Big|_{\boldsymbol{u}_{1,2} = \pm \frac{\boldsymbol{x}_{1,2}}{\lambda f}} = \mathscr{F}\{W_{\mathrm{in}}(\boldsymbol{x}_1, \boldsymbol{x}_2)\}\Big|_{\boldsymbol{u}_{1,2} = \pm \frac{\boldsymbol{x}_{1,2}}{\lambda f}} \qquad (6\text{-}126)$$

令 $s = \lambda f$，此时输入光场与输出光场的维格纳分布函数具有如下关系：

$$W(\boldsymbol{x}, \boldsymbol{u}) = W_{\mathrm{in}}(-s\boldsymbol{u}, s^{-1}\boldsymbol{x}) \qquad (6\text{-}127)$$

因此，当我们引入归一化坐标 $\boldsymbol{x}_n = s^{-1/2}\boldsymbol{x}$，$\boldsymbol{u}_n = s^{1/2}\boldsymbol{u}$ 后，输入光场的维格纳分布在新的相空间 $(\boldsymbol{x}_n, \boldsymbol{u}_n)$ 中旋转了 $\pi/2$。此时在透镜前后焦面上拍摄到的光强信号为

$$I(\boldsymbol{x}) = \int W(\boldsymbol{x}, \boldsymbol{u}) \mathrm{d}\boldsymbol{u} = \int W_{\mathrm{in}}(-s\boldsymbol{u}, s^{-1}\boldsymbol{x}) \mathrm{d}\boldsymbol{u} \qquad (6\text{-}128)$$

因此，利用一个简单的透镜系统我们就可以获得输入光场的维格纳分布在另一个角度上的投影。为了重构原始的维格纳分布函数，我们还需要采集其在更多角度上的投影。这就要在傅里叶变换的基础上加以推广，借助于 6.2.3 节所介绍的分数阶傅里叶变换去对原光场的维格纳分布函数在相空间进行旋转。对于一维光场信号或沿光轴轴向对称的光场而言，式(6-86)所表示的在角度 θ 上的分数阶傅里叶变换直接对应了原信号维格纳分布函数 $W_{\mathrm{in}}(x, u)$ 在相空间旋转了 θ 的角度：

$$W_{\mathscr{F}_\theta}(x, u) = W_{\mathrm{in}}(x\cos\theta - u\sin\theta, u\cos\theta + x\sin\theta) \qquad (6\text{-}129)$$

再求取光强信号实际上就获得了原维格纳分布函数 W_U 在角度 θ 的拉东变换。另一方面，我们知道维格纳分布函数 $W_{\mathrm{in}}(x, u)$ 与模糊函数 $A_{\mathrm{in}}(u', x')$ 互为傅里叶变换的关系(式(6-75))，因此可以得到相空间下的傅里叶切片定理[55, 56]：

$$\hat{R}_{W_{\mathrm{in}}}(\gamma, \theta) = \mathscr{F}\{W_{\mathrm{in}}(x, u)\}(u', x')\Big|_{\substack{u'=\gamma\cos\theta \\ v'=\gamma\sin\theta}} = A_{\mathrm{in}}(\gamma\cos\theta, \gamma\sin\theta)$$
$$\underset{\text{极坐标系}}{=} \hat{f}(\gamma, \theta) \qquad (6\text{-}130)$$

因此对于一维光场信号或沿光轴轴向对称光场[57]的情形，相空间断层扫描重建二维维格纳分布函数与之前所介绍的传统断层扫描成像的基本原理是完全一致的。原理如图 6-16 和图 6-17 所示。

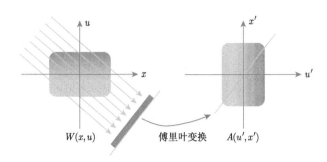

图 6-16　维格纳分布函数与模糊函数的对应关系

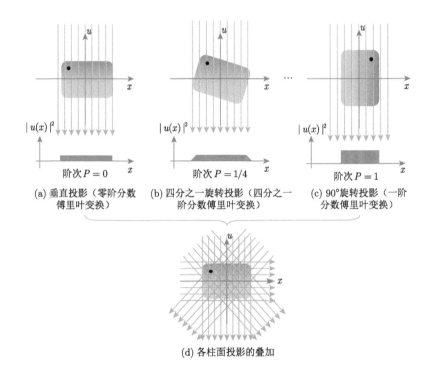

(a) 垂直投影（零阶分数 傅里叶变换）

(b) 四分之一旋转投影（四分之一 阶分数傅里叶变换）

(c) 90°旋转投影（一阶 分数傅里叶变换）

(d) 各柱面投影的叠加

图 6-17　相空间层析成像的基本原理

其实不仅借助于分数阶傅里叶变换可以实现相空间的旋转，我们还可以借助傍轴近似下的菲涅耳衍射使维格纳分布函数在 x 轴方向上产生剪切[58, 59]：

$$W_z(x, u) = W_{\mathrm{in}}(x - \lambda z u, u) \tag{6-131}$$

再求取光强信号 $I(x) = \int W_{\mathrm{in}}(x - \lambda z u, u) \mathrm{d}u$，实际上就"等价地"获得了原维格纳分布函数 W 在角度 θ 下的投影，θ 与衍射距离 z 之间的关系为

$$\tan \theta = -\lambda z u \tag{6-132}$$

如图 6-18 所示，虽然分数阶傅里叶变换与菲涅耳衍射二者在相空间的表现形式不同，但对于投影的获取(如当 θ 确定时，所得到的投影都是沿着原维格纳分布函数的同样位置 P_1P_2 点的)而言是完全等价的。同理，利用菲涅耳衍射获得的维格纳分布函数的投影的傅里叶变换对应了原信号模糊函数的一个切片 $A_{\rm in}(u',-\lambda z u')$。

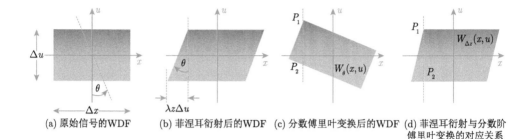

(a) 原始信号的WDF　(b) 菲涅耳衍射后的WDF　(c) 分数傅里叶变换后的WDF　(d) 菲涅耳衍射与分数阶傅里叶变换的对应关系

图 6-18　两种不同变换的 WDF 用于实现相空间层析成像

前面我们所讨论的情况仅局限于一维信号，或光场分别沿光轴轴向对称的情形。但需注意的是，对于一个一般的二维光场而言，其维格纳分布函数是个四维函数。如果需要通过断层扫描的原理重建四维维格纳分布函数，则维格纳分布函数在两个相空间平面(x-u_x 与 y-u_y)上都要产生相互独立的旋转。但式(6-86)所表示的分数阶傅里叶变换在 $\boldsymbol{x}=(x,y)$ 的两个坐标轴上都是同阶次的，也就是 x,y 两轴的旋转角度都是 θ。实际上，式(6-86)所表示的分数阶傅里叶变换对于二维函数而言并非最一般的形式[36]。而分数阶傅里叶变换的变化核在直角坐标系下是可分离的，也就是说其在 x,y 两个坐标轴上对应的阶次(旋转角度)是可以取不同的值的：

$$f_{\theta_x,\theta_y}(\boldsymbol{x})=\mathscr{F}_{\theta_x,\theta_y}\{f(\boldsymbol{x}_{\rm in})\}=\int f(\boldsymbol{x}_{\rm in})K_{\theta_x,\theta_y}(\boldsymbol{x}_{\rm in},\boldsymbol{x}){\rm d}\boldsymbol{x}_{\rm in} \tag{6-133}$$

其中，$K_{\theta_x,\theta_y}(\boldsymbol{x}_{\rm in},\boldsymbol{x})=K_{\theta_x}(x_{\rm in},x)K_{\theta_y}(y_{\rm in},y)$，定义如下：

$$K_{\theta_x}(x_{\rm in},x)=\frac{\exp\left({\rm j}\frac{1}{2}\theta\right)}{\sqrt{{\rm j}\sin\theta_x}}\exp\left[{\rm j}\pi\frac{(x_{\rm in}^2+x^2)\cos\theta_x-2x_{\rm in}x}{\sin\theta_x}\right] \tag{6-134}$$

$K_{\theta_y}(y_{\rm in},y)$ 的表达式与式(6-134)类似，其中 θ_x,θ_y 分别为两坐标轴的旋转角，且 $\theta_x,\theta_y\neq n\pi$。对应在相空间中，维格纳分布函数的旋转变换(在 x-u_x 与 y-u_y 两个平面上)可以被表示为

$$\begin{cases}x=x_{\rm in}\cos\theta_x-u_{x{\rm in}}\sin\theta_x\\u_x=u_{x{\rm in}}\cos\theta_x+x_{\rm in}\sin\theta_x\end{cases}\quad\text{与}\quad\begin{cases}y=y_{\rm in}\cos\theta_y-u_{y{\rm in}}\sin\theta_y\\u_y=u_{y{\rm in}}\cos\theta_y+y_{\rm in}\sin\theta_y\end{cases} \tag{6-135}$$

或者写成向量形式 $\boldsymbol{\theta} = [\theta_x, \theta_y]^{\mathrm{T}}$：

$$\begin{cases} \boldsymbol{x} = \boldsymbol{x}_{\mathrm{in}} \cos\boldsymbol{\theta} - \boldsymbol{u}_{\mathrm{in}} \sin\boldsymbol{\theta} \\ \boldsymbol{u} = \boldsymbol{u}_{\mathrm{in}} \cos\boldsymbol{\theta} + \boldsymbol{x}_{\mathrm{in}} \sin\boldsymbol{\theta} \end{cases} \tag{6-136}$$

即

$$W_{\mathscr{F}_\theta}(\boldsymbol{x}, \boldsymbol{u}) = W_{\mathrm{in}}(\boldsymbol{x}\cos\boldsymbol{\theta} - \boldsymbol{u}\sin\boldsymbol{\theta}, \boldsymbol{u}\cos\boldsymbol{\theta} + \boldsymbol{x}\sin\boldsymbol{\theta}) \tag{6-137}$$

式(6-136)与式(6-137)中的向量相乘实际上是表示向量元素对应相乘。此时如果再求取光强信号，即可实现输入光场的维格纳分布在不同角度 $\boldsymbol{\theta}$ 下的投影：

$$\begin{aligned} I(\boldsymbol{x}, \boldsymbol{\theta}) = R_{W_{\mathrm{in}}}(\boldsymbol{x}, \boldsymbol{\theta}) &= \int W_{\mathscr{F}_\theta}(\boldsymbol{x}, \boldsymbol{u})\mathrm{d}\boldsymbol{u} \\ &= \int W_{\mathrm{in}}(\boldsymbol{x}\cos\boldsymbol{\theta} - \boldsymbol{u}\sin\boldsymbol{\theta}, \boldsymbol{u}\cos\boldsymbol{\theta} + \boldsymbol{x}\sin\boldsymbol{\theta})\mathrm{d}\boldsymbol{u} \end{aligned} \tag{6-138}$$

对比式(6-116)，当 $\boldsymbol{\theta}$ 取不同角度时，式(6-138)即可以看作输入光场维格纳分布的 Radon 变换，所以其又被称为输入光场信号的 Radon-Wigner 变换[39]。

在光学上，想要实现二维函数的非对称分数阶傅里叶变换，通常需要引入像散透镜(astigmatic lens)以打破光学系统的旋转对称性，如图 6-19 所示的两片柱面透镜的光路结构[40]。然后通过改变透镜的焦距或者透镜之间的间距就可以分别对 θ_x, θ_y 进行独立调整，从而获得维格纳分布函数在二维角度下的旋转投影。采集各角度下的投影数据获得 $R_{W_{\mathrm{in}}}(\boldsymbol{x}, \boldsymbol{\theta})$ 后，即可利用逆 Radon 变换法重构输入光场的维格纳分布。另一方面，我们知道维格纳分布函数与模糊函数互为四维傅里叶变换的关系(式(6-75))，因此可以得到如下的关系：

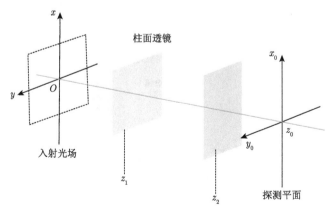

用一对垂直排列的柱面透镜来引入散光测量

图 6-19 相空间断层扫描在入射平面恢复二维场的四维 WDF 的实验装置

$$\hat{R}_{W_{\mathrm{in}}}(\boldsymbol{\gamma}, \boldsymbol{\theta}) = \mathscr{F}\{W(\boldsymbol{x}, \boldsymbol{u})\}(\boldsymbol{u}', \boldsymbol{x}')\Big|_{\substack{u_x' = \gamma_1 \cos\theta_x, x = \gamma_1 \cos\theta_x \\ u_y' = \gamma_2 \cos\theta_x, y = \gamma_2 \cos\theta_x}}$$

$$= A(\gamma_1 \cos\theta_x, \gamma_2 \sin\theta_y, \gamma_1 \cos\theta_x, \gamma_2 \cos\theta_x) \equiv \hat{f}(\boldsymbol{\gamma}, \boldsymbol{\theta}) \tag{6-139}$$

其中，向量 $\boldsymbol{\gamma} = [\boldsymbol{\gamma}_1, \boldsymbol{\gamma}_1]^{\mathrm{T}}$。因此当给定一个角度 $\boldsymbol{\theta}$，我们实际上获得了四维维格纳分布函数 $W(\boldsymbol{x}, \boldsymbol{u})$ 在该角度下的二维投影 $\hat{R}_{W_{\mathrm{in}}}(\boldsymbol{\gamma}, \boldsymbol{\theta})$（$\boldsymbol{\theta}$ 固定），其对 $\boldsymbol{\gamma}$ 进行二维傅里叶变换 $\hat{R}_f(\gamma, \theta)$（$\boldsymbol{\gamma}$ 为 $\boldsymbol{x}$ 所对应的空间频率坐标）后，结果等于模糊函数四维傅里叶空间中过原点的一个切面，并且这个切面与 (x, u) 轴夹角同样为 $\boldsymbol{\theta}$。借助分数阶傅里叶变换和 Radon-Wigner 变换获取维格纳分布函数在不同 $\boldsymbol{\theta} = [\theta_x, \theta_y]^{\mathrm{T}}$ 角度下的投影数据以填充模糊函数四维傅里叶空间，即可通过傅里叶逆变换或滤波反投影法重构出光场的四维维格纳分布函数。

　　除了基于干涉测量与相空间断层扫描这些相对"间接"的方法外，我们还可以利用维格纳分布函数作为一种局域频谱(local frequency spectrum)，或者广义辐亮度的性质，直接对维格纳分布函数进行测量。这里有两种常见的方式(图 6-20)，一种是通过引入空域光阑(通常是小孔)[60-62]，使待测光场空间局域化在空间 $\boldsymbol{x}_0$ 位置后，通过远场衍射或利用透镜的傅里叶变换性质直接测量其二维局域频谱，该频谱即近似对应了维格纳分布函数的一个空域采样 $W(\boldsymbol{x}_0, \boldsymbol{u})$；当小孔在空域扫描整个二维平面遍历后即可近似获得光场的四维维格纳分布函数。另一种是采用微透镜阵列直接对光场进行四维采样[63, 64]，类似于夏克-哈特曼波前传感器[65-67]与光场相机[68]。这种方式实际上可以看成前一种小孔扫描方式的并行

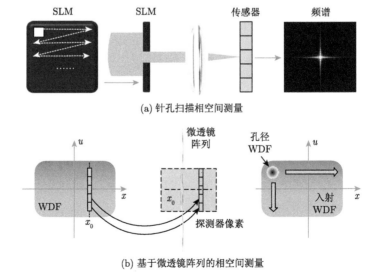

(a) 针孔扫描相空间测量

(b) 基于微透镜阵列的相空间测量

图 6-20　直接相空间测量方法

化版本，可以实现单帧采集(每个微透镜后面的光强分布对应不同空间位置的局域频谱)，但其缺点是无法实现光场在空域内连续间隔采样，在一定程度上牺牲了测量的空间分辨率。二者的基本原理是一致的，即利用维格纳分布函数与能量密度函数(辐亮度或在计算机视觉领域的光场)的近似等价性实现维格纳分布的直接采集。

最后需要注意的是，维格纳分布函数与辐亮度或光场的等价性仅仅在某些特殊情况下才能成立(缓变相干光场/几何光学近似)，因此直接采集到的局域频谱严格来说并不等价于光场的维格纳分布。更严格来说，基于维格纳分布函数的卷积性质，我们通过增加子孔径所测量到的不同空间位置上的局域频谱实际上对应于真实维格纳分布函数在四维相空间中被模糊的结果[60, 62]：

$$W_{\mathrm{s}}(\boldsymbol{x}, \boldsymbol{u}) = W_{\mathrm{in}}(\boldsymbol{x}, \boldsymbol{u}) \underset{\boldsymbol{x},\boldsymbol{u}}{\otimes} W_{\mathrm{T}}(\boldsymbol{x}, \boldsymbol{u}) \tag{6-140}$$

其中，$\underset{\boldsymbol{x},\boldsymbol{u}}{\otimes}$ 代表关于参量 $\boldsymbol{x}, \boldsymbol{u}$ 的四维卷积；$W_{\mathrm{in}}(\boldsymbol{x}, \boldsymbol{u})$ 与 $W_{\mathrm{T}}(\boldsymbol{x}, \boldsymbol{u})$ 分别为输入光场与孔径函数的维格纳分布函数。虽然维格纳分布函数可能取负值，但经过孔径函数卷积后将变为非负函数，且直接可测。显然要想使测量的局域频谱尽可能逼近原始光场的维格纳分布函数，$W_{\mathrm{T}}(\boldsymbol{x}, \boldsymbol{u})$ 应当尽可能地接近于 $\delta(\boldsymbol{x}, \boldsymbol{u})$。但由于不确定性原理的限制，想要使维格纳分布函数在空域与频域的支持域同时缩减是物理上无法实现的。为了缓解这一问题，一方面我们必须结合实际需求，通过旋转适当的孔径函数使其在空间域与空间频率域的模糊程度中做出妥协[61, 62, 69]；另一方面可以借助于维格纳分布反卷积技术来补偿孔径所带来的模糊效应[70]。

6.3 部分相干照明下的理想成像模型

在第四章，我们讨论了相干照明下的理想成像模型，即将位于聚光镜孔径光阑的光源当作光轴上几何点，且具有严格的单色性。实际的光学显微成像系统很难满足这种条件，因为光源总是具有一定的谱宽，聚光镜孔径光阑也总是具有一定的尺寸大小，即光源所提供的照明在时间相干性与空间相干性两方面都不是完美的。因此在本节中，我们将研究实际存在于完全相干和完全非相干之间的部分相干状态对显微成像所造成的影响。首先，我们先忽略孔径效应，分别讨论空间相干性与时间相干性对所形成光强图像的影响；其次，我们再将成像系统的孔径效应考虑进来，完整考虑一个实际的显微成像系统在部分相干照明下的图像生成模型。

在显微成像系统中，我们可以用傅里叶变换和线性滤波来描述图像的生成。对一个相干成像系统来说其复振幅的变化是线性的，而对非相干成像系统来说强度的变化是线性的。但对于在部分相干照明下的成像系统来说，样品本身、光源和成像系统的非线性性质导致整个成像过程变得非常复杂。

6.3.1　部分非相干照明下的理想成像模型

本节我们将对 4.2 节的相干成像情形加以拓展，考虑位于聚光镜孔径光阑为一个有限尺寸的扩展非相干面光源(式(6-42))，如图 6-21 所示，且具有严格的单色性的情况。在此情形下，光源(聚光镜孔径光阑)放置于透镜的前焦面上成像于无穷远处，从而提供了高度均匀的照明场。由于光场为部分相干的，因此光场中任意两点的相干性用交叉谱密度来描述。根据 van Cittert-Zernike 定理，到达物体前的照明光场的交叉谱密度就是光源光强分布 $S(\boldsymbol{u})$ 的傅里叶变换(式(6-48))：

$$W_S(\boldsymbol{x}_1, \boldsymbol{x}_2) = W_S(\boldsymbol{x}_1 - \boldsymbol{x}_2) = \int S(\boldsymbol{u}) \mathrm{e}^{\mathrm{j}2\pi\boldsymbol{u}\cdot(\boldsymbol{x}_1-\boldsymbol{x}_2)} \mathrm{d}\boldsymbol{u} \tag{6-141}$$

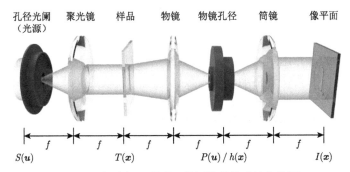

图 6-21　部分相干照明下的显微成像系统光路图

聚光镜光阑可以被看作是一个具有有限尺寸的非相干扩展源

与衍射平面上选定 $\boldsymbol{x}_1$ 和 $\boldsymbol{x}_2$ 两点间的坐标差 $\boldsymbol{x}_1 - \boldsymbol{x}_2$ 有关。为了简化，这里忽略了无关的光强常数因子，且仅考虑了 1∶1 的放大比例与归一化的频域坐标系，其与实际空域坐标系的关联为 $\boldsymbol{u} = \dfrac{\boldsymbol{x}}{\lambda f}$，其中，$f$ 为聚光镜的焦距。当考虑实际成像系统的放大率时，仅需对空间/空间频率坐标进行相对应的尺度缩放即可。

当照明光透射复透射率(complex transmittance)为 $T(\boldsymbol{x}) = a(\boldsymbol{x})\exp[\mathrm{j}\phi(\boldsymbol{x})]$ 的薄物体后，透射光场的交叉谱密度可以表示为

$$W_O(\boldsymbol{x}_1, \boldsymbol{x}_2) = W_S(\boldsymbol{x}_1, \boldsymbol{x}_2) T(\boldsymbol{x}_1) T^*(\boldsymbol{x}_2) \tag{6-142}$$

其取决于物体在两点处的复透射率 $T(\boldsymbol{x}_1)$ 与 $T^*(\boldsymbol{x}_2)$ 以及照明的交叉谱密度。而成像系统对光场的调制作用可以在空间频率域利用角谱传递函数所描述，如

6.1.3 节所讨论的。透射光场经过成像透镜的傅里叶变换作用后，在光瞳面需要乘上两次相干传递函数 $H(\boldsymbol{u})$，然后再进行傅里叶逆变换后获得图像平面处的交叉谱密度函数：

$$W_I(\boldsymbol{x}_1, \boldsymbol{x}_2) = \iint \hat{W}_O(\boldsymbol{u}_1, \boldsymbol{u}_2) H(\boldsymbol{u}_1) H^*(\boldsymbol{u}_2) \mathrm{e}^{\mathrm{j}2\pi(\boldsymbol{u}_1\boldsymbol{x}_1 + \boldsymbol{u}_2\boldsymbol{x}_2)} \mathrm{d}\boldsymbol{u}_1 \mathrm{d}\boldsymbol{u}_2 \tag{6-143}$$

其中，$H(\boldsymbol{u}_1)H^*(\boldsymbol{u}_2)$ 称为互相干传递函数(mutual coherent transfer function)。式(6-143)表明部分相干成像系统中，交叉谱密度 $\hat{W}_O(\boldsymbol{u}_1, \boldsymbol{u}_2)$ 是随互相干传递函数而线性传输的。等价地，它也可以在空域中被写成如下的卷积形式：

$$W_I(\boldsymbol{x}_1, \boldsymbol{x}_2) = \iint W_O(\boldsymbol{x}_1', \boldsymbol{x}_2') h(\boldsymbol{x}_1 - \boldsymbol{x}_1') h^*(\boldsymbol{x}_2 - \boldsymbol{x}_2') \mathrm{d}\boldsymbol{x}_1' \mathrm{d}\boldsymbol{x}_2' \tag{6-144}$$

其中，$h(\boldsymbol{x}_1)h^*(\boldsymbol{x}_2)$ 称为互点扩散函数(mutual point spread function)。式(6-144)表明，物空间的交叉谱密度是同时在两个空间坐标上($\boldsymbol{x}_1$ 和 $\boldsymbol{x}_2$)受互点扩散函数所模糊的。我们在图像平面处所能拍摄的光强其实是交叉谱密度函数的对角元素，即

$$I(\boldsymbol{x}) = W_I(\boldsymbol{x}, \boldsymbol{x}) = \iint W_S(\boldsymbol{x}_1, \boldsymbol{x}_2) T(\boldsymbol{x}_1) T^*(\boldsymbol{x}_2) h(\boldsymbol{x} - \boldsymbol{x}_1) h^*(\boldsymbol{x} - \boldsymbol{x}_2) \mathrm{d}\boldsymbol{x}_1 \mathrm{d}\boldsymbol{x}_2 \tag{6-145}$$

将式(6-141)再代入式(6-145)，该表达式可以得到化简并被表示为

$$I(\boldsymbol{x}) = \int S(\boldsymbol{u}) \left| \int T(\boldsymbol{x}') h(\boldsymbol{x} - \boldsymbol{x}') \mathrm{e}^{\mathrm{j}2\pi\boldsymbol{u}\boldsymbol{x}'} \mathrm{d}\boldsymbol{x}' \right|^2 \mathrm{d}\boldsymbol{u} \equiv \int S(\boldsymbol{u}) I_{\boldsymbol{u}}(\boldsymbol{x}) \mathrm{d}\boldsymbol{u} \tag{6-146}$$

式(6-146)表明，最终在图像平面处所能拍摄的光强可以看作非相干的准单色面光源上每个点源形成的相干平面波照明物体并形成的图像 $I_{\boldsymbol{u}}(\boldsymbol{x})$ 的强度(非相干)叠加。

6.3.2 空间相干性对成像的影响

在第 4.2 节，我们已经考虑了平面波相干照明的情形，即光源为位于聚光镜孔径光阑在光轴上的几何点 $S(\boldsymbol{u}) = \delta(\boldsymbol{u})$，对于仅此点光源照明物体的情形，此时产生的光强有

$$I_0(\boldsymbol{x}) = \left| \int T(\boldsymbol{x}') h(\boldsymbol{x} - \boldsymbol{x}') \mathrm{d}\boldsymbol{x}' \right|^2 = |T(\boldsymbol{x}) \otimes h(\boldsymbol{x})|^2 \tag{6-147}$$

我们再考虑另一个极端，即当光源为一个无穷大的扩展面光源时，此时照明光场的交叉谱密度退化为 δ 函数：

$$W_S(\boldsymbol{x}_1, \boldsymbol{x}_2) = \int C \mathrm{e}^{\mathrm{j}2\pi\boldsymbol{u}\cdot(\boldsymbol{x}_1 - \boldsymbol{x}_2)} \mathrm{d}\boldsymbol{u} = C\delta(\boldsymbol{x}_1 - \boldsymbol{x}_2) \tag{6-148}$$

将式(6-148)代入式(6-145)并忽略无关紧要的常数因子，我们得到

$$\begin{aligned} I(\boldsymbol{x}) &= \iint \delta(\boldsymbol{x}_1 - \boldsymbol{x}_2) T(\boldsymbol{x}_1) T^*(\boldsymbol{x}_2) h(\boldsymbol{x} - \boldsymbol{x}_1) h^*(\boldsymbol{x} - \boldsymbol{x}_2) \mathrm{d}\boldsymbol{x}_1 \mathrm{d}\boldsymbol{x}_2 \\ &= |T(\boldsymbol{x})|^2 \otimes |h(\boldsymbol{x})|^2 \end{aligned} \tag{6-149}$$

这即是部分相干成像的两个极端——相干成像与非相干成像的情况。对于部分相干成像，应该是介于二者之间的情形，即扩展光源是具有限尺寸的。为了更清晰地揭示空间相干性对所形成光强图像的影响，下面我们忽略物镜的孔径效应(物镜孔径无穷大，即 $P(\boldsymbol{u}) \equiv 1$)。当系统存在距离为 Δz 的离焦时，相干传递函数即退化为自由空间传播的角谱传递函数。针对近似于沿 z 轴方向传播的傍轴光波场(满足傍轴近似)，该脉冲响应函数的表达式通常可以进一步地得以简化为

$$h_{\Delta z}(\boldsymbol{x}) = \frac{1}{\mathrm{j}\lambda\Delta z}\exp(\mathrm{j}k\Delta z)\exp\left\{\frac{\mathrm{j}\pi}{\lambda\Delta z}\mid\boldsymbol{x}\mid^2\right\} \tag{6-150}$$

将式(6-150)分别代入式(6-146)与式(6-147)，并忽略与横向坐标无关的常数与相位因子可以得到：

$$I(\boldsymbol{x}) = \int S(\boldsymbol{u})\left|\int T(\boldsymbol{x}')\exp\left\{\frac{\mathrm{j}\pi}{\lambda\Delta z}[\mid\boldsymbol{x}\mid^2+\mid\boldsymbol{x}'\mid^2-2(\boldsymbol{x}-\lambda\Delta z\boldsymbol{u})\cdot\boldsymbol{x}']\right\}\mathrm{d}\boldsymbol{x}'\right|^2\mathrm{d}\boldsymbol{u} \tag{6-151}$$

$$I_0(\boldsymbol{x}) = \left|\int T(\boldsymbol{x}')\exp\left\{\frac{\mathrm{j}\pi}{\lambda\Delta z}[\mid\boldsymbol{x}\mid^2+\mid\boldsymbol{x}'\mid^2-2\boldsymbol{x}\cdot\boldsymbol{x}']\right\}\mathrm{d}\boldsymbol{x}'\right|^2 \tag{6-152}$$

对式(6-151)补充与强度无关紧要的常数因子，并与式(6-152)相比较可以得到：

$$\begin{aligned}
I(\boldsymbol{x}) &= \int S(\boldsymbol{u})\left|\int T(\boldsymbol{x}')\exp\left\{\frac{\mathrm{j}\pi}{\lambda\Delta z}[\mid\boldsymbol{x}-\lambda\Delta z\boldsymbol{u}\mid^2+\mid\boldsymbol{x}'\mid^2-2(\boldsymbol{x}-\lambda\Delta z\boldsymbol{u})\cdot\boldsymbol{x}']\right\}\mathrm{d}\boldsymbol{x}'\right|^2\mathrm{d}\boldsymbol{u} \\
&= \int S(\boldsymbol{u})\left|\int T(\boldsymbol{x}')\exp\left\{\frac{\mathrm{j}\pi}{\lambda\Delta z}[\mid\boldsymbol{x}-\lambda\Delta z\boldsymbol{u}-\boldsymbol{x}'\mid^2]\right\}\mathrm{d}\boldsymbol{x}'\right|^2\mathrm{d}\boldsymbol{u} \\
&\overset{\boldsymbol{u}=\frac{\boldsymbol{x}}{\lambda f}}{=} \int S(\boldsymbol{u})I_0(\boldsymbol{x}-\lambda\Delta z\boldsymbol{u})\mathrm{d}\boldsymbol{u} = S\left(\frac{\Delta z\boldsymbol{x}}{f}\right)\otimes I_0(\boldsymbol{x})
\end{aligned}$$

$$\tag{6-153}$$

其中，$S(\Delta z\boldsymbol{x}/f)$ 为光源有效的光源强度分布，其有效尺寸与离焦距离 Δz 成正比。这可以借助于图 6-22 所解释，离轴点光源照明物体时，原物点最终的成像位置将随离焦距离 Δz 的增加而产生 $\Delta z\boldsymbol{x}/f$ 的增量横向偏移。因此聚光镜孔径光阑为一个有限尺寸的扩展非相干面光源时(如半径为 $\boldsymbol{x}$ 的一个均匀圆盘)，那么随着 Δz 的增加，由光源产生的弥散斑尺寸也会相应成比例增加，形成一个横向半径为 $\Delta z\boldsymbol{x}/f$ 的均匀圆斑。不同物点所产生的弥散斑互不相关，强度直接叠加在一起产生展宽效应和平滑效应，导致衍射图中的高频细节部分衰减甚至丢失，这就是式(6-153)的卷积所隐含的物理意义。

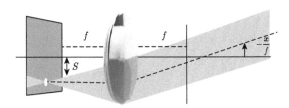

(a) 离轴点光源产生横向波矢方向为 $-x/f$ 倾斜平面波

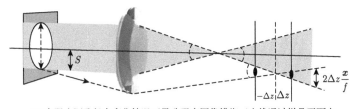

(b) 有限光源孔径在离焦情况下导致强度图像模糊（光线通过样品平面上的一个点时会在位于 $\pm\Delta z$ 离焦面上产生一个直径为 $2\Delta z x/f$ 的光斑）

图 6-22　光源相干性带来的模糊效应

　　显然衍射图中的高频细节成分损失对于准确的相位复原是不利的。为了降低光源卷积所导致的模糊效应，我们可以尽量减小离焦距离 Δz。当 $\Delta z \to 0$ 时，$S(\Delta z x / f) \to \delta(\boldsymbol{u})$，此时模糊效应完全消除，我们可以获得与相干情形下完全一致的光强图 $I_0(\boldsymbol{x})$（这不难理解，因为不同角度平面波所照射物体生成的聚焦面光强图都是一致的）。然而如第 4.2 节所讨论的，光强传输方程这类相位复原算法的基本思想就是通过在光瞳面引入离焦而产生相衬，从而首先将相位信息转换为光强信息；没有离焦我们是完全观察不到物体的相位成分的，这与我们相位复原的目的相悖。因此，不难理解光源的空间相干性的降低是会影响成像系统的相位衬度的。当然我们还需注意，式(6-153)成立的前提条件是忽略成像系统的孔径效应，即 $P(\boldsymbol{u}) \equiv 1$。在此假设下，我们才能近似认为部分相干成像系统中光源平面上不同位置的点光源所产生的衍射图案是线性空不变的(仅存在 $\Delta z x / f$ 平移)。当严格考虑物镜的有限数值孔径效应时，该关系得不到满足。

6.3.3　时间相干性对成像的影响

　　目前在显微镜中，光源通常采用卤素灯与连续光谱的 LED 等。它们都不可能提供像激光那样单一波长的光，都具有一定的带宽。因此，无法用单一波长去对它们进行描述。通过第 6.1 节我们知道，光源的时间相干性完全由其功率谱密度即通常所理解的光谱分布所描述。假设光源的功率谱密度为 $S_\omega(\boldsymbol{u})$，由于各个波长之间不具备相干性，则光源总的强度分布为各个波长功率谱密度总的线性叠加：

$$I_S(\boldsymbol{u}) = \int S_\omega(\boldsymbol{u}) \mathrm{d}\omega \tag{6-154}$$

在上一节中我们认为光源是个准单色的扩展面光源，其强度为 $S(\boldsymbol{u})$。本节我们假设光源具有一定的光谱分布 $S_\omega(\boldsymbol{u})$，此时式(6-145)与式(6-146)可以被改写为

$$I(\boldsymbol{x}) = \int W_\omega(\boldsymbol{x}, \boldsymbol{x})\mathrm{d}\omega = \int \iint W_{S_\omega}(\boldsymbol{x}_1, \boldsymbol{x}_2) T_\omega(\boldsymbol{x}_1) T_\omega^*(\boldsymbol{x}_2) h_\omega(\boldsymbol{x} - \boldsymbol{x}_1) h_\omega^*(\boldsymbol{x} - \boldsymbol{x}_2) \mathrm{d}\boldsymbol{x}_1 \mathrm{d}\boldsymbol{x}_2 \mathrm{d}\omega$$

(6-155)

当照明光源为非相干的多色扩展面光源时：

$$\begin{aligned}
I(\boldsymbol{x}) &= \iint S_\omega(\boldsymbol{u}) \left| \int T_\omega(\boldsymbol{x}') h_\omega(\boldsymbol{x} - \boldsymbol{x}') \mathrm{e}^{\mathrm{j}2\pi \boldsymbol{u}\boldsymbol{x}'} \mathrm{d}\boldsymbol{x}' \right|^2 \mathrm{d}\boldsymbol{u}\mathrm{d}\omega \\
&\equiv \iint S_\omega(\boldsymbol{u}) I_{\boldsymbol{u},\omega}(\boldsymbol{x}) \mathrm{d}\boldsymbol{u}\mathrm{d}\omega
\end{aligned}$$

(6-156)

这表明最终成像的强度分布为各个波长分量单独成像后产生的强度再线性叠加的结果。该结论看起来简单直接，因为从公式上仅需对不同波长强度分别进行积分即可。但实际情况却并不是那么容易，因为需要注意的是，式(6-155)与式(6-156)中的复透射率与点扩散函数均是光波频率 ω 的函数，这表示一般而言样品的透射率是对波长具有选择特性的，且点扩散函数的形式也是与波长紧密相关的。对于复色光而言，同一个物体对于不同波长有不同的相位，这使得问题的处理变得复杂化。因此在实际的相位成像系统中，如果有条件通常会采用准单色光对样品进行照明，如在照明光路添加窄带滤光片，或采用单色 LED 作为照明光源等，这样就可以近似采用上节中的准单色条件对成像过程进行简化分析。当不得不采用复色光照明时，我们就不得不对观测样品做出一定的假设或限制：如假设物体在照明光的光谱范围内的吸收基本保持恒定/弱吸收，这对于一般的未染色细胞而言近似为一个合理假设。此外还需注意的是，当傍轴近似下且忽略物镜的孔径效应时，成像系统的离焦完全由菲涅耳近似下的点扩散函数所描述：

$$h_{\Delta z}(\boldsymbol{x}) = \frac{1}{\mathrm{j}\lambda\Delta z} \exp(\mathrm{j}k\Delta z) \exp\left\{ \frac{\mathrm{j}\pi}{\lambda\Delta z} | \boldsymbol{x} |^2 \right\}$$

(6-157)

显然点扩散函数是与波长紧密相关的。但仔细观察可以发现，等式右侧前两项为与横向坐标无关的常数与相位因子，而第三项 $\exp\left\{ \frac{\mathrm{j}\pi}{\lambda\Delta z} | \boldsymbol{x} |^2 \right\}$ 则是与空间分布相关的球面相位因子，分母中 λ 与 Δz 是乘积的关系。这说明如果忽略样品透射率的波长选择特性，改变照明光波的波长($\lambda \to \lambda + \delta\lambda$)可以等价于看作波长不变、改变了离焦距离($z \to z + \delta z$)。其中

$$\delta z = -\frac{\delta\lambda\Delta z}{\lambda + \delta\lambda}$$

(6-158)

因此如果采用复色光照明时，最终在离焦平面所拍摄到的光强图像可以看作同一物体在 z 附近的许多衍射图像强度叠加的结果。这种色散效应随着离焦距离的增加而加重。显然，互不相关的弥散斑叠加在一起会产生平滑效应，导致衍射图中的高频细节衰减甚至丢失。因此，同光源的空间相干性的横向平滑效应有些类似，光源的时间相干性表现在不同轴向传播距离的弥散斑叠加在一起会产生的平滑效应。最后值得注意的是，虽然采用复色照明会导致成像系统的相位衬度的下降，但倘若能够采用不同波长光波分别照明待测物体，那么利用这种菲涅耳衍射波长与传输距离可互换特性就可以实现成像离焦距离的等价改变，这个思路已被用来实现非机械移动的光强传输方程定量相位成像。

6.3.4　交叉传递系数与弱物体传递函数

在显微成像系统中，一般可以用傅里叶变换和线性滤波来描述图像的生成。对于一个相干成像来说，其为一个复振幅的线性系统(式(6-147))；对非相干成像来说，其为一个光强的线性系统(式(6-148))。对于部分相干照明下的成像系统来说，整个成像过程会更为复杂一些。在 6.3.1 节，我们已经给出了部分相干系统的空间像光强分布公式(式(6-145)与式(6-146))，其中式(6-146)具有更为明确的物理意义，即部分相干照明光源看作是一系列互不相干的点光源的集合，每个非相干点光源在成像面上形成一个光强分布，成像面上所有点光源的光强叠加即近似为部分相干系统的空间像光强分布，该理论称为单点衍射叠加成像的理论或阿贝成像原理。但实际上，面向部分相干系统的光学成像原理在 20 世纪 50 年代由 Hopkins 首先建立，其从式(6-145)出发，并将式(6-141)再代入后写成如下的傅里叶积分形式：

$$I(\boldsymbol{x}) = \iiint S(\boldsymbol{u})\hat{T}(\boldsymbol{u}_1)\,\hat{T}^*(\boldsymbol{u}_2)H(\boldsymbol{u}+\boldsymbol{u}_1)H^*(\boldsymbol{u}+\boldsymbol{u}_2)\mathrm{e}^{\mathrm{j}2\pi x(\boldsymbol{u}_1-\boldsymbol{u}_2)}\mathrm{d}\boldsymbol{u}_1\mathrm{d}\boldsymbol{u}_2\mathrm{d}\boldsymbol{u} \quad (6\text{-}159)$$

为了将样品和成像系统的贡献区分开，Hopkins 将与成像系统因素相关的分量定义为交叉传递系数(TCC)：

$$\mathrm{TCC}(\boldsymbol{u}_1,\boldsymbol{u}_2) = \int S(\boldsymbol{u})H(\boldsymbol{u}+\boldsymbol{u}_1)H^*(\boldsymbol{u}+\boldsymbol{u}_2)\mathrm{d}\boldsymbol{u} \quad (6\text{-}160)$$

借助于 TCC，我们可以将式(6-159)写成如下的简化形式：

$$I(\boldsymbol{x}) = \iint \hat{T}(\boldsymbol{u}_1)\,\hat{T}^*(\boldsymbol{u}_2)\mathrm{TCC}(\boldsymbol{u}_1,\boldsymbol{u}_2)\mathrm{e}^{\mathrm{j}2\pi x(\boldsymbol{u}_1-\boldsymbol{u}_2)}\mathrm{d}\boldsymbol{u}_1\mathrm{d}\boldsymbol{u}_2 \quad (6\text{-}161)$$

由此可见，图像的光强可以看作是两个空间频率为 $\boldsymbol{u}_1$ 与 $\boldsymbol{u}_2$ 的平面波的干涉条纹 ($\mathrm{e}^{\mathrm{j}2\pi x(\boldsymbol{u}_1-\boldsymbol{u}_2)}$)的线性叠加，它们叠加的幅度由交叉传递系数 $\mathrm{TCC}(\boldsymbol{u}_1,\boldsymbol{u}_2)$ 与物体复透

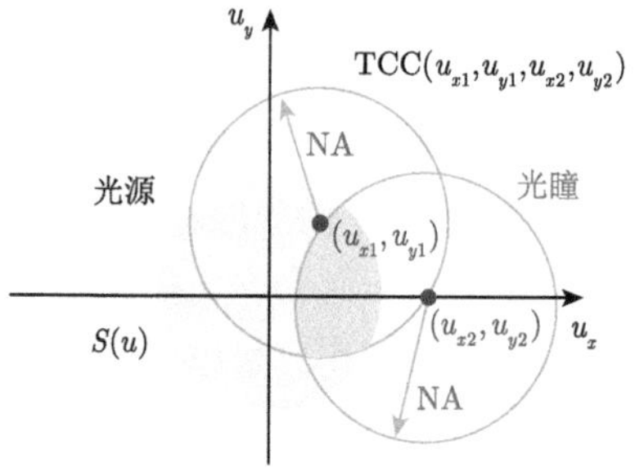

图 6-23　交叉传递系数几何示意图

射率的频谱在两个空间频率 $\boldsymbol{u}_1$ 与 $\boldsymbol{u}_2$ 的取值所决定。因此，由式(6-161)所决定的最终图像的光强与物体复透射率频谱之间的关系被称为是双线性的。而它们之间的传递函数即是交叉传递系数 $\mathrm{TCC}(\boldsymbol{u}_1, \boldsymbol{u}_2)$。本质上，TCC 是二维卷积积分，可以在光源及两个移动的复光瞳面交叉部分内对三个函数积分计算，如图 6-23 所示。两个光瞳所在的任一位置 (u_{x1}, u_{y1}) 和 (u_{x2}, u_{y2}) 积分计算出来的结果即是四维 TCC 矩阵中的一点，即 $\mathrm{TCC}(u_{x1}, u_{y1}, u_{x2}, u_{y2})$，当两个光瞳函数在 (u_x, u_y) 坐标平面内移动时，即可以构成四维 TCC 矩阵。

由于部分相干成像系统中的图像强度与物体的振幅或相位并非呈线性关系，为了简化图像生成公式以使相位复原问题变得可解，我们也需要采用一定的近似条件以实现光强与相位之间定量关系的线性化。对于部分相干成像而言，最常用的线性化手段为弱物体近似(物体的吸收与相位足够小)，这在相干成像的情形下已经得到过充分讨论(见 4.3.1 节)。下面我们针对弱物体近似，对部分相干成像的情形加以讨论。当物体满足弱物体近似(物体的吸收与相位足够小)时，物体的复透射率可以被简化为

$$T(\boldsymbol{x}) = a(\boldsymbol{x})\exp[\mathrm{j}\phi(\boldsymbol{x})] \underset{\Delta a(\boldsymbol{x}) \ll a_0}{\overset{\phi(\boldsymbol{x}) \ll 1}{\approx}} [a_0 + \Delta a(\boldsymbol{x})][1 + \mathrm{j}\phi(\boldsymbol{x})]$$
$$\underset{a(\boldsymbol{x}) = a_0 + \Delta a(\boldsymbol{x})}{\approx} a_0 + \Delta a(\boldsymbol{x}) + \mathrm{j}a_0\phi(\boldsymbol{x}) \tag{6-162}$$

其中，a_0 表示入射平面波未被物体扰动的直透分量，为一个常数。后两项代表衍射光分量，其中第二项又可以被进一步写成 $\Delta a(\boldsymbol{x}) = a_0\eta(\boldsymbol{x})$，即表示物体的二维归一化的吸收率变化 $\eta(\boldsymbol{x})$ 对复振幅的贡献；$\mathrm{j}a_0\phi(\boldsymbol{x})$ 则表示物体相位分布对总体复振幅的贡献。对式(6-162)做傅里叶变换，可得到物体复透射率的频谱为

$$\hat{T}(\boldsymbol{u}) = a_0[\delta(\boldsymbol{u}) + \hat{\eta}(\boldsymbol{u}) + \mathrm{j}\hat{\phi}(\boldsymbol{u})] \tag{6-163}$$

则物体的互频谱为

$$\hat{T}(\boldsymbol{u}_1)\,\hat{T}^*(\boldsymbol{u}_2) = a_0^2\delta(\boldsymbol{u}_1)\delta(\boldsymbol{u}_2) + a_0\delta(\boldsymbol{u}_2)[\hat{\eta}(\boldsymbol{u}_1) + \mathrm{j}\hat{\phi}(\boldsymbol{u}_1)] + a_0\delta(\boldsymbol{u}_1)[\hat{\eta}(\boldsymbol{u}_2) - \mathrm{j}\hat{\phi}(\boldsymbol{u}_2)]$$
$$\tag{6-164}$$

注意由于散射光很弱，这里我们忽略了散射光之间的干涉项，这与衍射层析成像中经常采用的一阶玻恩近似(first order Born approximation)是吻合的。将式(6-164)代入式(6-161)可得弱物体的部分相干下光强分布公式：

$$I(\boldsymbol{x}) = a_0^2 \mathrm{TCC}(\boldsymbol{0},\boldsymbol{0}) + 2a_0 \, \mathrm{Re} \left\{ \int \mathrm{TCC}(\boldsymbol{u},\boldsymbol{0})[\hat{\eta}(\boldsymbol{u}) + \mathrm{j}\hat{\phi}(\boldsymbol{u})] \mathrm{e}^{\mathrm{j}2\pi\boldsymbol{x}\boldsymbol{u}} \mathrm{d}\boldsymbol{u} \right\} \quad (6\text{-}165)$$

注意这里我们采用了 $\mathrm{TCC}^*(\boldsymbol{0},\boldsymbol{u}) = \mathrm{TCC}(\boldsymbol{u},\boldsymbol{0})$ 这一简单的性质(TCC 是厄米对称的)。显然,当引入了弱物体近似后,光强已成为物体吸收与相位的线性函数。根据上式我们定义 $\mathrm{TCC}(\boldsymbol{u},\boldsymbol{0})$,即交叉传递系数的线性部分,即为弱物体传递函数(weak object transfer function,WOTF),即

$$\mathrm{WOTF}(\boldsymbol{u}) \equiv \mathrm{TCC}(\boldsymbol{u},\boldsymbol{0}) = \int S(\boldsymbol{u}')H(\boldsymbol{u}'+\boldsymbol{u})H^*(\boldsymbol{u}')\mathrm{d}\boldsymbol{u}' \quad (6\text{-}166)$$

式(6-165)表明,为了使图像中能够表现出物体的吸收或者相位信息,式中的第二项积分结果中的吸收或者相位项与 TCC 作用后的傅里叶变换必须要有实部分量。由于物体的吸收与相位分布都是一个实函数,根据傅里叶变换的性质可知 $\Delta\hat{a}(\boldsymbol{u})$ 的傅里叶变换实部是偶函数,虚部是奇函数。而相位因子由于频谱前多了一个虚数单位,所以 $\mathrm{j}\hat{\phi}(\boldsymbol{u})$ 的实部是奇函数,虚部是偶函数。

对于一个没有像差,照明孔径和物镜孔径都是轴对称的显微系统而言,相干传递函数等于物镜的光瞳函数 $H(\boldsymbol{u}) = P(\boldsymbol{u})$,其为一个标准的 circ 函数。通常情况下(对应于明场成像时),圆形的聚光镜孔径光阑被物镜的光瞳区域所包围,因此有

$$\mathrm{WOTF}(\boldsymbol{u}) \equiv \mathrm{TCC}(\boldsymbol{u},\boldsymbol{0}) = \int P(\boldsymbol{u}')P(\boldsymbol{u}'+\boldsymbol{u})\mathrm{d}\boldsymbol{u}' \quad (6\text{-}167)$$

此时 $\mathrm{WOTF}(\boldsymbol{u})$ 始终是一个偶对称的实函数,如图 6-24 所示。一个实偶形式的 $\mathrm{WOTF}(\boldsymbol{u})$ 与 $\mathrm{j}\hat{\phi}(\boldsymbol{u})$ 作用后,实部仍然是奇函数,虚部仍然是偶函数。再根据傅里叶变换的虚实奇偶性可知,实奇函数的傅里叶变换是个虚奇函数,虚偶函数的傅里叶变换是虚偶函数。因此相位成分经过傅里叶变换后最终是个纯虚函数,因此无法体现在光强中。所以不论系统的相干性如何,相位在聚焦面上都不会产生光强差异分布(对比度)。同理我们可以发现,样品吸收部分经过傅里叶变换后最终是个纯实函数,可以在最终图像中体现出强度反差的。因此对于一般形式下的 $\mathrm{WOTF}(\boldsymbol{u})$ 而言,其实偶对称部分与虚奇对称部分分别对应着弱物体的振幅部分和相位部分在最终光强信号中的衬度,我们将其分别定义为部分相干照明下的吸收传递函数和相位传递函数:

$$I(\boldsymbol{x}) = a_0^2 \mathrm{TCC}(\boldsymbol{0},\boldsymbol{0}) + 2a_0 \, \mathrm{Re}\{\mathscr{F}^{-1}[H_{\mathrm{A}}(\boldsymbol{u})\hat{\eta}(\boldsymbol{u}) + H_{\mathrm{P}}(\boldsymbol{u})\hat{\phi}(\boldsymbol{u})]\} \quad (6\text{-}168)$$

其中,

$$H_{\mathrm{A}}(\boldsymbol{u}) = \mathrm{WOTF}(\boldsymbol{u}) + \mathrm{WOTF}^*(-\boldsymbol{u}) \quad (6\text{-}169)$$

$$H_{\mathrm{P}}(\boldsymbol{u}) = \mathrm{WOTF}^*(\boldsymbol{u}) - \mathrm{WOTF}(-\boldsymbol{u}) \quad (6\text{-}170)$$

分别对应弱物体的部分相干吸收传递函数与相位传递函数。因此想要产生或拍摄

到相位带来的光强变化，必须采用非对称的照明打破照明孔径，或者非对称的光瞳打破物镜孔径的轴对称性，图 6-24(c)给出了倾斜照明下 WOTF 的分布，其 WOTF 相比于轴对称照明时产生了平移，从而不再沿着光轴对称分布。此时相位传递函数 $H_\mathrm{p}(\boldsymbol{u})$ 非零，从而在图像中能够观察到相衬成分。这种基于非对称照明/探测引入相差的思想被广泛应用于相衬成像、波前传感或者定量相位成像中，如差分相衬显微，四棱锥波前传感器或孔径分割/可编程显微镜等。

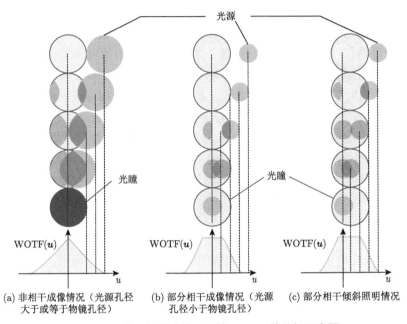

图 6-24　三种不同照明情况下的 WOTF 的几何示意图

前面所讨论的情况局限于没有像差的光学系统，且此时 $\mathrm{WOTF}(\boldsymbol{u})$ 为实函数我们才可以得到式(6-169)与式(6-170)的传递函数形式，并发现必须对成像系统引入非对称性才能探测到相位信息。但实际上，还存在另一种更简便的产生相衬的方法，即通过在相干传递函数中引入虚部成分打破 $\mathrm{WOTF}(\boldsymbol{u})$ 的实性：最简单地莫过于直接对光学系统进行离焦。当成像系统存在距离为 Δz 的离焦时，相干传递函数则由物镜的光瞳函数 $P(\boldsymbol{u})$ 与角谱传递函数的乘积所决定，分别为

$$H(\boldsymbol{u}) = P(\boldsymbol{u})H_{\Delta_z}(\boldsymbol{u}) = P(\boldsymbol{u})\mathrm{e}^{\mathrm{j}k\Delta z\sqrt{1-\lambda^2|\boldsymbol{u}|^2}} \tag{6-171}$$

将式(6-171)代入到式(6-166)得到 WOTF 的表达式：

$$\mathrm{WOTF}(\boldsymbol{u}) \equiv \mathrm{TCC}(\boldsymbol{u},0)$$
$$= \int S(\boldsymbol{u}')P(\boldsymbol{u}')P(\boldsymbol{u}'+\boldsymbol{u})\mathrm{e}^{\mathrm{j}k\Delta z\left(-\sqrt{1-\lambda^2|\boldsymbol{u}'|^2}+\sqrt{1-\lambda^2|\boldsymbol{u}+\boldsymbol{u}'|^2}\right)}\mathrm{d}\boldsymbol{u}' \tag{6-172}$$

不难发现此时 WOTF($\boldsymbol{u}$) 是个关于 $\boldsymbol{u}$ 的偶对称复函数。类似地，根据傅里叶变换的虚实奇偶特性可知，此时 WOTF($\boldsymbol{u}$) 的实部和虚部分别对应着弱物体的振幅部分和相位部分在最终光强信号中的衬度，即部分相干照明下的吸收传递函数和相位传递函数：

$$H_\mathrm{A}(\boldsymbol{u}) = \mathrm{Re}[\mathrm{WOTF}(\boldsymbol{u})] \tag{6-173}$$

$$H_\mathrm{P}(\boldsymbol{u}) = -\mathrm{Im}[\mathrm{WOTF}(\boldsymbol{u})] \tag{6-174}$$

注意式(6-173)、式(6-174)与式(6-169)、式(6-170)的传递函数形式是不同的，这是由于它们推导的前提条件是不同的：式(6-169)和式(6-170)局限于没有像差的光学系统(WOTF($\boldsymbol{u}$) 为实函数)，而式(6-173)和式(6-174)的前提条件是轴对称的光学系统(WOTF($\boldsymbol{u}$) 为偶对称函数)。

6.3.5 相干、非相干、部分相干照明下的相位传递函数

在前一节中，我们已经推导了部分相干照明下弱物体传递函数 WOTF($\boldsymbol{u}$)，其就是交叉传递系数的线性部分 TCC($\boldsymbol{u}$,0)，并讨论了两种特殊情况下吸收传递函数和相位传递函数。本节中，我们集中讨论部分离焦条件下的相位传递函数的形式。由于部分相干成像其实涵盖了相干成像到非相干成像的范畴，我们首先可以利用部分相干照明下弱物体传递函数去研究相干或非相干照明的极限情况下的弱物体的成像特性。回顾第 4 章我们知道，显微镜中照明光波场的空间相干性可由相干参数所定量描述。相干参数被定义为照明数值孔径与物镜数值孔径之比[71-74]，其又等价于聚光镜孔径光阑与物镜孔径光阑的半径比：

$$S = \frac{\mathrm{NA}_\mathrm{ill}}{\mathrm{NA}_\mathrm{obj}} \tag{6-175}$$

S 越大，则成像系统的空间相干性越弱。在相干照明下，光源退化为轴上的理想点光源 $S(\boldsymbol{u}) = \delta(\boldsymbol{u})$，即相干参数 $S \rightarrow 0$。此时部分相干的弱物体光学传递函数会退化为相干情况下的弱物体光学传递函数：

$$\mathrm{WOTF}_\mathrm{coh}(\boldsymbol{u}) = P(\boldsymbol{u})\mathrm{e}^{\mathrm{j}k\Delta z\left(\sqrt{1-\lambda^2|\boldsymbol{u}|^2}-1\right)} \tag{6-176}$$

其实部与虚部分别对应着弱物体的吸收传递函数和相位传递函数：

$$H_\mathrm{A}(\boldsymbol{u}) = P(\boldsymbol{u})\cos\left[k\Delta z\left(\sqrt{1-\lambda^2|\boldsymbol{u}|^2}-1\right)\right] \tag{6-177}$$

$$H_\mathrm{P}(\boldsymbol{u}) = -P(\boldsymbol{u})\sin\left[k\Delta z\left(\sqrt{1-\lambda^2|\boldsymbol{u}|^2}-1\right)\right] \tag{6-178}$$

在傍轴近似条件下，$jk\Delta z\left(\sqrt{1-\lambda^2\mid\boldsymbol{u}\mid^2}-1\right)\approx-j\pi\lambda\Delta z\mid\boldsymbol{u}\mid^2$，所以有

$$H_{\mathrm{A}}(\boldsymbol{u})=P(\boldsymbol{u})\cos(\pi\lambda\Delta z\mid\boldsymbol{u}\mid^2) \tag{6-179}$$

$$H_{\mathrm{P}}(\boldsymbol{u})=P(\boldsymbol{u})\sin(\pi\lambda\Delta z\mid\boldsymbol{u}\mid^2) \tag{6-180}$$

此吸收传递函数和相位传递函数与我们在第 4 章的推导结果完全相同。如果当离焦距离足够小 $\Delta z\to 0$，则 $\sin(\pi\lambda\Delta z\mid\boldsymbol{u}\mid^2)\approx\pi\lambda\Delta z\mid\boldsymbol{u}\mid^2$，与第 4 章相干情况下的推导类似，可以直接由部分相干的弱物体光学传递函数出发推导出均匀光强下的光强传输方程 $-k\dfrac{\partial I}{\partial z}=I\nabla^2\phi$。如图 6-25 所示，这里展示了关于中心旋转对称成像系统的传递函数分布，分别给出了相干传递函数和非相干传递函数的分布。而对于更一般的情况，从图 6-26 中可以看出在不同照明相干参数和离焦距离下成像系统的光学传递函数的响应曲线幅值和截止频率也会出现较大的变化。

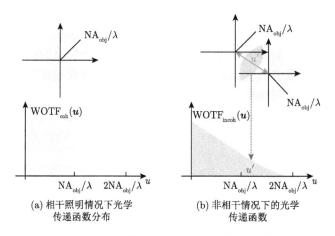

(a) 相干照明情况下光学　　　　(b) 非相干情况下的光学
传递函数分布　　　　　　　　　传递函数

图 6-25　关于中心旋转对称成像系统的传递函数分布

接下来我们来讨论另一个极端，即非相干照明的情况。严格意义上来说，空间非相干照明由一个无穷大的扩展面光源所产生，即相干因子 $S\to\infty$，此时照明光场的交叉谱密度才能严格退化为 δ 函数(式(6-148))。但显然对于一个实际的成像系统而言，容纳一个“尺寸无穷大”的扩展面光源是不切实际的。另一方面，由于还受到聚光镜数值孔径的限制，因此严格意义上的空间非相干照明是物理无法实现的。但当考虑一弱物体时，随着聚光镜孔径光阑的增加，直至等于或超过了物镜孔径光阑后，即 $S=\mathrm{NA}_{\mathrm{ill}}/\mathrm{NA}_{\mathrm{obj}}\geqslant 1$，此时圆形的聚光镜孔径光阑被物镜的光瞳区域所限制，其 WOTF 的形式也将不再发生变化，成为成像系统相干传递函数的自相关：

$$\text{WOTF}_{\text{incoh}}(\boldsymbol{u}) = \int H(\boldsymbol{u}' + \boldsymbol{u})H^*(\boldsymbol{u}')\mathrm{d}\boldsymbol{u}' \tag{6-181}$$

此时成像系统表现出完全的非相干特性[72, 74, 75]。对于一个轴对称的光学成像系统而言，其相关传递函数 $H(\boldsymbol{u})$ 是个关于 $\boldsymbol{u}$ 的偶函数，那么 $\text{WOTF}_{\text{incoh}}(\boldsymbol{u})$ 始终是一个实函数(即使是存在离焦的情形)，其相位传递函数始终为 0，即物体的相位信息将不再体现在图像的强度分布中。因此在非相干情况下是无法对相位物体进行成像或相位复原的。

对于完美聚焦的理想光学成像系统，WOTF 即为两个等尺寸圆形光瞳函数的自相关(如图 6-25(b)所示)，其可以被表示为

$$\text{WOTF}_{\text{incoh}}(\overline{\rho}) = \frac{2}{\pi}\left[\arccos\left(\frac{\overline{\rho}}{2}\right) - \frac{\overline{\rho}}{2}\sqrt{1 - \left(\frac{\overline{\rho}}{2}\right)^2}\right] \quad \overline{\rho} < 2 \tag{6-182}$$

式中，$\overline{\rho}$ 为采用相干衍射极限频率 $\text{NA}_{\text{obj}}/\lambda$ 归一化后的空间频率坐标：

$$\overline{\rho} = \frac{\lambda}{\text{NA}_{\text{obj}}}\rho \tag{6-183}$$

经归一化后，相干衍射极限频率 $\text{NA}_{\text{obj}}/\lambda$ 对应于 $\overline{\rho} = 1$。图 6-26 给出了该聚焦的图形，其只包含实部，因此只能对物体的吸收部分进行成像，此图形也就对应着物体的吸收传递函数。可以看出物体的吸收衬度随着空间频率的升高逐步衰减，在相干衍射极限频率($\text{NA}_{\text{obj}}/\lambda$)处的相对衰减大约为 61%，最终在非相干衍射极限频率($2\text{NA}_{\text{obj}}/\lambda$)处衰减为 0。当系统存在离焦时，吸收衬度随着离焦距离的增加而急剧下降，如图中所显示的不同离焦下的 $\text{WOTF}_{\text{incoh}}$ 所示。

在上述基于 WOTF 的讨论中，我们发现，当 $S \geqslant 1$ 时，成像系统就完全表现为一个非相干成像系统的性质，并且 WOTF 的形式不再随 S 的增加而发生变化。但需要再次提醒的是，以上是基于弱物体近似下得到的结论，并不能直接推广到一般的情况(严格意义上的非相干成像需要相干因子 $S \to \infty$)，如当物体具有较强的散射时将不再适用。

从前面的讨论中我们可以发现，相干成像能够提供较高的相位衬度，但成像分辨率受限于相干衍射极限。非相干成像可以提供比相干成像更高的分辨率(非相干衍射极限频率是相干衍射极限的两倍)，但仅对物体的吸收成分敏感而无法探测相位信息。因此，将相干参数设置在介于相干和非相干照明之间 $0 < S < 1$，也就是部分相干照明的情况，应该是对相位成像比较有利的设定。图 6-27 与图 6-28 显示了不同相干度下，针对不同离焦距离下的部分相干吸收与相位传递函数的曲线。对于部分相干成像而言，其 WOTF 的表达式即为式(6-166)，其可以通过数

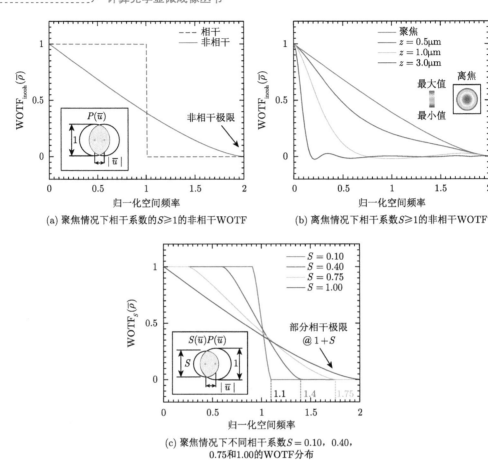

(a) 聚焦情况下相干系数的 $S \geqslant 1$ 的非相干WOTF

(b) 离焦情况下相干系数 $S \geqslant 1$ 的非相干WOTF

(c) 聚焦情况下不同相干系数 $S = 0.10$，0.40，0.75 和 1.00 的WOTF分布

图 6-26 **不同相干性和不同聚焦情况下的 WOTF 分布情况**

值求解，即计算对 $H^*(\boldsymbol{u}')$ 与 $H(\boldsymbol{u}' + \boldsymbol{u})$ 之间的加权面积得到。当部分相干成像系统完美聚焦时，WOTF 即为两个不等尺寸的圆(聚光镜光瞳与物镜光瞳)的自相关，其也可以被解析求解：

$$
\text{WOTF}_S(\overline{\rho}) = \begin{cases} \pi S^2 & 0 \leqslant \overline{\rho} \leqslant 1 - S \\ S^2 \arccos\left(\dfrac{\overline{\rho}^2 + S^2 - 1}{2\overline{\rho}S}\right) - \left(\dfrac{\overline{\rho}^2 + S^2 - 1}{2\overline{\rho}}\right)\sqrt{S^2 - \left(\dfrac{\overline{\rho}^2 + S^2 - 1}{2\overline{\rho}}\right)^2} \\ + S^2 \arccos\left(\dfrac{\overline{\rho}^2 - S^2 + 1}{2\overline{\rho}S}\right) - \left(\dfrac{\overline{\rho}^2 - S^2 + 1}{2\overline{\rho}}\right)\sqrt{1 - \left(\dfrac{\overline{\rho}^2 - S^2 + 1}{2\overline{\rho}}\right)^2} & 1 - S \leqslant \overline{\rho} \leqslant 1 + S \end{cases}
$$

$$(6\text{-}184)$$

　　图 6-27 给出了不同相干参数下聚焦 $\mathrm{WOTF}_{\mathrm{incoh}}(\bar{\rho})$ 的图形，其也仅包含实部，因此只能对物体的吸收部分进行成像。如图 6-27 可见吸收传递函数的截止频率拓展到 $1+S$，即为部分相干成像的截止频率，但其吸收衬度也随着 S 的提高减小衰减。因此综合两方面考虑，对于吸收物体的明场成像而言，一般把聚光镜孔径光阑调到等于物镜光瞳直径的 $70\%\sim80\%$（$S=0.7\sim0.8$）能够获得较好的成像分辨率与对比反差。

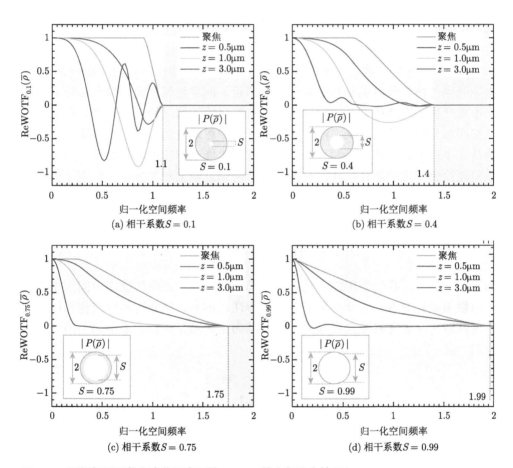

(a) 相干系数 $S=0.1$　　　　　　　　　　(b) 相干系数 $S=0.4$

(c) 相干系数 $S=0.75$　　　　　　　　　(d) 相干系数 $S=0.99$

图 6-27　不同相干系数和离焦距离下的 WOTF 的实部分布情况（$\mathrm{NA}_{\mathrm{obj}}=0.8$，$\lambda=550\mathrm{nm}$，图中的空间频率坐标已被归一化为相干衍射极限 $\mathrm{NA}_{\mathrm{obj}}/\lambda$）

　　下面我们着重再来分析一下离焦情况下的相位传递函数。可以看到随着相干参数 S 的逐步增加，相位传递函数的截止频率也逐步拓展到 $1+S$，这表明相干参数 S 的增加同样有助于提升相位成像的分辨率。但与此同时相位传递函数的幅值响应却随 S 的增加而急剧下降，峰值由几乎相干时的 1 逐步衰减到几乎非相干时的 0。这说明在相位成像过程中，显微镜相干参数的设置是十分重要，关小聚光镜孔径光阑可提升相位信息的对比度，但无法获得理想的成像分辨率。但也不能为了追求更高的相位分辨率而将光源的孔径开得太大，因为那时的相位传递函数幅值太小，最终所拍摄到的光强图像中的相位成分很低，极易被噪声所掩盖。此外，离焦距离对部分相干相位传递函数也有很大影响。一般来说，相干参数选的越大，部分相干相位传递函数的幅值随离焦的增大衰减也就越快。因此，为了提高相位复原的质量，需要综合考虑并合理选择照明的相干度和离焦距离，以达到最优的相位传递函数，即相位传递函数的频率通带尽可能大，同时也要保证相位传递函数的幅值尽可能大，接近于 0 的幅值尽可能少。

在本节的最后，我们将来回答本章一开始我们所给出的问题。Teague[1]起初推导光强传输方程时也是基于完全相干假设，即单色相干光。但在实际显微镜中很难严格实现该假设，我们往往采用有限尺寸的聚光镜孔径光阑，即照明光是空间部分相干的。但从文献报道来看，即使忽略光源的相干性因素，假设光场是完全相干的，并直接利用光强传输方程也能重构出不错的相位。为了针对该问题给出合理的解释，我们首先借助于傍轴近似来对部分相干照明下的离焦相位传递函数进行简化。在傍轴近似下且成像系统存在离焦时，相干传递函数可以被表示为

$$H(\boldsymbol{u}) = P(\boldsymbol{u})H_z(\boldsymbol{u}) = P(\boldsymbol{u})\mathrm{e}^{-\mathrm{j}\pi\lambda\Delta z|\boldsymbol{u}|^2} \tag{6-185}$$

为了运算方便，我们采用归一化后的空间频率坐标 $\bar{\rho}$，即将横向空间频率用相干衍射极限频率 $\mathrm{NA}_{\mathrm{obj}}/\lambda$ 去归一化。值得注意的是，在分析显微成像系统的传递函数时，许多文献还会引入归一化的轴向空间频率坐标，采用如下的公式进行归一化：

$$\bar{l} = \frac{2\lambda}{1-\sqrt{1-\mathrm{NA}_{\mathrm{obj}}^2}}l \overset{\overset{\text{傍轴近似}}{\mathrm{NA}_{\mathrm{obj}}\ll 1}}{\approx} \frac{\lambda}{\mathrm{NA}_{\mathrm{obj}}^2}l \tag{6-186}$$

同理，空域的横向坐标和轴向坐标均可以采用类似的方法进行归一化：

$$\bar{\boldsymbol{x}} = \frac{2\pi}{\lambda}\mathrm{NA}_{\mathrm{obj}}\boldsymbol{x} \tag{6-187}$$

$$\bar{z} = 2\pi\frac{\mathrm{NA}_{\mathrm{obj}}^2}{\lambda}z \tag{6-188}$$

当物镜的数值孔径较小时，光学系统满足傍轴近似条件，此时埃瓦尔德球可以用

抛物面描述，这在透镜系统中经常使用。采用归一化坐标后，离焦的相干传递函数可以被表示为

$$H(\overline{\rho}) = P(\overline{\rho})\mathrm{e}^{-\frac{1}{2}\mathrm{j}\overline{z}\overline{\rho}^2} = \mathrm{e}^{-\frac{1}{2}\mathrm{j}\overline{z}-\overline{\rho}^2} \quad \overline{\rho} < 1 \tag{6-189}$$

由于光学系统沿光轴的对称性，因此以下直接采用标量 $\overline{u}$ 表示归一化的径向坐标。将式(6-189)代入到式(6-166)得到傍轴近似下的离焦 WOTF 的表达式：

$$\mathrm{WOTF}_S(\overline{\rho},\overline{z}) = \begin{cases} \displaystyle\int_{-(S+\overline{\rho}/2)}^{S-\overline{\rho}/2} 2\sqrt{S^2 - \left(\frac{\overline{\rho}}{2}+x\right)^2} \exp(\mathrm{j}\overline{z}\overline{\rho}x)\mathrm{d}x & 0 \leqslant \overline{\rho} \leqslant 1-S \\[4mm] \displaystyle\int_{-(1-S^2)/2\overline{\rho}}^{S-\overline{\rho}/2} 2\sqrt{S^2 - \left(\frac{\overline{\rho}}{2}+x\right)^2} \exp(\mathrm{j}\overline{z}\overline{\rho}x)\mathrm{d}x \\[4mm] + \displaystyle\int_{\overline{\rho}/2-1}^{-(1-S^2)/2\overline{\rho}} 2\sqrt{1 - \left(\frac{\overline{\rho}}{2}+x\right)^2} \exp(\mathrm{j}\overline{z}\overline{\rho}x)\mathrm{d}x & 1-S \leqslant \overline{\rho} \leqslant 1+S \end{cases}$$

其实部与虚部分别对应着弱物体的吸收传递函数和相位传递函数。注意这个积分仍然无法解析求解，仅通过数值计算得到。图 6-28 给出了不同相干度、不同离焦距离下的部分相干相位传递函数的曲线。另外，在图 5-3 中，当相干参数取较小值，且 $\Delta z \to 0$ 时，$H_{\mathrm{TIE}}(\boldsymbol{u})$ 与 $H_{\mathrm{CTF}}(\boldsymbol{u})$ 的重合程度非常高，但随着 Δz 的增加，二者就逐渐开始产生差异。故图 6-28 与图 5-3 所展示的对比光强传输方程与弱物体或缓变物体近似下的相位传递函数所得到的结论非常类似。因为当相干参数较小时，成像系统的特性还是非常接近于一个理想相干成像系统的。但是，当相干参数增加，即照明的空间相干性下降时，二者的吻合程度即产生了急剧的下降。因为傍轴情况下的离焦相位传递函数与非傍轴下的总体趋势是十分类似的，相干参数选的越大，部分相干相位传递函数的幅值随离焦的增大衰减也就越快。但这种由于空间相干性所造成的传递函数幅值的衰减并没有体现在相干照明的情形中，因此部分相干相位传递函数的曲线与 TIE 的不吻合是同时受到离焦距离超出小离焦的限制以及空间相干性所造成的高频模糊两方面因素的影响，从而程度得以加重。但有趣的是，如果我们在实验中能够遵循 TIE 中所隐含的小离焦近似条件，即离焦距离满足时：

$$\Delta z \ll 1 / \pi\lambda\rho^2 \tag{6-190}$$

此时离焦的相干传递函数可以被表示为

$$H(\overline{\rho}) \stackrel{\text{小离焦}}{\approx} 1 - \frac{1}{2}\mathrm{j}\overline{z}\overline{\rho}^2 \tag{6-191}$$

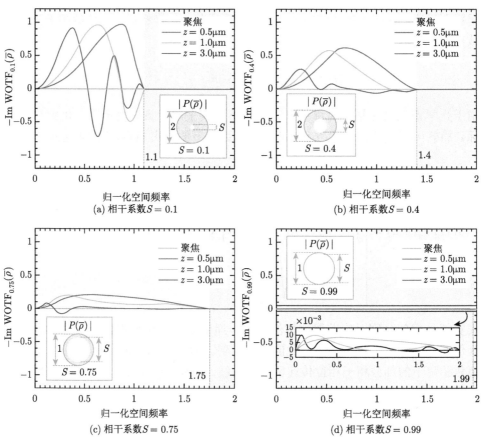

图 6-28　不同相干系数和离焦距离下的 WOTF 的虚部分布情况($\mathrm{NA_{obj}}=0.8$ ， $\lambda=550\mathrm{nm}$ ，图中的空间频率坐标已被归一化为相干衍射极限 $\mathrm{NA_{obj}}/\lambda$)

将式(6-191)代入到式(6-166)得到傍轴与小离焦近似下的离焦 WOTF 的表达式:

$$
\mathrm{WOTF}_S(\overline{\rho},\overline{z})=\begin{cases} \displaystyle\int_{-(S+\overline{\rho}/2)}^{S-\overline{\rho}/2} 2\sqrt{S^2-\left(\frac{\overline{\rho}}{2}+x\right)^2}\left(1-\frac{1}{2}\mathrm{j}\overline{z}\overline{\rho}^2\right)\mathrm{d}x & 0\leqslant\overline{\rho}\leqslant1-S \\[4mm] \displaystyle\int_{-(1-S^2)/2\overline{\rho}}^{S-\overline{\rho}/2} 2\sqrt{S^2-\left(\frac{\overline{\rho}}{2}+x\right)^2}\left(1-\frac{1}{2}\mathrm{j}\overline{z}\overline{\rho}^2\right)\mathrm{d}x \\[4mm] \displaystyle\quad +\int_{\overline{\rho}/2-1}^{-(1-S^2)/2\overline{\rho}} 2\sqrt{1-\left(\frac{\overline{\rho}}{2}+x\right)^2}\left(1-\frac{1}{2}\mathrm{j}\overline{z}\overline{\rho}^2\right)\mathrm{d}x & 1-S\leqslant\overline{\rho}\leqslant1+S \end{cases}
$$

$$(6\text{-}192)$$

此时该积分变得可以解析求解，且其实部与聚焦情况下的吸收传递函数完全吻合 (式(6-184))，虚部(即相位传递函数)经过计算化简后的表达式为

$$
-\operatorname{Im} \mathrm{WOTF}_{s}(\bar{\rho}, \bar{z}) = \begin{cases}
-\dfrac{1}{2}\pi \bar{z}\bar{\rho}^{2}S^{2} & 0 \leqslant \bar{\rho} \leqslant 1-S \\[2mm]
-\dfrac{\bar{z}\bar{\rho}^{2}}{2}\left[S^{2}\arccos\left(\dfrac{\bar{\rho}^{2}+S^{2}-1}{2\bar{u}S}\right)-\arccos\left(\dfrac{\bar{\rho}^{2}-S^{2}+1}{2\bar{\rho}}\right)\right] \\[2mm]
-\dfrac{\bar{z}}{6\bar{\rho}}\left\{\sqrt{S^{2}-\left(\dfrac{\bar{\rho}^{2}+S^{2}-1}{2\bar{\rho}}\right)^{2}}\left[S^{2}\arccos\left(\dfrac{\bar{\rho}^{2}+S^{2}-1}{2\bar{\rho}S}\right)-\arccos\left(\dfrac{\bar{\rho}^{2}-S^{2}+1}{2\bar{u}}\right)\right]\right. \\[2mm]
\left.\left[(1-S^{2})^{2}-\dfrac{\bar{\rho}^{2}}{2}(1+\bar{\rho}^{2}+7S^{2})\right]-\sqrt{1-\left(\dfrac{\bar{\rho}^{2}-S^{2}+1}{2\bar{\rho}}\right)^{2}}\left[(1-S^{2})^{2}-\dfrac{\bar{\rho}^{2}}{2}(1+\bar{\rho}^{2}+7S^{2})\right]\right] & 1-S \leqslant \bar{\rho} \leqslant 1+S
\end{cases}
$$

$$(6\text{-}193)$$

不难发现，当 $0 \leqslant \bar{\rho} \leqslant 1-S$ 时，相位传递函数 $\dfrac{1}{2}\pi \bar{z}\bar{\rho}^{2}S^{2}$ 其实就是一个逆拉普拉斯函数，如果从归一化坐标系换算回原始坐标系，并忽略用于归一化的强度常数 (即光瞳面积 πS^{2}) $\dfrac{1}{2}\bar{z}\bar{\rho}^{2} \to -\pi\lambda z\rho^{2}$，可以发现其与光强传输方程中所隐含的相位传递函数所吻合。这意味着在傍轴近似下，如果在实验中能够选择足够小的离焦距离(满足小离焦近似)，那么即使忽略光源的相干性因素，直接利用相干条件下推导得到的光强传输方程，也能够在 $0 \leqslant \bar{\rho} \leqslant 1-S$ 的空间频率范围内保证重构结果的准确性。对于超出该范围的空间频率，即 $1-S \leqslant \bar{\rho} \leqslant 1+S$，相位传递函数的幅值会随着 $\bar{u}$ 的增加而单调衰减，这在图 6-28 中小离焦时也能够观察得到。而光强传输方程的 $H_{\mathrm{TIE}}(\boldsymbol{u})$ 仍会认为相位衬度是随着离焦距离的增大呈线性增长，随着空间频率呈二次增长关系。因此会对空间高频成分相衬度造成不准确 (过度)估计，从而导致不同程度的高频细节损失。为了更清晰的表明小离焦下部分相干相位传递函数的曲线与 TIE 相位传递函数二者的关系，我们将式(6-193) 利用强度常数归一化(即除以同条件下的吸收传递函数式(6-184)在 0 频处的值) 后与 TIE 相位传递函数相除后得到二者的比，如图 6-29 所示，在 $0 \leqslant \bar{u} \leqslant 1-S$ 的

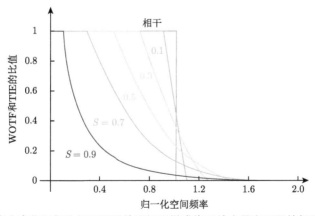

图 6-29 在小离焦和部分相干照明的明场显微成像系统中具有不同的相干系数 S 的 **WOTF** 的虚部和光强传输方程的逆拉普拉斯方程的比值分布

空间频率范围内二者完全吻合(比值为 1)，而后随 S 的增加二者的偏离逐渐增大。注意图像与部分相干成像系统完美聚焦时的吸收传递函数形式上有些相似，但取值是完全不同的。最大的区别在于当趋近于非相干照明时 $S \to 1$ 时，相位传递函数将会衰减为 0，而吸收传递函数仍然会保持较强的响应。

参 考 文 献

[1]　Teague M R. Deterministic phase retrieval: a Green's function solution[J]. JOSA, 1983, 73(11): 1434-1441.

[2]　Broglie L D. The reinterpretation of wave mechanics[J]. Foundations of Physics, 1970, 1(1): 5-15.

[3]　Heisenberg W. Über den anschaulichen Inhalt der quantentheoretischen Kinematik und Mechanik[J]. Zeitschrift für Physik, 1927, 43(3-4): 172-198.

[4]　Wolf E. Introduction to the Theory of Coherence and Polarization of Light[M]. Cambridge: Cambridge University Press, 2007.

[5]　Mandel L, Wolf E. Optical coherence and quantum optics[M]. Cambridge: Cambridge University Press, 1995.

[6]　Zernike F. The concept of degree of coherence and its application to optical problems[J]. Physica, 1938, 5(8): 785-795.

[7]　Mandel L, Wolf E. Spectral coherence and the concept of cross-spectral purity[J]. JOSA, 1976, 66(6): 529-535.

[8]　Wolf E. New theory of partial coherence in the space-frequency domain. Part I: spectra and cross spectra of steady-state sources[J]. JOSA, 1982, 72(3): 343-351.

[9]　Lahiri M, Wolf E. Implications of complete coherence in the space-frequency domain[J]. Optics Letters, 2011, 36(13): 2423-2425.

[10]　SchoutenH F, Gbur G, Visser T D, et al. Phase singularities of the coherence functions in Young's interference pattern[J]. Optics Letters, 2003, 28(12): 968-970.

[11]　VAN Ciffert P H. Die wahrscheinliche schwingungsverteilung in einer von einer lichtquelle direkt oder mittels einer linse beleuchteten ebene[J]. Physica, 1934, 1(1-6): 201-210.

[12]　Zernike F. Diffraction and optical image formation[J]. Proceedings of the Physical Society, 1948, 61(2): 158.

[13]　GORI F. Directionality and spatial coherence[J]. Optica Acta: International Journal of Optics, 1980, 27(8): 1025-1034.

[14]　Wolf E. New spectral representation of random sources and of the partially coherent fields that they generate[J]. Optics Communications, 1981, 38(1): 3-6.

[15]　Starikov A, Wolf E. Coherent-mode representation of Gaussian Schell-model sources and of their radiation fields[J]. JOSA, 1982, 72(7): 923-928.

[16]　Gori F, Santarsiero M, BorghiR, et al. Intensity-based modal analysis of partially coherent beams with Hermite-Gaussian modes[J]. Optics Letters, 1998, 23(13): 989-991.

[17]　AllenL, Beijersbergen M W, Spreeuw R J C, et al. Orbital angular momentum of light and the transformation of Laguerre-Gaussian laser modes[J]. Physical Review A, 1992, 45(11): 8185-8189.

[18]　Schell A. A technique for the determination of the radiation pattern of a partially coherent aperture[J]. IEEE Transactions on Antennas and Propagation, 1967, 15(1): 187-188.

[19]　Nugent K A. A generalization of Schell's theorem[J]. Optics Communications, 1990, 79(5): 267-269.

[20]　Nugent K A. Partially coherent diffraction patterns and coherence measurement[J]. JOSA A, 1991, 8(10): 1574-1579.

[21] Siegman A E. New developments in laser resonators[C]. International Society for Optics and Photonics, 1990, 1224: 2-15.

[22] Wigner E. On the quantum correction for thermodynamic equilibrium[J]. Physical Review, 1932, 40(5): 749-759.

[23] Dolin L S. Beam description of weakly-inhomogeneous wave fields[J]. Izv. Vyssh. Uchebn. Zaved. Radiofiz., 1964, 7: 559-563.

[24] Walther A. Radiometry and coherence[J]. JOSA, 1968, 58(9): 1256-1259.

[25] Walther A. Radiometry and coherence[J]. JOSA, 1973, 63(12): 1622-1623.

[26] Bastiaans M J. The Wigner distribution function applied to optical signals and systems[J]. Optics Communications, 1978, 25(1): 26-30.

[27] Bastiaans M J. Wigner distribution function and its application to first-order optics[J]. JOSA, 1979, 69(12): 1710-1716.

[28] Bastiaans M J. Application of the Wigner distribution function to partially coherent light[J]. JOSA A, 1986, 3(8): 1227-1238.

[29] Woodward P M. Probability and information theory, with applications to radar[M]. New York: McGraw-Hill, 1953.

[30] Papoulis A. Ambiguity function in Fourier optics*[J]. JOSA, 1974, 64(6): 779-788.

[31] Testorf M, Hennelly B, Ojeda-castaneda J. Phase-space optics: fundamentals and applications[M]. New York: McGraw-Hill Education, 2009.

[32] Dragoman D. Phase-space interferences as the source of negative values of the Wigner distribution function[J]. JOSA A, 2000, 17(12): 2481-2485.

[33] Testorf M E, Hennelly B M, Ojeda-castaneda J. Phase-space optics: fundamentals and applications[M]. New York: McGraw-Hill, 2010.

[34] Boashash B. Estimating and interpreting the instantaneous frequency of a signal. I. Fundamentals[J]. Proceedings of the IEEE, 1992, 80(4): 520-538.

[35] Mcbride A C, Kerr F H. On Namias's Fractional Fourier Transforms[J]. IMA Journal of Applied Mathematics, 1987, 39(2): 159-175.

[36] Lohmann A W. Image rotation, Wigner rotation, and the fractional Fourier transform[J]. JOSA A, 1993, 10(10): 2181-2186.

[37] Mendlovic D, Ozaktas H M. Fractional Fourier transforms and their optical implementation: I[J]. JOSA A, 1993, 10(9): 1875-1881.

[38] Ozaktas H M, Kutay M A. The fractional fourier transform[C]. 2001 European Control Conference(ECC), 2001: 1477-1483.

[39] Lohmann A W, Soffer B H. Relationships between the Radon-Wigner and fractional Fourier transforms[J]. JOSA A, 1994, 11(6): 1798-1801.

[40] Raymer M G, Beck M, Mcalister D. Complex wave-field reconstruction using phase-space tomography[J]. Physical Review Letters, 1994, 72(8): 1137-1140.

[41] Mcalister D F, Beck M, Clarke L, et al. Optical phase retrieval by phase-space tomography and fractional-order Fourier transforms[J]. Optics Letters, 1995, 20(10): 1181-1183.

[42] Mckee C B, O'shea P G, Madey J M J. Phase space tomography of relativistic electron beams[J]. Nuclear Instruments and Methods in Physics Research Section A: Accelerators, Spectrometers, Detectors and

Associated Equipment, 1995, 358(1): 264-267.

[43]　Tian L, Lee J, Oh S B, et al. Experimental compressive phase space tomography[J]. Optics Express, 2012, 20(8): 8296-8308.

[44]　Nazarathy M, Shamir J. First-order optics—a canonical operator representation: lossless systems[J]. JOSA, 1982, 72(3): 356-364.

[45]　Gerrard A, Burch J M. Introduction to matrix methods in optics[M]. New York: Wiley, 1975.

[46]　Collins S A. Lens-system diffraction integral written in terms of matrix optics*[J]. JOSA, 1970, 60(9): 1168-1177.

[47]　Brenner K H, Lohmann A W. Wigner distribution function display of complex 1D signals[J]. Optics Communications, 1982, 42(5): 310-314.

[48]　Zuo C, Chen Q, Tian L, et al. Transport of intensity phase retrieval and computational imaging for partially coherent fields: The phase space perspective[J]. Optics and Lasers in Engineering, 2015, 71: 20-32.

[49]　Bastiaans M J. Transport equations for the Wigner distribution function in an inhomogeneous and dispersive medium[J]. Optica Acta: International Journal of Optics, 1979, 26(11): 1333-1344.

[50]　Winston R, Welford W T. Geometrical vector flux and some new nonimaging concentrators[J]. JOSA, 1979, 69(4): 532-536.

[51]　Naik D N, Pedrini G, Takeda M, et al. Spectrally resolved incoherent holography: 3D spatial and spectral imaging using a Mach-Zehnder radial-shearing interferometer[J]. Optics Letters, 2014, 39(7): 1857.

[52]　Iaconis C, WalmsleyI A. Direct measurement of the two-point field correlation function[J]. Optics Letters, 1996, 21(21): 1783-1785.

[53]　Naik D N, Pedrini G, Osten W. Recording of incoherent-object hologram as complex spatial coherence function using Sagnac radial shearing interferometer and a Pockels cell[J]. Optics Express, 2013, 21(4): 3990-3995.

[54]　Marks D L, Stack R A, Brady D J. Three-dimensional coherence imaging in the Fresnel domain[J]. Applied Optics, 1999, 38(8): 1332-1342.

[55]　Tu J, Tamura S. Wave field determination using tomography of the ambiguity function[J]. Physical Review E, 1997, 55(2): 1946-1949.

[56]　Dragoman D, Dragoman M, Brenner K H. Tomographic amplitude and phase recovery of vertical-cavity surface-emitting lasers by use of the ambiguity function[J]. Optics Letters, 2002, 27(17): 1519-1521.

[57]　Dragoman D, Dragoman M, Brenner K H. Amplitude and phase recovery of rotationally symmetric beams[J]. Applied Optics, 2002, 41(26): 5512-5518.

[58]　Liu X, Brenner K H. Reconstruction of two-dimensional complex amplitudes from intensity measurements[J]. Optics Communications, 2003, 225(1-3): 19-30.

[59]　Testorf M E, Semichaevsky A. Phase retrieval and phase-space tomography from incomplete data sets[C]. International Society for Optics and Photonics, 2004, 5562: 38-50.

[60]　Bartelt H O, Brenner K H, Lohmann A W. The wigner distribution function and its optical production[J]. Optics Communications, 1980, 32(1): 32-38.

[61]　Waller L, Situ G, Fleischer J W. Phase-space measurement and coherence synthesis of optical beams[J]. Nature Photonics, 2012, 6(7): 474-479.

[62]　Zhang Z, Levoy M. Wigner distributions and how they relate to the light field[C]. 2009 IEEE International Conference on Computational Photography(ICCP). 2009: 1-10.

[63] Tian L, Zhang Z, Petruccelli J C, et al. Wigner function measurement using a lenslet array[J]. Optics Express, 2013, 21(9): 10511.

[64] Stoklasa B, Motka L, Rehacek J, et al. Wavefront sensing reveals optical coherence[J]. Nature Communications, 2014, 5: 4275.

[65] Hartmann J. Bemerkungen uber den Bau und die Justirung von Spektrographen[J]. Zt. Instrumentenkd., 1990, 20(47): 17-27.

[66] Platt B C, Shack R. History and Principles of Shack-Hartmann Wavefront Sensing[J]. Journal of Refractive Surgery, 2001, 17(5): S573-S577.

[67] Shack R V, Platt B. Production and use of a lenticular Hartmann screen[J]. Journal of the Optical Society of America, 1971, 61: 656.

[68] Ng R, Levoy M, Bredif M, et al. Light field photography with a hand-held plenoptic camera[J]. Computer Science Technical Report Cstr, 2005, 2(11): 1-11.

[69] Banaszek K, Wodkiewicz K. Direct probing of quantum phase space by photon counting[J]. Physical Review Letters, 1996, 76(23): 4344-4347.

[70] Chapman H N. Phase-retrieval X-ray microscopy by Wigner-distribution deconvolution[J]. Ultramicroscopy, 1996, 66(3): 153-172.

[71] Sheppard C J R, Mao X Q. Three-dimensional imaging in a microscope[J]. JOSA A, 1989, 6(9): 1260-1269.

[72] Streibl N. Three-dimensional imaging by a microscope[J]. JOSA A, 1985, 2(2): 121-127.

[73] Barone-nugent E D, Barty A, Nugent K A. Quantitative phase-amplitude microscopy I: optical microscopy[J]. Journal of Microscopy, 2002, 206(3): 194-203.

[74] Sheppard C J. Defocused transfer function for a partially coherent microscope and application to phase retrieval[J]. JOSA A, 2004, 21(5): 828-831.

[75] Sheppard C J. Three-dimensional phase imaging with the intensity transport equation[J]. Applied optics, 2002, 41(28): 5951-5955.

7 部分相干照明下的光强传输方程 >>>

如前所述,不论部分相干光、完全相干光、还是完全非相干光(其实后两者也是部分相干光的极端特例),我们都能直接测量到待测光波场的光强分布,但"相位"的意义却仅仅限于完全相干光的范畴,然而严格意义上,任何物理可实现的光源都不能被认为是严格相干的。此外光强传输方程自诞生后就被应用于自适应光学[1-5]、X射线衍射成像[6, 7]、中子射线成像[8, 9]与透射电子显微成像[10-15]领域,这些领域中照明的相干性远不及光学频段的激光那么理想(具体表现在光源的光谱宽度以及物理尺寸两方面)。即使在可见光显微成像领域,部分相干照明对于提高成像质量、抑制相干噪声也具有重要意义。Teague推导光强传输方程时是基于完全相干假设,即单色相干[16],而对于部分相干光,二维复振幅函数已不足以完整描述光波场的性质,需要通过光场空间内任意两点的(四维)互相关函数来描述(或者等价地采用(四维)互谱密度函数来表征)。所以严格意义上说,Teague的光强传输方程是难以解释或者直接应用于部分相干成像的场合的。但从文献报道来看,大部分情况下即使采用非严格相干光源光强传输方程也能重构出不错的再现像,很久以来这都是一个令人迷惑的问题。本章,我们将讨论这些问题,同时给出光强传输方程在部分相干光场下的拓展形式,讨论部分相干照明为相位复原所带来的挑战与机遇。

7.1　光强传输方程在部分相干光场下的拓展形式

光强传输方程解释部分相干光的最大障碍在于部分相干光场没有一个明确适定的"相位"概念,对于部分相干光,二维复振幅函数已不足以完整描述光波场的性质。由于部分相干光本身的维度要大大高于完全相干光,其需要通过光场空间内任意两点的(四维)互相关函数、交叉谱密度来描述(或者等价地采用相空间中的(四维)维格纳函数或者模糊函数来表征),所以在这种情况下,相位的定义必然与传统意义上相干光场下的定义存在差异。首次针对此问题进行讨论的是Streibl[17],他早在 1984 年就采用互强度分析了部分相干照明下的成像过程,并证明了采用光强传输方程进行相位成像的可能性。虽然 Streibl 并没有直接给出利用光强传输方程进行相位复原的实验结果(因为当时尚未发表行之有效的光强传输方程的数值求解方法),但是这项工作却是极具有开创性的,因为他首次指出光强传输方程在空间部分相干照明下的有效性——当拓展光源关于光轴对称分布时,可以通过求解光强传输方程获得物体的相位分布。这也为后来光强传输方程在部分相干光学显微成像的进一步应用奠定了初步的理论基础。1998 年,Paganin与 Nugent[18]重新解释了部分相干光场中"相位",并指出其是一个标量势函数且其梯度对应于时间平均的坡印亭矢量。此项工作的重要性在于他们开创性地赋予"相位"一个更加广泛且富有意义的新定义,为后续采用部分相干照明的相位复原方法提供了简单合理的物理依据。然而,该定义只适合进行定性解释,无法实现定量分析(因为他们没有给出部分相干光场的坡印亭矢量的严格定义或明确的数学表达式)。2004 年,Gureyev 等[19]基于对多色光场进行谱分解提出了广义程函理论,结论表明,当光源的光谱分布已知时,即使在时间部分相干照明下也可通过求解光强传输方程获得准确的相位分布。2006 年,Gureyev 等[20]基于交叉谱密度定量分析了部分相干照明对基于光强传输方程的相位成像过程的影响。他们推导出光源谱宽或线度(Schell 模型)会对重构图像产生卷积效应(相位模糊)。当相干性并不太差时,由于光源谱宽或光源尺寸所致的卷积效应并不明显,所以得到的相位分布仍然可以很好地反应成像物体的真实结构。这也解释了有时光强传输方程采用非严格相干光源也能得到不错的再现像的原因。当相干性较差时,他们还提出了采用两次测量以及反卷积的方法用于补偿部分相干性引入的测量误差。2010 年,Zysk 等[21]基于相干模式分解的思想对空间部分相干照明下的相位复原进行了分析,证明了部分相干照明下求解光强传输方程所得到的相位实际上是各个相干模式下相位的加权平均。2013 年,Petruccelli 等[22]采用交叉谱密度分析了部分相干照明下基于光强传输方程的相位成像过程。他们还提出了采用两次测量的方法来补偿空间部分相干性引入的测量误差,最终所得的结论与 Streibl[17]与 Gureyev 等[19]的结果相吻合。上述研究工作定量阐明了部分相干光场下相位的物理意义,且证明了光强传输方程在部分相干照明下的适用性。然而,由于引入了互强度、交叉谱密度等物理量去描述光波场的传播与衍射,数学表达较为复杂,且最后获得的结论很难获得直观的物理解释。2015 年,Zuo 等[23]以相空间光学理论作为切入点,基于维格纳函数所遵循的刘维尔(Liouville)传输方程推导出了广义光强传输方程作为传统光强传输方程在部分相干光波场下的拓展形式。下面我们就详细介绍两种最具代表形式的部分相干光强传输方程：基于互强度/交叉谱密度的部分相干光强传输方程与相空间光学下的广义相干光强传输方程。

7.1.1 基于互强度/交叉谱密度的部分相干光强传输方程

在 6.1.4 节，我们了解到部分相干光场下的交叉谱密度传播满足如下的一对亥姆霍兹方程(式(6-38)与式(6-39))：

$$\nabla_1^2 W_\omega(\boldsymbol{x}_1, \boldsymbol{x}_2) + k^2 W_\omega(\boldsymbol{x}_1, \boldsymbol{x}_2) = 0 \tag{7-1}$$

$$\nabla_2^2 W_\omega(\boldsymbol{x}_1, \boldsymbol{x}_2) + k^2 W_\omega(\boldsymbol{x}_1, \boldsymbol{x}_2) = 0 \tag{7-2}$$

同理，互强度传播也满足类似的亥姆霍兹方程，以下用交叉谱密度来说明(注意最初 Streibl[17]于 1984 年基于互强度推导了部分相干光场下的光强传输方程，而后 2013 年 Petruccelli 等[22]基于交叉谱密度的理论在差分坐标系下推导了部分相干光场下的光强传输方程)。傍轴近似下，亥姆霍兹方程经化简可得傍轴波动方程式：

$$\nabla_1^2 W_\omega(\boldsymbol{x}_1, \boldsymbol{x}_2) + 2\mathrm{j}k \frac{\partial W_\omega(\boldsymbol{x}_1, \boldsymbol{x}_2)}{\partial z} = 0 \tag{7-3}$$

$$\nabla_2^2 W_\omega(\boldsymbol{x}_1, \boldsymbol{x}_2) - 2\mathrm{j}k \frac{\partial W_\omega(\boldsymbol{x}_1, \boldsymbol{x}_2)}{\partial z} = 0 \tag{7-4}$$

为了简化式(7-3)与式(7-4)，定义如下的差分坐标系：

$$\begin{cases} \boldsymbol{x} = \dfrac{\boldsymbol{x}_1 + \boldsymbol{x}_2}{2} \\ \boldsymbol{x}' = \boldsymbol{x}_1 - \boldsymbol{x}_2 \end{cases} \quad \text{或等价地} \quad \begin{cases} \boldsymbol{x}_1 = \boldsymbol{x} + \dfrac{\boldsymbol{x}'}{2} \\ \boldsymbol{x}_2 = \boldsymbol{x} - \dfrac{\boldsymbol{x}'}{2} \end{cases} \tag{7-5}$$

此时不难证明：$\nabla_1^2 = \nabla_{\boldsymbol{x}}^2 + \nabla_{\boldsymbol{x}} \cdot \nabla_{\boldsymbol{x}'} + \frac{1}{4}\nabla_{\boldsymbol{x}'}^2$，$\nabla_2^2 = \nabla_{\boldsymbol{x}}^2 - \nabla_{\boldsymbol{x}} \cdot \nabla_{\boldsymbol{x}'} + \frac{1}{4}\nabla_{\boldsymbol{x}'}^2$，因此有 $\nabla_1^2 - \nabla_2^2 = 2\nabla_{\boldsymbol{x}} \cdot \nabla_{\boldsymbol{x}'}$。再将式(7-3)与式(7-4)两式作差并化简可得[17, 22]

$$\frac{\partial}{\partial z} W_\omega\left(\boldsymbol{x} + \frac{\boldsymbol{x}'}{2}, \boldsymbol{x} - \frac{\boldsymbol{x}'}{2}\right) = -\frac{\mathrm{j}}{2k} \nabla_{\boldsymbol{x}} \cdot \nabla_{\boldsymbol{x}} W_\omega\left(\boldsymbol{x} + \frac{\boldsymbol{x}'}{2}, \boldsymbol{x} - \frac{\boldsymbol{x}'}{2}\right) \tag{7-6}$$

当 $\boldsymbol{x}' \to 0$ 时，方程(7-6)左侧化为功率谱密度函数，并可以得到如下的传输方程：

$$\frac{\partial S_\omega(\boldsymbol{x})}{\partial z} = -\frac{\mathrm{j}}{2k} \nabla_{\boldsymbol{x}} \cdot \nabla_{\boldsymbol{x}'} W_\omega\left(\boldsymbol{x} + \frac{\boldsymbol{x}'}{2}, \boldsymbol{x} - \frac{\boldsymbol{x}'}{2}\right)\bigg|_{\boldsymbol{x}'=0} \tag{7-7}$$

式(7-7)可以被认为是多色光场的光谱传输方程，当待测光场是准单色光场时，即光波场近似仅包含单一的光学频率(可以近似认为此光波在时间上是完全相干的)。此时光谱密度 $S_\omega(\boldsymbol{x})$ 指的就是光强 $I(\boldsymbol{x})$ 。

7.1.2 相空间光学下的广义光强传输方程

在第 6.2.5 节，我们已经了解到维格纳函数的傍轴传播遵守如下的刘维尔(Liouville)传输方程[16]：

$$\frac{\partial W_\omega(\boldsymbol{x},\boldsymbol{u})}{\partial z} + \lambda \boldsymbol{u} \cdot \nabla_{\boldsymbol{x}} W_\omega(\boldsymbol{x},\boldsymbol{u}) = 0 \tag{7-8}$$

其解的形式为

$$W_\omega(\boldsymbol{x},\boldsymbol{u},z) = W_\omega(\boldsymbol{x}-\lambda z\boldsymbol{u},\boldsymbol{u},0) \tag{7-9}$$

其中，z 是传输距离。2015 年 Zuo 等[23]将式(7-8)两侧对频域坐标 $\boldsymbol{u}$ 进行全空间积分，并结合第 6 章式(6-77)中功率谱密度函数的定义，推导得到

$$\frac{\partial S_\omega(\boldsymbol{x})}{\partial z} = -\nabla_{\boldsymbol{x}} \cdot \int \lambda \boldsymbol{u} W_\omega(\boldsymbol{x},\boldsymbol{u}) \mathrm{d}\boldsymbol{u} \tag{7-10}$$

式(7-10)为多色光场的光谱传输方程，其建立了功率谱密度函数轴向变化率与维格纳函数一阶频率矩的横向散度之间的关系。部分相干光场的时间平均强度可以由功率谱密度函数对所有光学频率进行积分得到[20, 21]。所以，将在式(7-10)两侧对 ω 进行积分从而得到广义光强传输方程(generalized transport of intensity equation，GTIE)[23]：

$$\frac{\partial I(\boldsymbol{x})}{\partial z} = -\nabla_{\boldsymbol{x}} \cdot \iint \lambda \boldsymbol{u} W_\omega(\boldsymbol{x},\boldsymbol{u}) \mathrm{d}\boldsymbol{u} \mathrm{d}\omega \tag{7-11}$$

注意在推导式(7-11)的过程中，我们仅假设傍轴光波场是平稳且各态历经的，而对其相干性未做任何假设，所以其可以适用于具有任意时间或者空间相干性的光波场。

下面来考虑广义光强传输方程的一些特例：当待测光场是准单色光场，即光波场近似仅包含单一的光学频率(可以近似认为此光波在时间上是完全相干的)。此时光谱密度 $S_\omega(\boldsymbol{x})$ 指的就是光强 $I(\boldsymbol{x})$ 。故光谱传输方程直接转化为空间部分相干光场的广义光强传输方程：

$$\frac{\partial I(\boldsymbol{x})}{\partial z} = -\lambda \nabla_{\boldsymbol{x}} \cdot \int \boldsymbol{u} W(\boldsymbol{x},\boldsymbol{u}) \mathrm{d}\boldsymbol{u} \tag{7-12}$$

注意，虽然照明的时间相干性可以简单地通过公式(7-11)中的所有光学频率的积分来得到，但应该强调的是，对于色散的样品，固有的波长依赖的折射率往往使准确的相位测量变得复杂。本章节在余下内容中，为了简单起见将略去光谱变量 ω

并假设待测光波场是准单色光。对于多色光波场，本章结论仍然适用，但是记住维格纳函数仅可表征多色光场中的某个单色频率分量。

类似于传统光强传输方程，广义光强传输方程也可以通过电磁场能流守恒定律推导而得到。在第 6.2.5 节，我们已经给出了利用维格纳分布定义出的几何向量能流三维向量场 $\boldsymbol{j}_r = [\boldsymbol{j}_x, j_z]^{\mathrm{T}\,[24,\,25]}$ 的表达式(式(6-112)和式(6-113))：

$$\boldsymbol{j}_x(\boldsymbol{x}) = \lambda \int \boldsymbol{u} W(\boldsymbol{x}, \boldsymbol{u}) \mathrm{d}\boldsymbol{u} \tag{7-13}$$

$$j_z(\boldsymbol{x}) = \frac{1}{k} \int \sqrt{k^2 - 4\pi^2 |\boldsymbol{u}|^2} W(\boldsymbol{x}, \boldsymbol{u}) \mathrm{d}\boldsymbol{u} \tag{7-14}$$

自由空间中的能量守恒定律表明几何向量能流必须是无散场，即

$$\nabla \cdot \boldsymbol{j}_r = 0 \tag{7-15}$$

从而可以得到如下连续性方程：

$$\frac{\partial j_z(\boldsymbol{x})}{\partial z} = -\nabla \cdot \boldsymbol{j}_x(\boldsymbol{x}) \tag{7-16}$$

傍轴近似下有 $\sqrt{k^2 - 4\pi^2 |\boldsymbol{u}|^2} \approx k$，在这种情况下，此时轴向能流可以由光强所近似：

$$j_z(\boldsymbol{x}) \approx \int W(\boldsymbol{x}, \boldsymbol{u}) \mathrm{d}\boldsymbol{u} = I(\boldsymbol{x}) \tag{7-17}$$

将式(7-17)代入式(7-16)，可以得到(空间部分相干光场下的)广义光强传输方程[23]：

$$\frac{\partial I(\boldsymbol{x})}{\partial z} = -\nabla \cdot \boldsymbol{j}_x(\boldsymbol{x}) = -\lambda \nabla_x \cdot \int \boldsymbol{u} W(\boldsymbol{x}, \boldsymbol{u}) \mathrm{d}\boldsymbol{u} \tag{7-18}$$

7.1.3 部分相干光下"相位"的广义定义

7.1.2 节中，我们引入了准单色光近似以简化广义光强传输方程。但是由于其在空域上统计的波动性，准单色光也不一定是具有确定性(deterministic)的。为了去除这种随机性，需要进一步限定该准单色光波场在空间上也是完全相干的。此时光波场可以被二维复振幅函数 $U(\boldsymbol{x}) = \sqrt{I(\boldsymbol{x})} \exp[\mathrm{j}\phi(\boldsymbol{x})]$ "确定地"描述，其中 $\phi(\boldsymbol{x})$ 为完全相干(时间与空间上)光波长的相位。从时(空)频分析的角度来看，此完全相干光场可以被认为是一单分量信号，且其维格纳函数的一阶条件空间频率矩(在信号处理领域又称为瞬时频率)与相位的横向梯度具有如下关联[24,26]：

$$\frac{\int \boldsymbol{u} W(\boldsymbol{x}, \boldsymbol{u}) \mathrm{d}\boldsymbol{u}}{\int W(\boldsymbol{x}, \boldsymbol{u}) \mathrm{d}\boldsymbol{u}} = \frac{1}{2\pi} \nabla_x \phi(\boldsymbol{x}) \tag{7-19}$$

将式(7-19)代入式(7-18)中，可以得到 Teague 的相干光场下的光强传输方程[16]：

$$\frac{\partial I(\boldsymbol{x})}{\partial z} = -\frac{1}{k}\nabla_{\boldsymbol{x}} \cdot [I(\boldsymbol{x})\nabla_{\boldsymbol{x}}\phi(\boldsymbol{x})] \tag{7-20}$$

正如之前所述，Teague 的光强传输方程假设了完全相干的光波场，而广义光强传输方程显式地考虑了光场时间与空间上的部分相干性，所以其具有更广泛的应用范围。

将广义光强传输方程应用于相位复原的一大难点在于：由于其随着时间的统计波动性，部分相干光场并没有一个适定的"相位"概念。这是因为随着时间的推移，场经历了统计涨落(图 7-1)。由式(7-20)和式(7-19)可知，广义光强传输方程将光强轴向微分与维格纳函数一阶频率矩的横向散度之间建立关联，而部分相干光场下的相位(定义为"广义相位")的梯度则自动地与维格纳函数的一阶条件空间频率矩(在信号处理领域又称为瞬时频率)相关联[27]。不难发现，式(7-19)等号左侧的相空间表示是可以完全适用于部分相干光场的，这就为"相位"提供了一个更为广泛且富有意义的新定义。这里将式(7-19)所定义的新的"相位"定义为"广义相位"以同传统意义上的相位加以区分。从式(7-19)可以看出，广义相位被定义为一个标量势，其梯度为维格纳函数的一阶条件频率矩。从分布的角度而言，广义相位代表了光波场中某一个空间位置的平均频率。此外，维格纳函数的时频联合描述特性与几何光学中光线的概念极其相似。光线是对光的能量(坡印亭矢量 Poynting vector)的幅度及其传播方向的一种描述。按照这种关联性，$W(\boldsymbol{x}, \boldsymbol{u})$ 代表了通过点 $\boldsymbol{x}$，空间频率(传播方向)为 $\boldsymbol{u}$ 的光线的能流密度。式(7-9)则表示了光线在自由空间是沿着直线传播的这一几何光学

二维复振幅

$$U(\boldsymbol{x}) = a(\boldsymbol{x})\exp[\mathrm{j}\phi(\boldsymbol{x})]$$

四维维格纳函数

$$W(\boldsymbol{x}, \boldsymbol{u}) = \int W\left[\boldsymbol{x}+\frac{\boldsymbol{x}'}{2}, \boldsymbol{x}+\frac{\boldsymbol{x}'}{2}\right]\exp(-\mathrm{j}2\pi\,\boldsymbol{u}\boldsymbol{x})\mathrm{d}\,\boldsymbol{x}$$

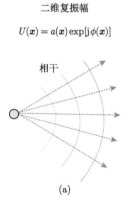

相干

(a)

对于相干场，恒定相位面被解释为几何光线法向运动的波前。它完全用二维复振幅来描述

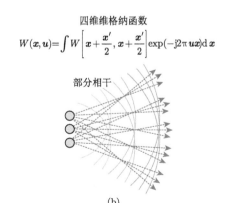

部分相干

(b)

部分相干场需要4D相干函数，如Wigner分布，才能准确表征其传播和衍射等性质。此外，部分相干场并没有明确定义的相位，而是在空间中每个位置的相位(空间频率、传播方向)的统计集合

图 7-1　相干场和部分(空间)相干场的简单示意图

特性；式(7-17)代表了空间某点处的光强正是由其向各个方向散发的能量的总和；类似地，式(7-19)则指出了维格纳函数的条件频率矩是系综平均意义下的归一化的横向坡印亭矢量[18]。然而，维格纳函数可以取负值，这就意味着其并不是相空间中严格的概率密度分布函数。但是采用这种关联作为物理光学与几何光学之间的一座桥梁是十分具有启发性的，在衍射效应不明显甚至可以忽略的场合，它为部分相干光的传输提供了较为准确且富有意义的物理解释。

7.2　部分相干照明下的相位复原

7.2.1　基于广义光强传输方程的相位复原

本小节将讨论部分相干照明下的相位复原问题。必须强调的是，这里我们所关注的相位其实并不是部分相干光场的广义相位，而是由物体本身所引入的那部分适定的相位，该相位与传统意义上的相位是吻合的。所以我们自然应该将照明与物体的贡献分开讨论，即把透过物体的光波场看作是照明函数 $U_{\text{in}}(\boldsymbol{x})$ 与物体的透过率函数 $T(\boldsymbol{x}) = a(\boldsymbol{x})\exp[\text{j}\phi(\boldsymbol{x})]$ 的乘积，其中，$a(\boldsymbol{x})$ 与 $\phi(\boldsymbol{x})$ 代表物体的振幅与相位。最终透射过物体光波场的互谱密度函数为 $W_{\text{out}}(\boldsymbol{x}_1, \boldsymbol{x}_2) = T(\boldsymbol{x}_1)T^*(\boldsymbol{x}_2)W_{\text{in}}(\boldsymbol{x}_1, \boldsymbol{x}_2)$。将其代入维格纳函数的定义，并利用傅里叶变换的卷积定理，我们可以将透过物体光波场的维格纳函数表示为物体透过率维格纳函数 $W_{\text{T}}(\boldsymbol{x}, \boldsymbol{u})$ 与照明光维格纳函数 $W_{\text{in}}(\boldsymbol{x}, \boldsymbol{u})$ 对于空间频率变量 $\boldsymbol{u}$ 的卷积：

$$W_{\text{out}}(\boldsymbol{x}, \boldsymbol{u}) = W_{\text{T}}(\boldsymbol{x}, \boldsymbol{u}) \underset{\boldsymbol{u}}{\otimes} W_{\text{in}}(\boldsymbol{x}, \boldsymbol{u}) = \int W_{\text{T}}(\boldsymbol{x}, \boldsymbol{u}')W_{\text{in}}(\boldsymbol{x}, \boldsymbol{u} - \boldsymbol{u}')\text{d}\boldsymbol{u}' \quad (7\text{-}21)$$

将公式(7-21)代入式(7-19)的左侧，并交换积分次序，可推导出透射光场的广义相位 $\hat{\phi}_{\text{out}}(\boldsymbol{x})$ 满足如下表达式[23]：

$$\frac{\int \boldsymbol{u} W_{\text{out}}(\boldsymbol{x}, \boldsymbol{u})\text{d}\boldsymbol{u}}{\int W_{\text{out}}(\boldsymbol{x}, \boldsymbol{u})\text{d}\boldsymbol{u}} = \frac{\int \boldsymbol{u} W_{\text{T}}(\boldsymbol{x}, \boldsymbol{u})\text{d}\boldsymbol{u}}{\int W_{\text{T}}(\boldsymbol{x}, \boldsymbol{u})\text{d}\boldsymbol{u}} + \frac{\int \boldsymbol{u} W_{\text{in}}(\boldsymbol{x}, \boldsymbol{u})\text{d}\boldsymbol{u}}{\int W_{\text{in}}(\boldsymbol{x}, \boldsymbol{u})\text{d}\boldsymbol{u}} \quad (7\text{-}22)$$

或等价地

$$\nabla_{\boldsymbol{x}}\hat{\phi}_{\text{out}}(\boldsymbol{x}) = \nabla_{\boldsymbol{x}}[\hat{\phi}_{\text{in}}(\boldsymbol{x}) + \phi(\boldsymbol{x})] \quad (7\text{-}23)$$

上式表明透射光场的广义相位为照明光的广义相位与物体的相位累加，其表现得与传统意义上的相位完全一样。一般而言，物体的相位信息需要经过两次独立的测量得到，一次有物体存在，另一次没有物体存在。没有物体的那次测量是为了表征照明光的广义相位 $\hat{\phi}_{\text{in}}(\boldsymbol{x})$，随后从得到的广义相位 $\hat{\phi}_{\text{out}}(\boldsymbol{x})$ 中减去 $\hat{\phi}_{\text{in}}(\boldsymbol{x})$ 就获得由物体所改变的相位了。然而，如果通过选取适当的照明，以直接令 $\hat{\phi}_{\text{in}}(\boldsymbol{x})$ 为常数，那么：

$$\int \boldsymbol{u} W_{\text{in}}(\boldsymbol{x}, \boldsymbol{u}) \mathrm{d}\boldsymbol{u} = 0 \tag{7-24}$$

公式(7-24)称为"零矩"条件。当零矩条件满足时,广义相位 $\hat{\phi}_{\text{out}}(\boldsymbol{x})$ 与物体的相位 $\phi(\boldsymbol{x})$ 相等,这表明即使照明光并不是完全相干的,通过单次测量也可复原出物体的相位信息。下面来讨论满足式(7-24)的两种特殊情况:首先,对于完全相干照明光,式(7-24)意味着照明光应该是沿轴向传播的平面波,这很好理解。其次,假设照明光是空域平稳的[24](在 6.1.7 小节中进行了详细的讨论),这在光学显微中是十分常见的,如科勒照明。此时空域非相干主级光源(对于显微镜,一般在照明的孔径光阑处),其强度分布为 $S(\boldsymbol{x})$,互谱密度函数为 $W(\boldsymbol{x} + \boldsymbol{x}'/2, \boldsymbol{x} - \boldsymbol{x}'/2) = S(\boldsymbol{x})\delta(\boldsymbol{x}')$,当它经聚光镜(condenser)准直或传播到远场后,在物体面前方产生了维格纳分布为 $W_{\text{in}}(\boldsymbol{x}, \boldsymbol{u})$ 的照明光(第 6 章公式(6-106)):

$$W_{\text{in}}(\boldsymbol{x}, \boldsymbol{u}) = S(\boldsymbol{u}) \tag{7-25}$$

注意式(7-25)忽略了与傅里叶变换对相关的恒定坐标缩放系数,当所有计算都采用归一化单位时,这一点是微不足道的。将式(7-25)代入式(7-24)后,我们发现为了使零矩条件成立,主级光源的光强分布必须关于光轴对称,这与之前 Streibl[17] 与 Petruccelli[22]等所得到的结论是吻合的。

在进入下一小节前,我们必须强调这里并不是想直接利用广义光强传输方程(式(7-12))或者广义相位的定义(式(7-19))去进行相位复原。因为维格纳函数本身是难以直接测量的(见 6.2.6 小节)。这里所讨论的关键内容是通过推导出适用于部分相干光的广义光强传输方程与相应的广义相位的定义,我们可以证明,直接采用传统的光强传输方程相位复原方法(通过测量光强轴向微分并求解 Teague 的光强传输方程)是可以在部分相干照明的情况下复原出物体的相位的。简单地说,对于完全相干光场,如果测量光强轴向微分并求解 Teague 的光强传输方程,可以得到相干光的相位信息。而对于部分相干光场,按照同样的方法,所得到的是部分相干光的广义相位。因为我们已经证明了维格纳函数的条件频率矩的可加性(式(7-22)),这意味着广义相位的梯度也是可加的(式(7-23))。所以最终透射光波场的广义相位可以被分解为照明光的广义相位与物体相位的和。这个分解在一个加性常数的意义下是唯一的,该常数会浮动于两部分之间(相位常数问题在相位复原中并没有意义,可以忽略)。然而广义光强传输方程本身只是复原出最终透射光波场的广义相位,其无法区分它到底是来自照明还是物体的。但我们所关心的仅仅是由物体所引入的相位改变,而非照明光或者是最终透射光场的广义相位。为了解决这个矛盾,我们须通过两次独立的测量去分离这两项的贡献[19, 22];或在物理上通过调节照明光,将其广义相位置为常数,从而使最终测量结果与待测物体的相位信息直接关联。正如之前讨论的,对于完全相干光照明,必须采用准直的平面波；而对于空域平稳照明，主级光源的强度必须关于光轴对称分布。实际上，对于完全相干光照明的情况，这种处理已被大量地采用。从之前文献中可以发现，几乎所有的实验都是基于平行于光轴的平面波照明的。对于空域平稳照明，要满足零矩条件其实也十分简单，如在传统明场显微镜中所配置的科勒照明。当然照明的圆形孔径光阑必须严格按光轴对准(这在显微镜的操作手册中一般都会清楚说明)。

7.2.2　基于广义相位定义的相位复原

如前所述，单色相干光场可以用二维复振幅函数来表示，所以其 4D 相空间表示是高度冗余的。对于缓慢变化的相干光场，相空间的冗余更加明显。如第 6 章式(6-96)所示，信号在相空间中只占一个二维截面，且 WDF 总是严格大于 0，即保证了非负性。因此，对于缓慢变化的相干光场，可以近似忽略衍射效应，WDF就相当于光场的能量密度函数(辐射亮度)。当定义了空间坐标和空间频率坐标后，式(6-96)表示的 $W(\boldsymbol{x},\boldsymbol{u})$ 表示通过该点的光(能流)只沿一个方向传播，该方向由相位梯度(法线)决定。这种特性使得相位测量可以通过测量光的方向来实现，这正是 Shake-Hartmann 波前传感器的基本思想[28-30]。图 7-2 显示了一个平滑相干波前(球面波)的 WDF 和光场分布的一维图。可以发现，在傍轴近似的情况下光的传播方向与波前垂直(相位梯度方向)，WDF 中的空间频率与光场中的光线传播角度之间的关系可以简单地概括为 $\theta \approx \lambda\boldsymbol{u}$，其中 θ 代表光沿光轴的倾斜角。显然，由于信号在相空间中只填充了一个二维平面，夏克-哈特曼传感器后面的每个微透镜阵列只能近似地采集到一个高度集中的具有不同偏移量 δ 函数(图 7-3(a))，这反映了空间频率域中缓慢变化的相干光场的高冗余度。

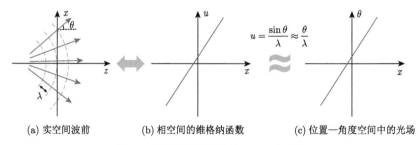

(a) 实空间波前　　　　(b) 相空间的维格纳函数　　　(c) 位置—角度空间中的光场

图 7-2　平滑相干波前的 WDF 和光场

当光场不是严格相干时，情况就复杂多了。一般来说，相空间 WDF 构成了部分相干场的严格和非冗余表示。从几何光学的角度来看，对于光束上的每一点，光线(能量流)不再只向一个方向传播。相反，它们呈扇形散开，形成一个二维分布，即在夏克-哈特曼传感器的每个微透镜后面形成一个二维子孔径图像

[图 7-3(b)]，这解释了部分相干场的高维度。如果光场表现出明显的空间非相干性，相空间的负值和振荡就会平滑，WDF 再次接近辐射或光场。在计算机图形学领域，光场相机作为 Shack-Hartmann 波前传感器的衍生物，还可以联合测量非相干光场的空间和方向分布[31](图 7-3(c))。"光场"通常是指光的集合，用 $L(\boldsymbol{x},\theta)$ 表示，其中 $\boldsymbol{x}$ 是空间位置，θ 是通过空间中某一点的所有光线的角度分布。在几何光学近似下，WDF 等于辐照度[32, 33]或光场 $L(\boldsymbol{x},\theta)$ 即 $L(\boldsymbol{x},\theta) \approx W(\boldsymbol{x},\lambda\boldsymbol{u})$ [34]。由于所有光线的强度和角度分布都是通过光场成像来记录的，因此光线追踪技术可以用来重建合成图像、估计深度、改变焦点或观看视角[35]。这与检索部分相干光场的四维相干函数的情况类似，它允许控制光的传播，并在计算机上对光场进行数值操作。然而，与传统成像系统相比，它显著降低了空间分辨率。

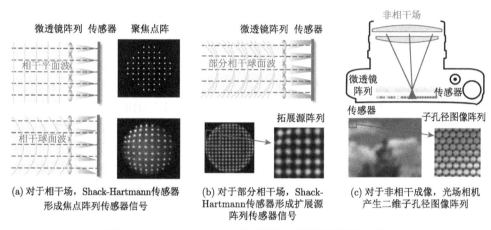

(a) 对于相干场，Shack-Hartmann传感器形成焦点阵列传感器信号

(b) 对于部分相干场，Shack-Hartmann传感器形成扩展源阵列传感器信号

(c) 对于非相干成像，光场相机产生二维子孔径图像阵列

图 7-3　**Shack-Hartmann 传感器和光场相机原理的对比**

如 6.2.6 小节所述，由于维格纳函数本身的高维度特性，难以对其直接进行准确测量，因此我们并不推荐直接利用广义相位的定义(式(7-19))去进行相位复原。但不得不承认，直接利用广义相位的定义求取相位是一种非常有趣的做法。式(7-19)表明了广义相位是一个梯度为维格纳函数的一阶条件频率矩的标量势，其代表了光波场中某一个空间位置的平均频率。从第 6 章中我们可知，通过微透镜阵列(夏克-哈特曼传感器或光场相机中的核心部件)可以对四维维格纳函数进行直接近似采集。采用几何光学近似，式(7-19)将变为

$$\frac{\int \theta L(\boldsymbol{x},\theta)\mathrm{d}\theta}{\int L(\boldsymbol{x},\theta)\mathrm{d}\theta} = k^{-1}\nabla\phi(\boldsymbol{x}) \tag{7-26}$$

上式的左侧即是光场的角度重心，即通过空间某一位置的光线角度的加权平均。公式(7-26)清楚地揭示出，标准的光强传输方程测量可以提供重要的(尽管不是完

整的)光场信息，至少是它的角边距和第一角矩。这意味着相位梯度可以简单地通过对原始光场图像中的每个子孔径图像进行重心检测得到，这与夏克-哈特曼传感器中的标准处理步骤别无二致[28-30]。

我们采用一个简单的实验来验证式(7-26)的正确性。实验基于一光场显微镜(在 Olympus BX-41 显微镜基础上搭建)，我们将一微透镜阵列(间距 150μm，曲率半径 10.518mm)置于显微镜的原成像面上，并将 CCD 成像面置于微透镜阵列的焦点处。待测物体为一间距为 150μm 的微透镜阵列，样品由 20×，NA = 0.4 的物镜成像。我们采集了 4 组光场图像，其中聚光镜光阑的数值孔径在 0.05 至 0.25 范围内改变，如图 7-4 所示。从图像的放大区域可以看出随着聚光镜孔径光阑的逐渐打开，每个微透镜的子图像从一个聚焦光点逐步扩展为一个光斑子图像，这也说明了照明光的空间相干性由高逐渐降低。根据式(7-26)，我们检测出每个子孔径图像光强的重心，这就得到了相位的梯度信息，然后再对梯度进行积分，最终得到相位分布，如图 7-5 所示。实验结果表明即使照明光并不是完全相干的，相位也可以通过光场重建得到。注意到当聚光镜孔径光阑打开到 $\mathrm{NA_{ill}} = 0.25$ 时，每个子孔径图像会展开得过大，导致它们之间发生了重叠。这将影响重心定位的精度，从而最终的重建结果中出现了一些误差，如图 7-5(d)所示。由于微透镜阵列数量与 CCD 尺寸的限制，最终重建结果的空间分辨率非常低。实验结果证明了式(7-26)的正确性，即我们可以通过光场(维格纳函数)直接复原出定量相位信息。但由于最终结果的分辨率限制与实验装置的复杂性等缺点，我们并不推荐直接采用这种方式进行相位复原(特别是相比较更简单的、具有满幅分辨率的光强传输方程法而言)。

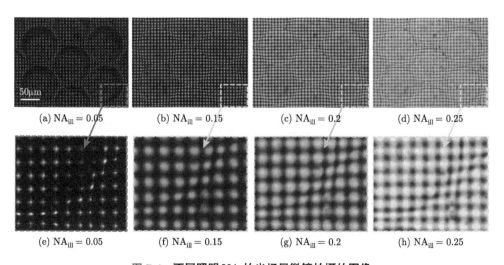

(a) $\mathrm{NA_{ill}} = 0.05$　　(b) $\mathrm{NA_{ill}} = 0.15$　　(c) $\mathrm{NA_{ill}} = 0.2$　　(d) $\mathrm{NA_{ill}} = 0.25$

(e) $\mathrm{NA_{ill}} = 0.05$　　(f) $\mathrm{NA_{ill}} = 0.15$　　(g) $\mathrm{NA_{ill}} = 0.2$　　(h) $\mathrm{NA_{ill}} = 0.25$

图 7-4　不同照明 NA 的光场显微镜拍摄的图像

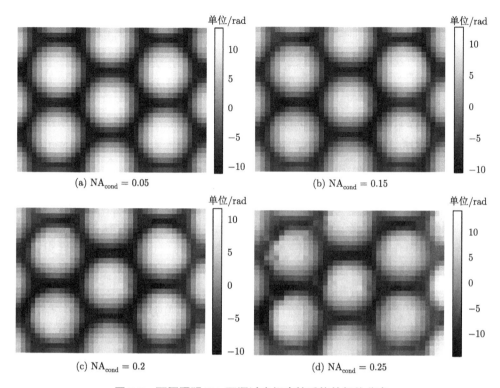

(a) $\mathrm{NA_{cond}} = 0.05$ (b) $\mathrm{NA_{cond}} = 0.15$

(c) $\mathrm{NA_{cond}} = 0.2$ (d) $\mathrm{NA_{cond}} = 0.25$

图 7-5 不同照明 NA 下通过光场直接重构的相位分布

7.2.3 成像系统有限孔径的影响

在广义光强传输方程的推导中(包括传统的光强传输方程法)，我们都假设了"理想成像"，这在实际成像系统中(如显微镜)显然是难以满足的。实际上，我们所测的相位是位于像平面处光波的相位，而并非是处于物平面的物体本身的相位。特别是当成像系统的孔径大小不足以让物体上所有我们感兴趣的空间频率成分通过时，由成像系统所导致的误差往往不能简单地被忽略。此时理解并量化成像系统对相位复原的影响是至关重要的。考虑到成像系统的有限孔径效应，在图像平面的光波场的互谱密度函数可以表示为

$$W_{\mathrm{image}}(\boldsymbol{x}_1, \boldsymbol{x}_2) = W_{\mathrm{out}}(\boldsymbol{x}_1, \boldsymbol{x}_2) \underset{\boldsymbol{x}_1, \boldsymbol{x}_2}{\otimes} h(\boldsymbol{x}_1, \boldsymbol{x}_2) \tag{7-27}$$

其中，互点扩散函数 $h(\boldsymbol{x}_1, \boldsymbol{x}_2)$ 定义为

$$h(\boldsymbol{x}_1, \boldsymbol{x}_2) = h(\boldsymbol{x}_1) h^*(\boldsymbol{x}_2) \tag{7-28}$$

其中，$h(\boldsymbol{x})$ 是成像系统的相干点扩散函数(PSF)。利用卷积定理，位于图像平面的光波场的维格纳函数可以表示为

$$
\begin{aligned}
W_{\text{image}}(\boldsymbol{x}, \boldsymbol{u}) &= \int \Gamma_{\text{image}}\left(\boldsymbol{x} + \frac{\boldsymbol{x}'}{2}, \boldsymbol{x} - \frac{\boldsymbol{x}'}{2}\right)\exp(-\mathrm{j}2\pi\boldsymbol{u}\boldsymbol{x}')\mathrm{d}\boldsymbol{x}' \\
&= W_{\text{out}}(\boldsymbol{x}, \boldsymbol{u})\underset{\boldsymbol{x}}{\otimes}W_{\text{psf}}(\boldsymbol{x}, \boldsymbol{u}) \\
&= W_{\text{T}}(\boldsymbol{x}, \boldsymbol{u})\underset{\boldsymbol{u}}{\otimes}W_{\text{in}}(\boldsymbol{x}, \boldsymbol{u})\underset{\boldsymbol{x}}{\otimes}W_{\text{psf}}(\boldsymbol{x}, \boldsymbol{u})
\end{aligned}
\tag{7-29}
$$

可以看出成像系统的作用等价于透射物体的光波场维格纳函数与成像系统点扩散函数相应的维格纳函数在空间变量 $\boldsymbol{x}$ 上的卷积。更重要的是，在孔径函数 $P(\boldsymbol{u})$ 的支持域外，$W_{\text{psf}}(\boldsymbol{x}, \boldsymbol{u})$ 是为 0 的(大多数情况下，孔径函数是个圆域 circ 函数 $P(\boldsymbol{u}) = 1$，$|\boldsymbol{u}| \leqslant u_{\text{NA}}$；$P(\boldsymbol{u}) = 0$，$|\boldsymbol{u}| > u_{\text{NA}}$)，这就意味着透射物体的光场维格纳函数中落在孔径函数以外的这些空间频率成分会被成像系统所阻挡。通过广义相位函数的定义式(7-19)可知，因为光强传输方程通过恢复维格纳函数的条件频率矩作为待测相位梯度，所以重建得到的像面相位信息与真实物体的相位信息一般并不吻合(除非当理想成像假设成立时，此时 $W_{\text{psf}}(\boldsymbol{x}, \boldsymbol{u})$ 为 $\delta(\boldsymbol{x})$，且 $P(\boldsymbol{u}) = 1$)。由于部分相干成像系统的双线性特性，这种相位误差往往难以通过直接手段分析与补偿。但是如果我们再次考虑空域平稳照明下的缓变物体，式(7-29)可以进一步被简化为[23]

$$
W_{\text{image}}(\boldsymbol{x}, \boldsymbol{u}) \approx I(\boldsymbol{x})S\left[\boldsymbol{u} - \frac{1}{2\pi}\nabla_x\phi(\boldsymbol{x})\right]|P(\boldsymbol{u})|^2
\tag{7-30}
$$

可见重建广义相位的梯度是孔径函数与移位后的(由于相位梯度所引起的偏斜)主级光源函数重叠区域的频率重心。当不考虑成像系统作用时，广义相位的梯度仅由移位后的主级光源的频率重心所决定。只要主级光源分布是轴对称的，物体的相位就能准确复原出来，并与光源的大小和尺寸(照明的空间相干性)无关。然而对于一个实际的成像系统而言，照明的相干性对最终的成像效果却起着至关重要的作用：减小光源的物理尺寸可以有效提高相位复原的精度(更好的线性范围)，但同时会降低系统的极限分辨率。此外为了获得准确的重建相位，一定程度的空间相干性是不可或缺的。比如对于非相干成像(光源尺寸大于成像系统孔径)，由于孔径的截断效应，光强传输方程将永远无法正确检测到对应物体相位梯度的频率重心；对于部分相干成像(光源尺寸小于成像系统孔径)，成像系统引入的相位梯度误差依旧存在，但是可以通过后期处理进行补偿。相关内容将在 7.2.4 节进行讨论。

为了验证上述理论，我们进行了一系列的仿真实验。如图 7-6 所示，仿真待测物体是三种不同频率的正弦光栅，周期分别为 3μm、1.5μm 与 0.75μm。为了更方便地显示相空间的相关物理量，这里将物体简化为一维信号进行分析，如图 7-6(b)所示。照明光为显微镜中最常用的准单色科勒照明，相应的圆形孔径光阑的数值孔径 $\text{NA}_{\text{ill}} = 0.3$。准单色照明的波长为 $\lambda = 550\text{nm}$。物体通过数值孔径 $\text{NA}_{\text{obj}} = 0.7$

的物镜成像，经过计算得到的该成像系统的衍射极限为 $0.7863\mu m$。所有运算均是在归一化单位下进行的，对应的空间坐标单位为 λ/NA_{obj}，对应的频率坐标单位为 NA_{obj}/λ。如图 7-6(c)与(d)所示，在此归一化坐标下，聚光镜孔径光阑 $S(\boldsymbol{u})$ 与物镜孔径光阑 $P(\boldsymbol{u})$ 的半径分别为 S 与 1，其中 S 称为相干参数(coherence parameter)，定义为聚光镜数值孔径与物镜数值孔径之比。物镜数值孔径经过傅里叶逆变换后得到系统点扩散函数，如图 7-6(e)所示。

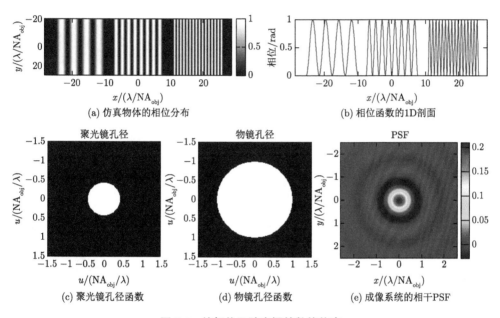

(a) 仿真物体的相位分布

(b) 相位函数的1D剖面

(c) 聚光镜孔径函数

(d) 物镜孔径函数

(e) 成像系统的相干PSF

图 7-6　纯相位正弦光栅的数值仿真

图 7-7(a)给出了由物体透射率函数计算得到的维格纳分布 $W_{\mathrm{T}}(\boldsymbol{x},\boldsymbol{u})$。根据式(7-19)可以计算得到重建相位的微分，其为维格纳函数的一阶条件频率矩。为了验证所得相位微分的准确性，我们将所得结果与原始相位分布函数直接计算得到的微分进行比较，并归一化显示到范围$[-1,1]$，如图 7-7(b)所示。两条曲线完美吻合，这代表了在完全相干的情况下，光强传输方程是可以准确地对物体的相位进行重构的。下面我们再来看物体在部分相干科勒照明下的理想成像的情形。根据式(7-21)可得物面维格纳函数 $W_{\mathrm{out}}(\boldsymbol{x},\boldsymbol{u})$ 是物体透射率的维格纳函数 $W_{\mathrm{T}}(\boldsymbol{x},\boldsymbol{u})$ 与照明维格纳函数 $S(\boldsymbol{u})$ 的卷积，如图 7-7(c)所示。与图 7-7(a)相比，可以明显看出图 7-7(d)中的维格纳函数沿频率维度已被扩散开，但是由于聚光镜孔径光阑光强分布 $S(\boldsymbol{u})$ 的对称性，这种扩散并不会改变维格纳函数在频域的重心，从而物体相位的微分仍然可以被准确重构出来，如图 7-7(e)所示。

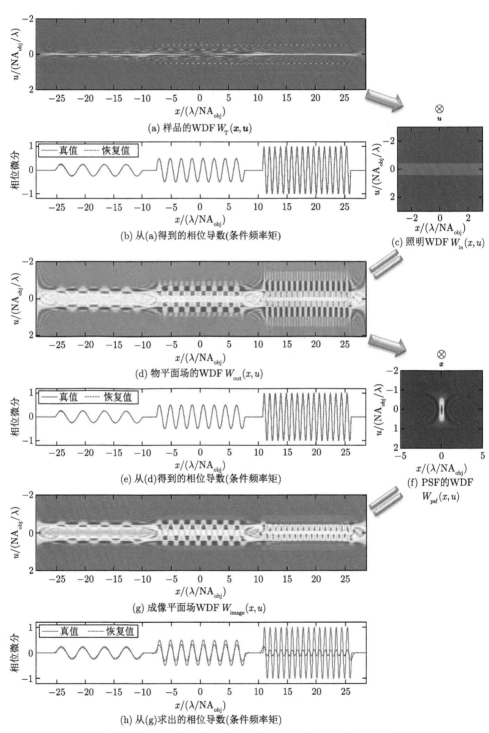

(a) 样品的WDF $W_T(x, u)$

(b) 从(a)得到的相位导数(条件频率矩)

(c) 照明WDF $W_{in}(x, u)$

(d) 物平面场的WDF $W_{out}(x, u)$

(e) 从(d)得到的相位导数(条件频率矩)

(f) PSF的WDF $W_{psf}(x, u)$

(g) 成像平面场WDF $W_{image}(x, u)$

(h) 从(g)求出的相位导数(条件频率矩)

图 7-7 照明和成像系统对相位复原的影响的相空间描述

接下来，再将成像系统的影响考虑进来。成像系统点扩散函数的维格纳分布用 $W_{\text{psf}}(\boldsymbol{x}, \boldsymbol{u})$ 表示，如图 7-7 所示。根据式(7-29)可知，像面维格纳函数 $W_{\text{image}}(\boldsymbol{x}, \boldsymbol{u})$ 是物面的维格纳函数 $W_{\text{out}}(\boldsymbol{x}, \boldsymbol{u})$ 与成像系统点扩散函数的维格纳分布 $W_{\text{psf}}(\boldsymbol{x}, \boldsymbol{u})$ 关于变量 $\boldsymbol{x}$ 的卷积，如图 7-7(f)所示。可见成像系统"抹平"了维格纳函数中孔径外的那部分信息，从而导致复原相位的微分信号产生一定程度的衰减，如图 7-7(h)所示。成像系统的点扩散函数大幅衰减了周期为 $0.75\mu m$ 光栅的重建相位的幅度，但是对于低频的相位光栅影响较小，这与我们的理论分析也是吻合的。当考虑到成像 PSF 时，进一步研究光照相干性(即聚光镜孔径逐渐改变的影响)的影响具有指导意义。这与我们的理论分析是一致的。

基于广义光强传输方程对部分相干照明下的成像过程进行定量分析，通过理论分析与仿真实验，Zuo 等[23]得到如下两方面结论：第一，在主级光源关于光轴对称的前提下，可以通过单次测量并求解光强传输方程获得部分相干照明下物体的相位分布，而当主级光源不对称时，可以先求解光强传输方程测出照明光的相位分布，并在测量物体时减去即可消除光源的影响；第二，尽管光强传输方程本身对于照明的相干性并没有施加任何要求，但对于一个实际的有限孔径的成像系统而言，想要利用其在部分相干照明下进行相位复原，照明光必须具有一定程度的空间相干性(一种极限的情况是 $S \geqslant 1$ 时，相位会被完全平滑而失去意义)，并且适当减小主光源尺寸(关小聚光镜孔径光阑($S = 0.3 \sim 0.5$))是有助于提高相位复原的准确性的。

7.2.4 部分相干照明下的相位梯度传递函数及相干误差补偿

在广义 TIE 中，重构的广义相位梯度正好对应位移的初级光源的质心。在不考虑透镜孔径的影响的情况下，只要初级光源关于光轴是对称的，即可实现可靠的相位复原。然而，对于实际成像系统，由于物镜孔径的截断效应，像面 WDF 的频率矩发生了偏移，如图 7-8 所示。由 TIE $\nabla_{\boldsymbol{x}}\tilde{\phi}(\boldsymbol{x})$ 重构的相位梯度与样品的 $\nabla_{\boldsymbol{x}}\phi(\boldsymbol{x})$ 的真值相位梯度之间的关系可以表示为

$$
\begin{aligned}
\frac{\nabla_{\boldsymbol{x}}\tilde{\phi}(\boldsymbol{x})}{2\pi} &= \frac{\displaystyle\int \boldsymbol{u}W_{\text{image}}(\boldsymbol{x}, \boldsymbol{u})\mathrm{d}\boldsymbol{u}}{\displaystyle\int W_{\text{image}}(\boldsymbol{x}, \boldsymbol{u})\mathrm{d}\boldsymbol{u}} \\
&= \frac{\displaystyle\int \boldsymbol{u}S[\boldsymbol{u} - \nabla_{\boldsymbol{x}}\phi(\boldsymbol{x}) / 2\pi|P(\boldsymbol{u})|^2]\mathrm{d}\boldsymbol{u}}{\displaystyle\int S[\boldsymbol{u} - \nabla_{\boldsymbol{x}}\phi(\boldsymbol{x}) / 2\pi \mid P(\boldsymbol{u})|^2]\mathrm{d}\boldsymbol{u}}
\end{aligned}
\tag{7-31}
$$

为了定量描述成像系统对不同相位梯度成分的衰减效应(对应不同的空间频率)，我们可以定义一个关于相位梯度的传递函数，称为相位梯度传递函数(phase gradient transfer function，PGTF)[36, 37]，是像面的测量相位梯度和物体的理想相位梯度之比：

$$\text{PGTF} = \frac{\nabla_x \tilde{\phi}(\boldsymbol{x})}{\nabla_x \phi(\boldsymbol{x})} = \frac{1}{\nabla_x \phi(\boldsymbol{x})} \frac{\int \boldsymbol{u} S[\boldsymbol{u} - \nabla_x \phi(\boldsymbol{x}) / 2\pi] \, | \, P(\boldsymbol{u}) \, |^2 \, \mathrm{d}\boldsymbol{u}}{\int S[\boldsymbol{u} - \nabla_x \phi(\boldsymbol{x}) / 2\pi] \, | \, P(\boldsymbol{u}) \, |^2 \, \mathrm{d}\boldsymbol{u}} \tag{7-32}$$

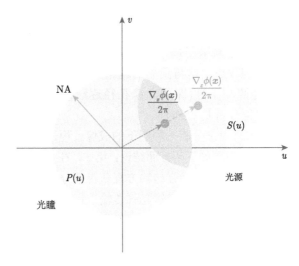

图 7-8　TIE 复原相位梯度的几何解释

在不考虑透镜孔径效应($|P(\boldsymbol{u})|=1$)的情况下，PGTF 始终为 1 并且可以正确复原相位梯度。然而，当考虑物镜孔径时，由于光源被孔径截断，估计的梯度值将小于真实值(图 7-9)。Sheppard 等[37]推导出了不同光照条件下轴对称成像系统的 PGTF 解析表达式。

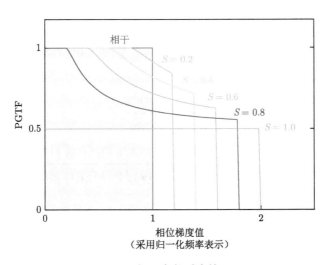

图 7-9　不同相干参数对应的 PGTFs

当相干参数 $S = 1$ 时，由光源与孔径函数的几何关系可知，估计的相位梯度总是真实相位梯度的一半(PGTF 总是 0.5)。当 $S < 1$ 时，$0 \sim S$ 对应的低梯度(低频)分量与真实值一致，而高梯度(高频)分量被低估。同时可以看出，相位重构的分辨率和精度之间存在权衡。较大的相干参数提供更高的截止频率，但带来了低的 PGTF 响应。相比之下，较小的相干参数可以为小的相位梯度分量提供无偏估计，但成像分辨率会受到影响。上述分析表明部分相干照明下的 TIE 具有两个重要特征：首先，部分相干性导致高频衰减(衰减程度随着 S 的增加而增强)，使得相位复原结果模糊降质。其次，无论物体的总相位延迟数值为多少，TIE 都可以准确地复原足够平滑的相位。

需要注意的是，PGTF 与弱离焦下部分相干 WOTF 与 TIE 的比值有一些相似之处(见图 6-29)，但是它们本质上有很大的不同：PGTF 是在空间域中定义的，表示相位函数的空间梯度的传递特性。相比之下，WOTF 和 PTF(相位传递函数)是在频域中定义的，代表了相位函数不同频率分量的传递特性。它们的建立条件也不同：PGTF 是基于缓变物体近似，而 WOTF 是基于弱物体近似。当 $S = 1$ 时，WOTF 变为非相干 OTF，相位信息完全消失，而 PGTF 仍然保持一半的响应。图 7-10(a)直观地描述了空间域部分相干照明 TIE 成像模型的物理含义。在该模型下，缓变物体的相位可以近似为分段线性函数(即看作棱镜组合)。该物体引起的相位调制表现出角度偏移不变性：入射的部分相干光透过物体后，其偏转方向取决于缓变物体在该位置的相位梯度量，而入射照明的角扩展分布不发生改变。但是，当部分相干照明的光线被物镜收集后，只有物镜数值孔径内的光线才能通过成像系统并进行成像。这将导致孔径内光源位移的质心与真实相位梯度不一致(图 7-10(b))，即发生与上述分析相一致的相位梯度低估现象(图 7-10(c))。

对应地，频域部分相干照明 WOTF 成像模型的物理解释如图 7-10(d)所示。此模型下，弱散射样品的相位可以分解为具有不同频率的正弦光栅。不同频率成像系统的衰减效应由 WOTF 量化，其可由有效光源和偏移孔径函数的重叠区域进行计算(图 7-10(e))。与传统 TIE 方法相比，由于相位反卷积方法可以在非傍轴条件下导出，所以可以实现高 NA 成像。此外，相位反卷积可以直接补偿部分相干 TIE 下较高空间频率的衰减，从而实现高分辨率定量相位成像。但是，低频对应的 WOTF 响应低，并且在对厚样品成像时无法满足 WOTF 理论的弱物体假设，导致该方法的重构相位存在低频不准确性(图 7-10(f))。值得一提的是，强度和相位之间的线性关系也可以通过一阶 Rytov 近似推导出来[38-40]，它要求物体的相位缓变，但对相位值的要求比 Born 近似更宽松。因此，该近似可将 WOTF 的有效性扩展到具有相对较大相位的物体。但是，对于厚物体而言(相位延迟显著超过 $\pi/2$)，Born 和 Rytov 近似都难以提供较好的相位复原精度[42, 43]。

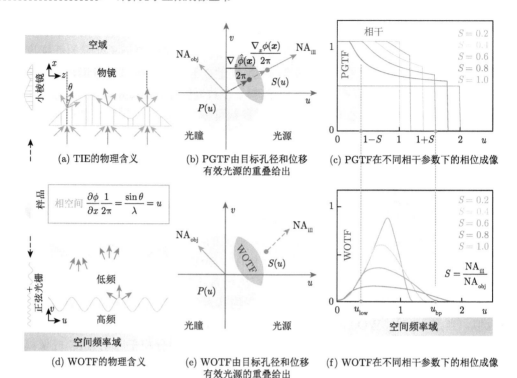

图 7-10 　光强传输方程的混合传递函数(MTF)方法[41]

Zuo 等[23, 44]提出，PGTF 可用于补偿照明的空间相干性引起的相位误差。基于 PGTF 可以建立一个查找表(lookup table，LUT)来校准 TIE 复原的相位梯度值。其基本思想与反卷积类似，但需要注意的是，该方法是在梯度域(而非傅里叶域)进行相位梯度补偿。LUT 的输入是基于 TIE 求解的相位梯度值，其输出是对应的真实相位梯度。而后，对补偿的相位梯度进行数值积分，即可获得消除相干效应误差的相位[44]。另外，Lu 等[41]为补偿相干效应的影响，基于 TIE 与 WOTF 理论提出了一种混合传递函数(MTF)方法来解决测量精度和成像分辨率之间的困境。该方法采用 TIE 重构相位的低频信息，并在频域有效融合 WOTF 反卷积相位的高频信息(截止频率取值为 PGTF 曲线转折点对应频率)，从而保证高精度的低频相位全局轮廓，并且可以很好地保留高分辨率的高频特征。

7.3　基于散斑场照明几何能流的相位复原

7.3.1　基于相干散斑场照明几何能流的相位复原

"散斑"是当相干光或部分相干光照射随机分布散射体组成的物体时所产生

的图案[45]。虽然，散斑在激光显示[42]和相干光学成像[46]中通常是需要避免的。但是它在许多领域都有非常重要的应用，例如天文学中的散斑成像[47]、粗糙表面应力测量的电子散斑干涉法[48]和生物医学研究的动态散斑成像技术[49]。近年来，散斑照明被引入相位反演和定量相位成像领域。2018 年，Paganin 等[50]基于几何能流的概念，提出了一种用于 X 射线相衬成像的散斑跟踪方法(geometric-flow speckle tracking，GFST)。这种流是一种守恒电流，与通过样品后引起的 X 射线散斑变形有关。该方法为定量相位成像提供了一种快速、高效、准确的手段。如图 7-11 所示，光源照射薄样品后经过距离 z 到达探测器。其中，$I_R(\boldsymbol{x})$ 表示参考散斑的强度，即在没有样品的情况下拍摄的图像，其中 $\boldsymbol{x}$ 是垂直于光轴 z 的平面中对应的横向坐标。光路中存在样品时的图像为 $I_S(\boldsymbol{x})$，由于待测样品存在而导致 $I_R(\boldsymbol{x})$ 变形的合成图。

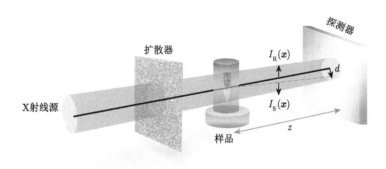

图 7-11   几何能流散斑跟踪方法的实验装置

假设照明光是理想的相干平面波，则具有不同表面斜率的样品的相位会导致散斑图产生平移，而散斑粒子位移矢量场 $\nabla_x d(\boldsymbol{x})$ 与相位梯度 $\nabla_x \phi(\boldsymbol{x})$ 成正比[50]：

$$\nabla_x d(\boldsymbol{x}) = \frac{z}{k} \nabla_x \phi(\boldsymbol{x}) \tag{7-33}$$

其中，z 表示样品与检测器之间的距离。因此，基于 $d(\boldsymbol{x})$ 和 $\phi(\boldsymbol{x})$ 之间的关系，可以通过简单地求出散斑图的位移矢量场 $\nabla_x d(\boldsymbol{x})$ 来获得样品的相位信息。在 GFST 方法中，几何能流被定义为与由样品相位引起的参考散斑变形相关联的守恒电流。通过将与 $I_S(\boldsymbol{x})$ 变换到与 $I_R(\boldsymbol{x})$ 有关的横向能流表示为标量辅助函数 $\nabla_x \Lambda = I_R D_x$ 的梯度，可以得到位移 D_x：

$$D_x(\boldsymbol{x}) = \frac{j}{I_R(\boldsymbol{x})} \mathscr{F}^{-1} \left((u,v) \left\{ \frac{\mathscr{F}[I_R(\boldsymbol{x}) - I_S(\boldsymbol{x})]}{u^2 + v^2} \right\} \right) \tag{7-34}$$

假设流场是无旋的，位移场可以描述为标量势 $d_x(\boldsymbol{x})$ 的梯度：

$$D_{\boldsymbol{x}}(\boldsymbol{x}) = (D_x(\boldsymbol{x}), D_y(\boldsymbol{x})) \approx \nabla_{\boldsymbol{x}} d(\boldsymbol{x}) \tag{7-35}$$

因此，基于 GFST 重构的相位 $\phi(\boldsymbol{x})$ 的最终公式为

$$\phi(\boldsymbol{x}) = \nabla_{\boldsymbol{x}}^{-1} \left(\frac{D_{\boldsymbol{x}}(\boldsymbol{x}) \cdot k}{z} \right) = \frac{k}{z} \mathscr{F}^{-1} \left\{ \frac{\mathscr{F}[(\boldsymbol{x}_0 + \mathrm{j}\boldsymbol{y}_0) \cdot D_{\boldsymbol{x}}(\boldsymbol{x})]}{\mathrm{j}u - v} \right\} \tag{7-36}$$

其中，$\boldsymbol{x}_0$ 和 $\boldsymbol{y}_0$ 分别是 x 和 y 方向上的单位向量。通过比较光强传输方程的快速傅里叶变换法求解公式(式(3-8))，可发现 GFST 和 TIE 是基于相同的原理[44]。这两种方法都是借助标量势或所谓的 Teague 辅助函数求解得到的泊松方程来反演相位信息。

7.3.2　基于部分相干散斑场照明几何能流的相位复原

　　GFST 的思想不仅限于 X 射线衍射成像领域，同样适用于部分相干照明下的光学显微成像。2019 年，Lu 等[44]设计了一种基于普通显微镜平台的定量相位成像(QPICWD)系统，如图 7-12 所示。将广义相位的物理意义与能流(或流密度)结合起来，扩展了"相干散斑场照明几何能流"在部分相干场中的应用。如 7.2.2 节所述，部分相干照明下，通过空间中某点的光线(能流)不再仅沿着一个方向传播，而是一具有二维角分布的光线簇，因此，部分相干光场下的散斑变形其实应该是这些光线(几何能流)簇的集合平均作用的结果：这与广义相位的思想一致，散斑粒子位移矢量场 $\nabla_{\boldsymbol{x}} d(\boldsymbol{x})$ 与广义相位梯度 $\nabla_{\boldsymbol{x}} \phi(\boldsymbol{x})$，即维格纳函数的一阶条件矩成正比[50]。通过求解 TIE 可以得到高分辨率的散斑畸变分布场，从而可以积分求解出高分辨率相位分布。在实际成像系统中我们只能探测到像面光场而非真实物面光场。Lu 等[44]分析了光源相干性对相位复原精度的影响，揭示了相干参数在 0.3～0.5 时，能够达到分辨率与信噪比的折衷，获得较为可

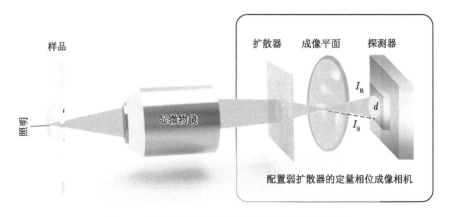

图 7-12　基于弱扩散相机的定量相显微镜原理图

靠样品的重构相位。这与 7.2.3 节中我们所讨论的均匀部分相干科勒照明下显微镜成像系统所得到的结论是一致的。同样，我们也可以建立一个基于 PGTF 的查找表来补偿由照明空间相干性引起的相位模糊[51]。

7.4 基于光强传输方程的计算光场成像

光强传输方程最少需要一幅额外的离焦光强图像(总共一幅聚焦面，一幅离焦面)就可以复原出相位信息。从信息量角度来看是合乎逻辑的。因为光波场的复振幅仅仅定义在二维平面上，采用离焦光强图像的信息"置换"出相位信息在信息量上是"守恒"的。因此采用四维相空间表征二维完全相干光场时显然是高度冗余的。对于一个缓变物体(见 6.2.4 节)，其相空间的冗余性将变得更加明显，因为信号在相空间仅仅占据一个二维切面(见第 6 章公式(6-96))[23]：

$$W(\boldsymbol{x},\boldsymbol{u}) = I(\boldsymbol{x})\delta\left[\boldsymbol{u} - \frac{1}{2\pi}\nabla\phi(\boldsymbol{x})\right] \tag{7-37}$$

此时维格纳函数永远严格大于 0，这种形式的维格纳函数代表了物体真实的能量概率密度分布，其表明了通过某点 $\boldsymbol{x}$ 的光线(能流)仅仅沿着一个方向传播，且该方向由相位梯度(法线)所决定。这个性质使得相位测量可以通过对光线方向进行测量而实现，如夏克-哈特曼波前传感器[29]。

对于部分相干光而言，上述情况要复杂得多。部分相干光场的四维维格纳函数一般是非冗余的。显然，通过两幅光强图求解光强传输方程是不足以提供足够的信息量去复原部分相干光场的全部信息。完整四维互相干函数(或等价的四维维格纳函数)的测量与复原相比较之下要复杂得多(见 6.2.6 节的讨论)。从几何光学角度而言，对于部分相干光，通过空间中某点 $\boldsymbol{x}$ 的光线(能流)不再仅沿着一个方向传播。取而代之地，光线将扇开为一个二维分布，这就解释了为什么部分相干光本身具有较高的维度。光场相机作为夏克-哈特曼波前传感器在计算机图形界的对应变体，可以对光线的空间位置及其角度分布进行联合测量[31]。"光场"这个术语在光学范畴对应的物理量严格来说应该对应辐射度学中的辐亮度(radiance)[32, 33]。早在 1968 年，Walther 等[32]就采用辐亮度作为等价于相空间物理量的方式为光度学奠定了严格的物理光学基础。2009 年，Zhang 等[34]进一步阐明了几何光学近似下光场与维格纳函数的等价性，即 $L(\boldsymbol{x},\theta) \approx W(\boldsymbol{x},\lambda\boldsymbol{u})$(如图 7-2(b)与(c)所示)。正如第 6.2.6 节所讨论的，由于光场成像获得了所有光线的强度及其角度分布，这可以被认为是一种相干测量与复原。然而，相比于传统成像方法，光场成像本身装置较为复杂(需要微透镜阵列，如图 7-3 所示)且严重牺牲了成像分辨率(为了获取额外的角分辨信息)。

虽然光强传输方程无法复原四维光场的全部信息，但是它却能够提供许多光场的信息量。对于干涉测量而言，相位信息完全蕴含在干涉条纹中，没有条纹就无法复原相位信息。但对于光强传输方程而言，只需测量光强的传播即可复原相位，而光强永远是可测的，与光源是否相干无关，这为光强传输方程提供了更广阔的应用背景。在非严格相干的光波场，通过求解光强传输方程得到的是广义相位(式(7-19))，其梯度为维格纳函数的一阶条件频率矩。而在几何光学近似下，维格纳函数等价于光场 $L(\boldsymbol{x},\theta) \approx W(\boldsymbol{x},\lambda\boldsymbol{u})$，得到几何光学近似下广义相位的定义[23]：

$$\frac{\int \theta L(\boldsymbol{x},\theta)\mathrm{d}\theta}{\int L(\boldsymbol{x},\theta)\mathrm{d}\theta} = k^{-1}\nabla\phi(\boldsymbol{x}) \tag{7-38}$$

式(7-38)的左侧即是光场的重心，即通过空间某一位置的光线角度的加权平均。通过式(7-38)，可以得到两个结论[23]：①四维光场中包含了二维相位信息(通过光场成像可以直接进行相位重构)：相位梯度可以简单地通过对原始光场图像中的每个子孔径图像进行重心检测得到，这与夏克-哈特曼传感器中的标准处理步骤别无二致[28-30]。②通过求解光强传输方程虽然无法重构完整光场，但可以获得光场的一阶矩(重心)。此外在某些简单的情形下(空域平稳照明下的缓变物体)，四维光场高度冗余(如图 7-13 所示，样品为一个"无散"系统，其并不改变入射光场的角分布(由主级光源光强所决定)，仅仅对其起到整体移动的作用)。在光源分布已知的前提下，求解光强传输方程可实现对四维光场的完全重构[23]。

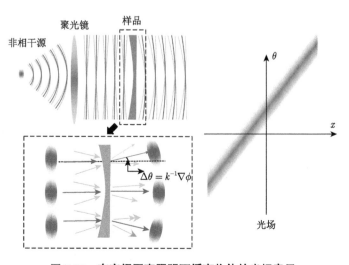

图 7-13　在空间固定照明下缓变物体的光场表示

通过几何光学近似 $L(\pmb{x},\theta) \approx W(\pmb{x},\lambda\pmb{u})$，式(7-30)背后所隐含的物理意义就十分明确了：透过物体的光场的角分布是由光源强度分布所决定的，且受物体相位梯度作用而产生整体偏折。成像系统仅让那些位于孔径内的具有较小角度的光线通过，而阻挡掉了其余具有较大角度的光线。最终在图像平面上所采集到的光强是通过成像系统所有光线能量的叠加，由移位后的主级光源函数与孔径函数重叠区域所决定：

$$I_{\text{image}}(\pmb{x}) = I(\pmb{x})\int \pmb{u}S\left[\pmb{u} - \frac{1}{2\pi}\nabla_x\phi(\pmb{x})\right]|P(\pmb{u})|^2\,\mathrm{d}\pmb{u} \qquad (7\text{-}39)$$

式(7-39)表明，通过光强传输方程所复原得到的相位梯度 $\nabla_x\phi(\pmb{x})$，并人为地(在计算机中模拟)改变孔径相对光轴的位置，我们就可以通过式(7-39)重建物体各个视角的强度图像(改变光照方向等价于改变视角)。相比较传统光场成像中基于单光线模型的视角合成方法[52](称之为针孔渲染(pinhole renderings)，即首先获得四维光场，然后通过提取其二维切片作为视角变换图像)，由于考虑了成像系统作用，采用式(7-39)可以得到物理上更准确的高分辨率视角合成重建结果，且其并不依赖于任何经验假设。

其实严格来说，首次采用光强传输方程进行计算光场成像的是 Orth 与 Crozier[52] 于 2013 年所提出的"光场矩成像"(light field moment imaging)。他们发现采用两幅不同焦面的光强图像通过求解一偏微分方程(他们当时并不知晓该方程就是光强传输方程)可以近似重构出场景多个视角的图像。而这里的"矩"正是指该方法只能获得光场的一阶矩，而无法获得完全的光场信息。为了获得完整的四维光场，Orth 和 Crozier[52]假设光场的角分布符合高斯模型来填充这些缺失的数据。该做法虽然物理上缺乏依据，实验上却给出了不错的视觉效果。2014 年，Zuo 等[53]发表评论指出"光场矩成像"实际上就是光强传输方程在几何光学近似下的变体，因此任何关于光强传输方程的求解与轴向微分估计计算法等均可以直接"移植"到光场矩成像中。如 2015 年，Liu 等[43]采用基于多平面光强测量的高阶有限差分法去优化光强轴向微分估计，提高了光场矩成像的信噪比。

7.5 基于部分相干相位传递函数反卷积的相位复原

前面的章节已经介绍了在部分相干照明下的光强传输方程的拓展形式。尽管在部分相干照明下相位定义与相干情况下有所不同，但依然可以使用部分相干照明下的光强传输方程来求解物体的相位分布。但是，上述分析中仍然考虑的是小离焦情形，而在真实的显微成像系统中往往需要较大的离焦距离才能获得更好的相位衬度，因此离焦距离对成像结果的影响无法简单忽略。在第 6 章里，我们曾对光强传输方程的相位传递函数在相干情况和部分相干情况下进行定量分析(见第 6 章图 6-27)，通过对比光强传输方程的相位传递函数和部分相干相位传递函数可以发现，二者只能保证低频部分相互重叠，而且随着相干度的降低，二者吻合的部分越来越少，因此在部分相干照明下直接使用光强传输方程来重构相位时会对高频信息进行过度衰减，导致最终重构相位中的高频细节损失，造成了相位模糊现象。为了解决此问题，可以基于弱相位近似来实现光强与相位之间的线性化。这与相干照明的情形十分类似，只是使用 6.3.5 节获得的部分相干相位传递函数代替前面章节所获得的相干相位传递函数(4.3 小节)，利用逆滤波反卷积算法进行更加精确的相位复原，该方法的另一大优势是可以将定量相位的线性化区间由小离焦(近菲涅耳区)拓展到任何离焦距离。

如第 6.3.5 节所述，WOTF 的实部和虚部分别对应于振幅传递函数 $H_A(\boldsymbol{u})$ 和相位传递函数 $H_P(\boldsymbol{u})$。对于离焦的轴对称成像系统，$H_A(\boldsymbol{u})$ 是离焦距离 Δz 的偶函数，$H_P(\boldsymbol{u})$ 是 Δz 的奇函数。如果我们取两张相反的等离焦距离 Δz 的离焦图像，然后在傅里叶域中计算它们的归一化差：

$$\frac{\hat{I}_{\Delta z}(\boldsymbol{u}) - \hat{I}_{-\Delta z}(\boldsymbol{u})}{4\hat{I}_0(\boldsymbol{u})} = -\mathrm{Im}[\mathrm{WOTF}(\boldsymbol{u})]\hat{\phi}(\boldsymbol{u}) \tag{7-40}$$

其中，$\hat{I}_0(\boldsymbol{u}) = a_0^2 \mathrm{TCC}(0,0)$ 为聚焦位置处光强分布的傅里叶变换；$-\mathrm{Im}[\mathrm{WOTF}(\boldsymbol{u})]$ 为部分相干照明系统在弱物体近似下的相位传递函数；$\hat{\phi}(\boldsymbol{u})$ 为待复原物体相位的频谱。需要注意的是，在强度差分中，振幅信息被抵消，只产生相位衬度，通过 WOTF 反卷积可以实现相位复原。

这里需要注意的是，在部分相干照明下的相位传递函数 $H_P(\boldsymbol{u})$ 的响应曲线往往随着离焦距离的增加而呈现出逐渐加速振荡的分布，这一现象在相干情况下亦会出现。由于响应曲线的振荡，所以可能包含过零点，而零点的存在不利于在反卷积过程中的相位复原。因此，为了避免过零点的产生，一方面可以减小离焦距离使 $\Delta z \rightarrow 0$ [54, 55]，从而缓解传递函数在高频处的振荡。但从第 6 章图 6-27 来看，如果减小离焦距离，相位衬度也会下降，尤其是对于低空间频率，难以获得高信噪比的重构结果[56, 57]。另一方面是采集多组离焦距离下的多幅图像来对相位传递函数进行合成优化，就像相干情况一样[55, 58-60]。将部分干照明下不同离焦距离的相位传递函数进行频率成分合成和提取，这样可以尽可能覆盖更多的空间频率范围以减少相位传递函数中接近零的区域，从而能够降低噪声的影响并提升相位重构的精度。例如 Jenkins 等[61]提出了一种基于部分相干照明下的多离焦距离频率结合方法，其思想最早是由 Zuo 等在相干照明情况下所提出的。该方法将最优频率选择(OFS)中的 CTF 替换为不同相干系数下的部分相干照明所对应的相位传递函数，并利用微分滤波器(SGDF)理论给出了在不同阶数的滤波器下的传递函数分布以及截止频率分布(图7-14)。2015 年，Jenkins 等[38]又提出了一种基于最优化频率反卷积的相位重构方法，该方法利用两组离焦强度图，并将这两组离焦位置下所对应的部分相干照明进行最小二乘拟合，最终得到在部分相干照明下的最优传递反卷积的定量相位复原结果。值得一提的是，SGDF 和最小二乘 WOTF 反卷积方法有相似的思想。SGDF 本质上是轴向导数估计的最小二乘方法(SGDF 是最小二乘拟合的卷积形式)[62]。每个 SGDF 重构的相位是基于所有的强度测量计算出来的。在最小二乘 WOTF 反卷积方法中，一个相位重建是基于一对对称离焦图像之间的强度差，因此没有充分利用所有的强度测量值。最近 Bao 等[63]对这两种方法进行了详细的比较和对比，发现 SGDF 方法比最小二乘 WOTF 反卷积方法更精确，但计算速度也较慢。

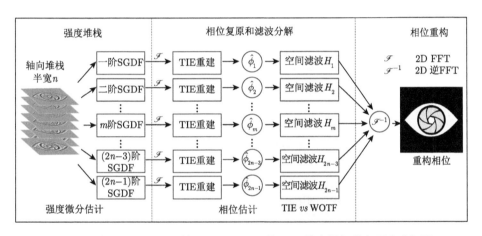

图 7-14　部分相干照明下基于多平面 TIE 的 OFS 的定量相位复原方法框图

7.6　部分相干照明下空间分辨率提升

在第 6.3.5 小节中，我们了解到对于相干成像系统，离焦 PTF(相位传递函数)具有较强的响应，即捕获的光强图像可以提供较高的相位对比度。然而，成像分辨率受到相干衍射极限的限制。部分相干成像将可达到的最大成像分辨率扩展到相干衍射极限之上。部分相干成像的分辨率极限由物镜的 NA 和照度的 NA 之和决定。随着相干参数的增加，理论成像分辨率也随之提高。然而，它也导致 PTF 的响应显著降低，加剧了 WOTF 反卷积的病态性。因此，对于具有圆形孔径光阑的传统明场显微镜，为了在成像分辨率和相位对比度之间实现折衷，一般应将相干参数设置在 0.3~0.5 之间[23]。尽管多平面方法利用同时测量小离焦和大散焦下的强度，来使 PTF 的响应在更大的空间频率范围内得到优化，然而噪声和分辨率之间的权衡仍然没有从根本上解决。根据 WOTF 的分析预测(图 6-27)，随着照明 NA 接近物镜 NA，相位对比度逐渐消失，这说明照明 NA 较大时，相位信息很难通过离焦转化为强度。这为提高 TIE 相位成像分辨率到相干衍射极限的两倍(非相干衍射极限)提供了根本障碍。还应该提醒的是，尽管通过倾斜[64]或结构照明[65, 66]的合成孔径技术已经被证明是可能提高 TIE 相位成像分辨率的解决方案，其中大多数需要相对复杂的光学系统，而这些光学系统通常不为大多数生物/病理学家所使用，这阻碍了它们在生物和医学科学中的广泛使用。

　　在 TIE 相位复原中，PTF 的分布由离焦距离和相干参数决定。然而，还有一个非常重要的可调参数在我们之前的讨论中没有考虑到：照明孔径的形状。传统显微镜的聚光镜孔径大致呈圆形，可以通过改变聚光镜光阑的半径来调节照明的空间相干性(相干参数 S)。然而，聚光镜孔径的形状并不仅仅局限于圆形，泽尼克相衬显微镜就是一个很好的例子：在聚光镜前焦面上放置一个特殊设计的环形光阑来调节照明孔径，它的直径与物镜后焦面内的相位板相匹配，并具有光学共轭。可以发现在优化 WOTF 时，通过改变照明孔径的相干性通常比改变离焦距离更有效[67-70]。2017 年，Zuo 等[67]建议用环形照明孔径取代传统的圆形照明孔径：

$$S(\overline{\rho}) = \begin{cases} 1 & S_1 \leqslant |\overline{\rho}| \leqslant S_2 \\ 0 & |\overline{\rho}| < S_1, |\overline{\rho}| > S_2 \end{cases} \tag{7-41}$$

其中，S_1 和 S_2 分别为环状照明的归一化内径和外径。根据式(6-166)可以计算出 S_1 和 S_2 不同组合下对应的 PTFs(WOTF 的虚部)，如图 7-15 和图 7-16 所示。图 7-15 为内径和外径不同的固定宽度的环形照明的 PTFs。从图中可以看出当环状照明具有较小的内径时，相位传递函数的响应幅值较大，但传递函数的截止频率依旧被限制在相干衍射极限附近。但随着环状照明的内径和外径不断增大，传递函数的截止频率不断拓展至非相干衍射极限，但幅值响应也随之减小，函数整体曲线也逐渐由第一象限移动到第四象限。这一结果表明具有最大外径和内径的环状照明光源不但可以提供非相干衍射极限成像分辨率，还能在截止频率通带内提供较强的幅值响应。在图 7-16 中，我们通过固定外圆的 NA 为 $1(S_2 = 1)$，仅改变环的厚度($S_1 = \Delta S$ 从 0 到接近 1)，进一步演示不同的环厚度的影响。正如所预料的，相位对比度随着环宽的增加而减小。当 $\Delta S \to 1$ 时，相位对比度最终趋于零，这就是圆形照度的非相干情况。结果还表明，随着环宽度的增加，WOTF 的截止频率从 2 减小到 $2 - \Delta S$。从图 7-15 和图 7-16 的结果可以得出，我们应该选择与物镜孔径直径相等的环形，并使其厚度尽可能小，以优化相位对比度和成像分辨率。

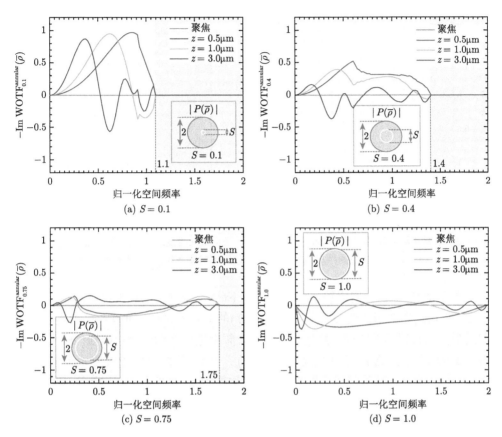

图 7-15 不同离焦距离下环宽固定但内径和外径不同的环形照明孔径的相位传递函数
（$\mathbf{NA}_{obj} = 0.8$ ， $\lambda = 550\mathrm{nm}$ ，根据相干分辨率极限对空间频率坐标进行归一化）

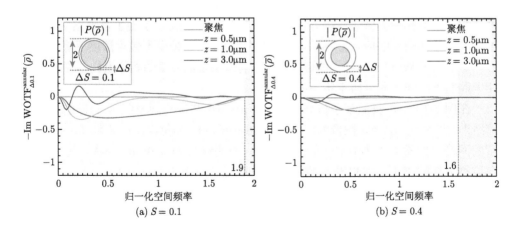

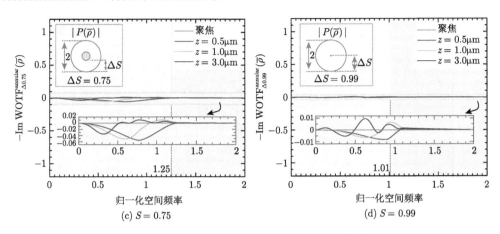

图 7-16　在最大环形外径，不同内径的环形照明下，不同离焦距离的相位传递函数（ $NA_{obj} = 0.8$ ，$\lambda = 550nm$ ，空间频率坐标根据相干分辨率极限 NA_{obj} / λ 进行归一化）

　　在图 7-17 中，我们比较了弱离焦情况下（ $\Delta z = 0.5\mu m$ ）环形照明（ $\Delta S = 0.01$ 和 $\Delta S = 0.1$ ）和圆形照明（ $S = 0.1, 0.75, 0.99$ ）的 PTFs 大小。可以观察到环形照明在通带内具有很强的响应，并且其空间截止频率接近非相干衍射极限（ $\Delta S = 0.01$ 对应 $1.99NA_{obj}$ ， $\Delta S = 0.1$ 对应 $1.9NA_{obj}$ ）。与传统的大口径圆形孔径显微镜（ $S = 0.75$ ）相比，环形照明提供的总相位对比度（PTF 曲线和频率轴所围成的面积）提升了一倍（ $\Delta S = 0.01$ 时 2.35 倍， $\Delta S = 0.1$ 时 2.11 倍）。这不仅扩大了频率覆盖范围，而且低空间频率和高空间频率下的响应都得到了显著增强。环形照度提供的相位对比度与传统的近相干照明（ $S = 0.1$ ）提供的相位对比度相当（ $\Delta S = 0.01$ 时，91%， $\Delta S = 0.1$ 时，82%），但响应更加平滑同时被拓展。空间频率截止几乎增加了一倍，低空间频率的相位对比度显著增加。这些结果表明，用环形孔径代替传统的圆形孔径提供了一种方便的方法来优化 WOTF，实现了宽带频率覆盖，增强了低频和高频响应。此外，由此产生的 PTF 在通带中不包含深度下降和过零点，这消除了 WOTF 反卷积的病态性。它有望实现高质量的相位重构，克服部分相干照明下的噪声和分辨率折衷问题。

　　在图 7-18 中，我们基于仿真比较了环形照明 TIE 和圆形照明 TIE 的相位反演结果。以 Siemens star 图像为例（如图 7-18(a)所示），相位物体定义为 256×256 像素的网格，像素大小为 $0.13\mu m \times 0.13\mu m$ 。照明波长为 550nm， NA_{obj} 为 0.80。在这种成像配置下，可以获得的最佳相位成像分辨率为 344nm（ $\lambda / 2NA_{obj}$ ），如图 7-18(a)所示。为了模拟噪声效果，每个离焦图像都被标准差为 0.01 的高斯噪声所污染。图 7-18(b)比较了小离焦距离下（ $\Delta z = 0.5\mu m$ ）的离焦图像和不同照明设置下的相位重构结果。采用均方根误差(RMSE)测量相位重构的精度，它量化了真实相位和重构相位之间的总体差异。对于圆形照明的情况，整体相位对比

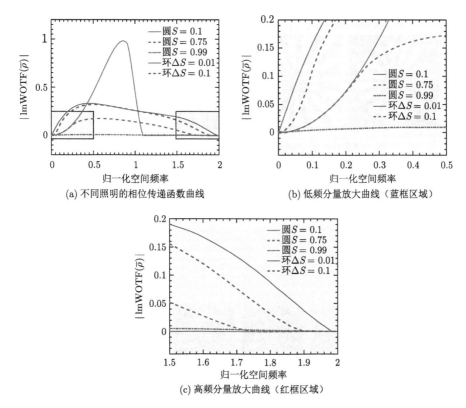

(a) 不同照明的相位传递函数曲线　　　　(b) 低频分量放大曲线（蓝框区域）

(c) 高频分量放大曲线（红框区域）

图 7-17　离焦距离为 0.5μm 时，环形照明($S=0.1$ 和 $S=0.01$)和圆形照明($S=0.1,0.75,0.99$)
的相位传递函数的幅度比较

度随着相干参数 S 的增加而减小，这与 WOTF 分析结果(第 6 章图 6-27)一致。低
空间频率下较差的传递响应导致云雾状的伪影叠加在重构相位上。此外，通过打
开聚光镜的光阑(增加相干参数 S)提高了相位成像分辨率。然而，对于几乎匹配
的光照情况($S=0.99$)，相位对比度的抵消使相位信息无法被重构，这导致严重
的伪影和非常大的 RMSE。使用环形照明可以显著增强相位对比度，尤其在低频
成分。在离焦图像中，西门子星图案呈现黑色，证明了理论预测的负相位对比。
最后通过 WOTF 反演将强相位对比度转化为定量相位图像，在均匀背景下实现
高质量的重建，提高了分辨率。环形照明 TIE 的 RMSE 值与传统的双距离 TIE
相当，且显著低于仅使用单离焦距离的情况。此外，环形照明 TIE 的理论分辨率
提高在 $\Delta S=0.1$ 时提高到 $1.9\mathrm{NA_{obj}}$，在 $\Delta S=0.01$ 时提高到 $1.99\mathrm{NA_{obj}}$，使其接近
非相干极限(图 7-18(a) 的 RHS)。上述仿真结果表明，使用与物镜 NA 匹配的环形
照明可以实现高质量、低噪声的相位重建，横向分辨率接近非相干衍射极限，与
圆形照明相比，分辨率有显著提高。

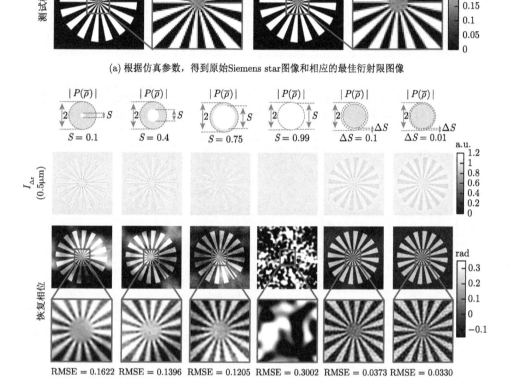

(a) 根据仿真参数，得到原始Siemens star图像和相应的最佳衍射限图像

(b) 小离焦距离下的过离焦图像与不同照明设置下的重建结果比较($\Delta z = 0.5\mu m$)

图 7-18　环形照明 TIE 与圆形照明 TIE 的比较

上述理论分析和实验结果表明，光源的形状选择为提高成像分辨率和提高低频成像性能提供了新的可能性。然而，环形孔径的选择是基于与 WOTF 形状相关的直观准则进行经验设计的。环形照度是否是 TIE 相位成像的最佳选择还不清楚。由于 WOTF 的复杂形式和孔径函数的高度自由度，从解析的角度求解一个最佳源策略似乎是相当具有挑战性的。2018 年，Li 等[71]开发了一种基于综合定量准则来评价孔径"优越性"的数值方案以优化照明模式。为了使方案搜索空间的大小易于处理，只考虑二进制编码的轴对称照明模式。需要注意的是，轴对称照明满足"零矩条件"(式(7-24))，这是部分相干照明下实现无偏 TIE 相位复原的前提条件[23]。如图 7-19 所示，将光源按径向分开，将圆形非相干光源的孔径分割成多个等间距的同心环形。同心环

形由一个 12 位二进制数表示，所有的照明源模式可以用相应二进制数的十进制值索引。

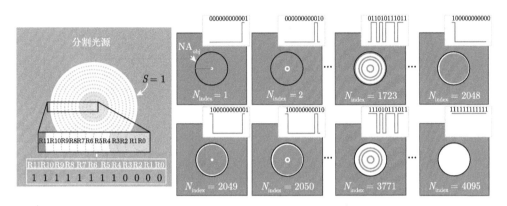

图 7-19 基于二进制编码方案对光源进行径向对称调控

图 7-20 显示了五种典型的照明模式及其对应的 PTFs。PTF 的性能直接决定了相位成像性能，例如，截止频率决定了成像分辨率，过零点的数量代表了 WOTF 反卷积的病态性，PTF 包围的面积和坐标轴代表总相位对比度(图像中包含信息的部分)。因此，我们采用综合定量标准来评价 PTFs。首先，PTF 的截止频率必须达到物镜 NA 的两倍，这意味着最终成像分辨率将扩展到非相干衍射极限。那么，PTF 在截止频率内不与坐标轴相交，即 PTF 内不存在过零点。最后，为了保证最好的信噪比，需要最大化 PTF 所围成的区域面积。通过对基于综合准则的 PTFs 进行比较，识别出了最优的照明模式，即如上所述与物镜 NA 匹配的薄环。

通过实验验证了环形照明的最优性，如图 7-21 所示。为了灵活控制照明图案，采用可编程 LED 阵列代替传统的明场显微镜光源。图 7-21 显示了不同照明模式下对应的 PTFs、轴向强度微分、傅里叶频谱以及最终的重构相位。可以看出，匹配的环形照明对应的 PTF 具有最高的成像分辨率和最强的相位对比度，尤其是低频分量。因此，相应的重构相位具有最好的对比度、分辨率和信噪比。最后值得一提的是，环形照明方案和多平面 TIE 方法在原理上并不矛盾，它们可以结合在一起获得互补的优势。例如，OFS 法和最小二乘反卷积法可以推广到环形照明，只需将环形照明下的相干 CTFs 替换为 WOTFs 即可[72]。

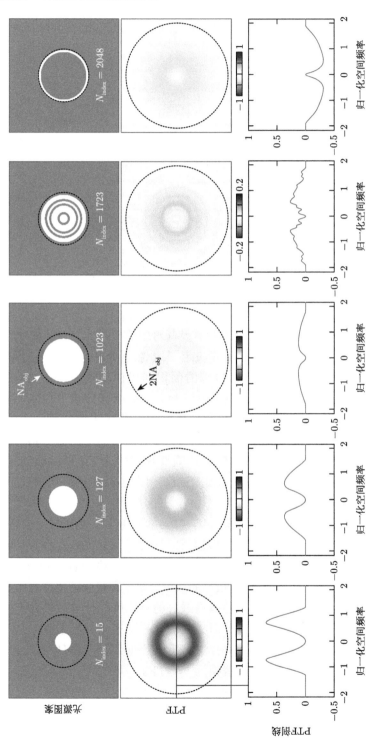

图 7-20 五种不同照明模式的相传递函数和相应的一维截面

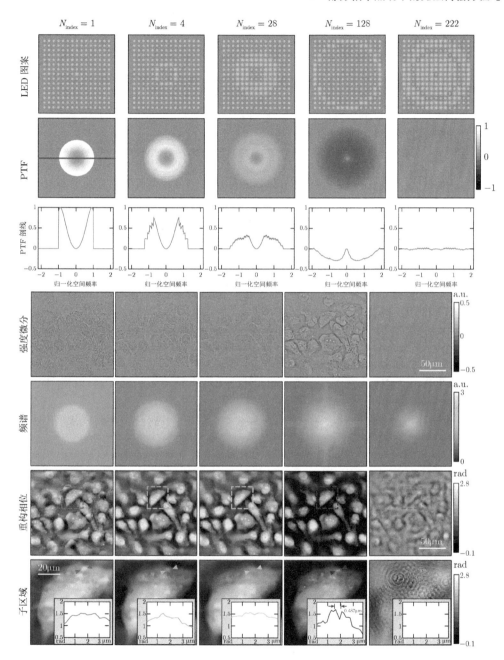

图 7-21 在不同的光照模式下，相位传递函数、轴向强度微分、
傅里叶频谱以及最终的重构相位

参 考 文 献

[1]　Roddier F. Wavefront sensing and the irradiance transport equation[J]. Applied Optics, 1990, 29(10): 1402-1403.

[2]　Roddier F, Roddier C, Roddier N. Curvature sensing: a new wavefront sensing method[C]. G.M. Morris. Statistical Optics. SPIE, 1988, 0976: 203-209.

[3]　Roddier F. Curvature sensing and compensation: a new concept in adaptive optics[J]. Applied Optics, 1988, 27(7): 1223-1225.

[4]　Roddier N A. Algorithms for wavefront reconstruction out of curvature sensing data[C]. Active and Adaptive Optical Systems. International Society for Optics and Photonics, 1991, 1542: 120-129.

[5]　Roddier C, Roddier F. Wave-front reconstruction from defocused images and the testing of ground-based optical telescopes[J]. Journal of the Optical Society of America A, 1993, 10(11): 2277-2287.

[6]　Nugent K A, Gureyev T E, Cookson D F, et al. Quantitative phase imaging using hard X rays[J]. Physical Review Letters, 1996, 77(14): 2961.

[7]　Wilkins S, Gureyev T E, Gao D, et al. Phase-contrast imaging using polychromatic hard X-rays[J]. Nature, 1996, 384(6607): 335.

[8]　Allman B E, McMahon P J, Nugent K A, et al. Phase radiography with neutrons[J]. Nature, 2000, 408: 158.

[9]　McMahon P, Allman B, Jacobson D L, et al. Quantitative phase radiography with polychromatic neutrons[J]. Physical Review Letters, 2003, 91(14): 145502.

[10]　Bajt S, Barty A, Nugent K A, et al. Quantitative phase-sensitive imaging in a transmission electron microscope[J]. Ultramicroscopy, 2000, 83(1-2): 67-73.

[11]　McMahon P, Barone-Nugent E, Allman B, et al. Quantitative phase-amplitude microscopy II: differential interference contrast imaging for biological TEM[J]. Journal of Microscopy, 2002, 206(3): 204-208.

[12]　Beleggia M, Schofield M A, Volkov V V, et al. On the transport of intensity technique for phase retrieval[J]. Ultramicroscopy, 2004, 102(1): 37-49.

[13]　Volkov V V, Zhu Y. Lorentz phase microscopy of magnetic materials[J]. Ultramicroscopy, 2004, 98(2): 271-281.

[14]　McVitie S, Cushley M. Quantitative Fresnel Lorentz microscopy and the transport of intensity equation[J]. Ultramicroscopy, 2006, 106(4-5): 423-431.

[15]　Petersen T C, Keast V J, Paganin D M. Quantitative TEM-based phase retrieval of MgO nano-cubes using the transport of intensity equation[J]. Ultramicroscopy, 2008, 108(9): 805-815.

[16]　Teague M R. Deterministic phase retrieval: a Green's function solution[J]. Journal of the Optical Society of America A, 1983, 73(11): 1434-1441.

[17]　Streibl N. Phase imaging by the transport equation of intensity[J]. Optics Communications, 1984, 49(1): 6-10.

[18]　Paganin D, Nugent K A. Noninterferometric phase imaging with partially coherent light[J]. Physical Review Letters, 1998, 80(12): 2586.

[19]　Gureyev T E, Paganin D M, Stevenson A W, et al. Generalized Eikonal of Partially Coherent Beams and Its Use in Quantitative Imaging[J]. Physical Review Letters, 2004, 93(6): 068103.

[20]　Gureyev T E, Nesterets Ya I, Paganin D M, et al. Linear algorithms for phase retrieval in the Fresnel region. 2. Partially coherent illumination[J]. Optics Communications, 2006, 259(2): 569-580.

[21]　Zysk A M, Schoonover R W, Carney P S, et al. Transport of intensity and spectrum for partially coherent fields[J]. Optics Letters, 2010, 35(13): 2239-2241.

[22]　Petruccelli J C, Tian L, Barbastathis G. The transport of intensity equation for optical path length recovery using partially coherent illumination[J]. Optics Express, 2013, 21(12): 14430-14441.

[23]　Zuo C, Chen Q, Tian L, et al. Transport of intensity phase retrieval and computational imaging for partially coherent fields: The phase space perspective[J]. Optics and Lasers in Engineering, 2015, 71: 20-32.

[24]　Bastiaans M J. Application of the Wigner distribution function to partially coherent light[J]. Journal of the Optical Society of America A, 1986, 3(8): 1227-1238.

[25]　Winston R, Welford W T. Geometrical vector flux and some new nonimaging concentrators[J]. Journal of the Optical Society of America, 1979, 69(4): 532-536.

[26]　Boashash B. Estimating and interpreting the instantaneous frequency of a signal. I. Fundamentals[J]. Proc. IEEE, 1992, 80(4): 520-538.

[27]　Woods S C, Greenaway A H. Wave-front sensing by use of a Green's function solution to the intensity transport equation[J]. Journal of the Optical Society of America A, 2003, 20(3): 508-512.

[28]　Shack R V. Production and use of a lecticular Hartmann screen[J]. Journal of the Optical Society of America, 1971, 61: 656-661.

[29]　Hartmann J. Bemerkungen uber den Bau und die Justirung von Spektrographen[J]. Zt. Instrumentenkd., 1990, 20(47): 17-27.

[30]　Platt B C, Shack R. History and principles of Shack-Hartmann wavefront sensing[J]. J. Refract. Surg., 2001, 17(5): S573-S577.

[31]　Ng R, Levoy M, Brédif M, et al. Light field photography with a hand-held plenoptic camera[J]. Comput. Sci. Tech. Rep., 2005, 2: 1-11.

[32]　Walther A. Radiometry and coherence[J]. Journal of the Optical Society of America, 1968, 58(9): 1256-1259.

[33]　Walther A. Radiometry and coherence[J]. Journal of the Optical Society of America, 1973, 63(12): 1622-1623.

[34]　Zhang Z, Levoy M. Wigner distributions and how they relate to the light field[C]. 2009 IEEE International Conference on Computational Photography(ICCP), 2009: 1-10.

[35]　Ng R. Fourier slice photography[C]. ACM Transactions on Graphics(TOG). ACM, 2005, 24: 735-744.

[36]　Hamilton D K, Sheppard C J R. Differential phase contrast in scanning optical microscopy[J]. Journal of Microscopy, 1984, 133(1): 27-39.

[37]　Sheppard C J R. Partially coherent microscope imaging system in phase space: effect of defocus and phase reconstruction[J]. Journal of the Optical Society of America A, 2018, 35(11): 1846.

[38]　Jenkins M H, Gaylord T K. Quantitative phase microscopy via optimized inversion of the phase optical transfer function[J]. Applied Optics, 2015, 54(28): 8566-8579.

[39]　Sung Y, Choi W, Fang-Yen C, et al. Optical diffraction tomography for high resolution live cell imaging[J]. Optics Express, 2009, 17(1): 266-277.

[40]　Gureyev T E, Davis T J, Pogany A, et al. Optical phase retrieval by use of first Born-and Rytov-type approximations[J]. Applied Optics, Optical Society of America, 2004, 43(12): 2418-2430.

[41]　Lu L, Fan Y, Sun J, et al. Accurate quantitative phase imaging by the transport of intensity equation: a mixed-transfer-function approach[J]. Optics Letters, 2021, 46(7): 1740-1743.

[42] Chellappan K V, Erden E, Urey H. Laser-based displays: a review[J]. Applied Optics, 2010, 49(25): F79-F98.

[43] Liu J, Xu T, Yue W, et al. Light-field moment microscopy with noise reduction[J]. Optics Express, 2015, 23(22): 29154-29162.

[44] Lu L, Sun J, Zhang J, et al. Quantitative phase imaging camera with a weak diffuser[J]. Frontiers in Physics, 2019, 7: 77.

[45] Zdora M C. State of the art of X-ray speckle-based phase-contrast and dark-field imaging[J]. Journal of Imaging, 2018, 4(5): 60.

[46] Liba O, Lew M D, SoRelle E D, et al. Speckle-modulating optical coherence tomography in living mice and humans[J]. Nature Communications, 2017, 8: 15845.

[47] Bates R. Astronomical speckle imaging[J]. Physics Reports, 1982, 90(4): 203-297.

[48] Høgmoen K, Pedersen H M. Measurement of small vibrations using electronic speckle pattern interferometry: theory[J]. Journal of the Optical Society of America, 1977, 67(11): 1578-1583.

[49] Boas D A, Dunn A K. Laser speckle contrast imaging in biomedical optics[J]. Journal of Biomedical Optics, 2010, 15(1).

[50] Paganin D M, Labriet H, Brun E, et al. Single-image geometric-flow X-ray speckle tracking[J]. Physical Review A, 2018, 98(5).

[51] Lu L, Sun J, Zhang J, et al. Speckle quantitative phase imaging based on coherence effect compensation[C]. Seventh International Conference on Optical and Photonic Engineering(icOPEN 2019), 2019, 11205: 112050I.

[52] Orth A, Crozier K B. Light field moment imaging[J]. Optics Letters, 2013, 38(15): 2666-2668.

[53] Zuo C, Chen Q, Asundi A. Light field moment imaging: comment[J]. Optics Letters, 2014, 39(3): 654.

[54] Gureyev T E, Mayo S, Wilkins S W, et al. Quantitative In-Line Phase-Contrast Imaging with Multienergy X Rays[J]. Physical Review Letters, 2001, 86(25): 5827-5830.

[55] Gureyev T E, Pogany A, Paganin D M, et al. Linear algorithms for phase retrieval in the Fresnel region[J]. Optics Communications, 2004, 231(1-6): 53-70.

[56] Cloetens P, Ludwig W, Boller E, et al. Quantitative phase contrast tomography using coherent synchrotron radiation[C]. Proceedings of SPIE, 2002, 4503: 82-91.

[57] Wu X, Liu H. A general theoretical formalism for X-ray phase contrast imaging[J]. Journal of X-ray Science and Technology, 2003, 11(1): 33-42.

[58] Guigay J P, Langer M, Boistel R, et al. Mixed transfer function and transport of intensity approach for phase retrieval in the Fresnel region[J]. Optics Letters, 2007, 32(12): 1617-1619.

[59] Langer M, Cloetens P, Guigay J P, et al. Quantitative comparison of direct phase retrieval algorithms in in-line phase tomography[J]. Medical Physics, 2008, 35(10): 4556-4566.

[60] Falaggis K, Kozacki T, Kujawinska M. Optimum plane selection criteria for single-beam phase retrieval techniques based on the contrast transfer function[J]. Optics Letters, 2014, 39(1): 30-33.

[61] Jenkins M H, Long J M, Gaylord T K. Multifilter phase imaging with partially coherent light[J]. Applied Optics, 2014, 53(16): D29-D39.

[62] Zuo C, Chen Q, Yu Y, et al. Transport-of-intensity phase imaging using Savitzky-Golay differentiation filter-theory and applications[J]. Optics Express, 2013, 21(5): 5346-5362.

[63] Bao Y, Gaylord T K. Two improved defocus quantitative phase imaging methods: discussion[J]. Journal of the Optical Society of America A, 2019, 36(12): 2104-2114.

[64] Martinez-Carranza J, Falaggis K, Kozacki T. Enhanced lateral resolution for phase retrieval based on the transport of intensity equation with tilted illumination[C]. G. Popescu, Y. Park. Quantitative Phase Imaging II. International Society for Optical Engineering, 2016, 9718: 65-74.

[65] Zhu Y, Shanker A, Tian L, et al. Low-noise phase imaging by hybrid uniform and structured illumination transport of intensity equation[J]. Optics Express, 2014, 22(22): 26696-26711.

[66] Zhu Y, Zhang Z, Barbastathis G. Phase imaging for absorptive phase objects using hybrid uniform and structured illumination transport of intensity equation[J]. Optics Express, 2014, 22(23): 28966-28976.

[67] Zuo C, Sun J, Li J, et al. High-resolution transport-of-intensity quantitative phase microscopy with annular illumination[J]. Scientific Reports, 2017, 7(1): 7654.

[68] Li J, Chen Q, Zhang J, et al. Efficient quantitative phase microscopy using programmable annular LED illumination[J]. Biomedical Optics Express, 2017, 8(10): 4687-4705.

[69] Chakraborty T, Petruccelli J C. Source diversity for transport of intensity phase imaging[J]. Optics Express, 2017, 25(8): 9122-9137.

[70] Chakraborty T, Petruccelli J C. Optical convolution for quantitative phase retrieval using the transport of intensity equation[J]. Applied Optics, 2018, 57(1): A134-A141.

[71] Li J, Chen Q, Sun J, et al. Optimal illumination pattern for transport-of-intensity quantitative phase microscopy[J]. Optics Express, 2018, 26(21): 27599-27614.

[72] Bao Y, Dong G C, Gaylord T K. Weighted-least-squares multi-filter phase imaging with partially coherent light: characteristics of annular illumination[J]. Applied Optics, 2019, 58: 137.

8 部分相干照明下的三维相位成像 > > >

在讨论相位成像技术时,我们通常都会假设大部分待测物体属于二维(薄)物体,其可以由吸收与相位成分所构成的二维的复透射率分布表示,透射光场的复振幅分布即为入射光场复振幅与物体复透射率的乘积。然而,相位延迟其实是样品三维折射率在一个二维平面上的投影(俗称 2.5D 成像),这是一个沿光传播方向的积分整体变化量,并不是"真三维"的立体信息[1-4]。三维衍射层析技术[1, 3, 5, 6]可以有效解决这一问题,其可以对三维样品内部各点的折射率实现全方位(横向 + 轴向)高分辨率成像,从而获取样品三维折射率分布。该项技术通常需将相位测量技术(数字全息或相位复原技术)与计算机断层扫描技术相结合:通过旋转物体或改变照明方向等方式得到多组定量相位信息,然后结合断层扫描理论重建出物体的空间三维折射率分布。而近年来,受到光强传输方程的启发,"光强传输衍射层析技术"——作为一种基于非干涉强度测量原理的衍射层析技术逐渐崭露头角。相比于传统干涉光学衍射层析技术,该方法无需采用相干照明与干涉测量,只需要直接拍摄物体不同焦面的强度图像,利用图像重构算法直接反演物体的三维折射率分布,这有效避免了传统衍射层析技术干涉测量与光束机械扫描的难题。在本章里,我们就来针对这一问题进行深入讨论。

8.1 相干光场的三维傅里叶频谱与 Ewald 球

在第 2.2 节我们已经了解到任何一个定义在二维平面的定态相干标量光波场可以被分解为不同角度平面波的叠加,即角谱。那么推广到三维的情况,假设定态相干光波场在三维空间中的复振幅分布为 $U(x,y,z)$,其在三维空间频率谱可以由以下的三维傅里叶变换所联系:

$$U(x,y,z) = \iiint \hat{U}_{3D}(u_x, u_y, u_z) e^{j2\pi(u_x x + u_y y + u_z z)} du_x du_y du_z \qquad (8\text{-}1)$$

其中，指数基元 $e^{j2\pi(u_x x + u_y y + u_z z)}$ 代表一个在三维空间中所传播的平面波($\exp(j\boldsymbol{k} \cdot \boldsymbol{r})$，三维空间平面的定义为 $\boldsymbol{k} \cdot \boldsymbol{r} = \text{const}$，即相位相等的面为平面方程 $\boldsymbol{k} \cdot \boldsymbol{r} = \phi$）。但值得注意的是，考虑一在三维空间中传播的平面波，其在某个特定时刻的振幅如图 8-1 所示，其振幅从波峰到波谷之间的距离是确定的，即光波的波长(当光在非真空中传输时，为波长与介质折射率之比)。而平面波的传播方向可由方向余弦 $(\cos\alpha, \cos\beta, \cos\gamma)$ 表示，即

$$u_x = \frac{n\cos\alpha}{\lambda}, u_y = \frac{n\cos\beta}{\lambda}, u_z = \frac{n\cos\gamma}{\lambda} \qquad (8\text{-}2)$$

其中，n 为介质的折射率。因此三维傅里叶空间中 (u_x, u_y, u_z) 三者并非完全独立，它们由如下的公式所关联：

$$\sqrt{u_x^2 + u_y^2 + u_z^2} = \frac{n}{\lambda} \qquad (8\text{-}3)$$

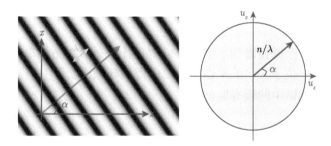

图 8-1　单色平面波在空域和频域中的表示方法示意图

因此，不同方向(空间频率)的平面波所形成的空间频率向量的模长都是一致的，它们最后都会分布在三维傅里叶空间中半径为 $\frac{n}{\lambda}$ 的球壳上，该球壳被称为 Ewald 球。已知光场中横向分量的空间频率 (u_x, u_y)，那么其轴向空间频率即可由

$$u_z = \pm\sqrt{\left(\frac{n}{\lambda}\right)^2 - u_x^2 - u_y^2} \qquad (8\text{-}4)$$

所计算得到。而由第 2.2.2 节所介绍的衍射角谱理论可知，已知光场在某个平面的复振幅 $U(x,y,0)$(不失一般性，认为其位于 $z=0$ 平面)，其在距离 z 平面的标量相干光波场 $U(x,y,z)$ 可以通过如下的角谱衍射公式所表示：

$$\widehat{U}_{\text{2D}}(u_x, u_y, z) = \widehat{U}_{\text{2D}}(u_x, u_y, 0)\text{e}^{\text{j}kz\sqrt{1-(\lambda u_x)^2-(\lambda u_y)^2}}$$
$$= \widehat{U}_{\text{2D}}(u_x, u_y, 0)\text{e}^{\text{j}2\pi z\sqrt{\left(\frac{1}{\lambda}\right)^2-u_x^2-u_y^2}} \tag{8-5}$$

式(8-5)两侧再对 z 进行傅里叶变换，显然：

$$\widehat{U}_{\text{3D}}(u_x, u_y, u_z) = \int \widehat{U}_{\text{2D}}(u_x, u_y, 0)\text{e}^{\text{j}2\pi z\sqrt{\left(\frac{1}{\lambda}\right)^2-u_x^2-u_y^2}}\text{e}^{-\text{j}2\pi z u_z}\text{d}z$$
$$= \int \widehat{U}_{\text{2D}}(u_x, u_y, 0)\text{e}^{-\text{j}2\pi z\left(u_z-\sqrt{\left(\frac{1}{\lambda}\right)^2-u_x^2-u_y^2}\right)}\text{d}z \tag{8-6}$$
$$= \widehat{U}_{\text{2D}}(u_x, u_y, 0)\delta\left(u_z-\sqrt{\left(\frac{1}{\lambda}\right)^2-u_x^2-u_y^2}\right)$$

上式说明，对于一个相干光场而言，其在三维傅里叶频谱空间是高度冗余的，仅仅在三维傅里叶空间中的 Ewald 球壳上能够取非零值。$\delta\left(u_z-\sqrt{\left(\frac{1}{\lambda}\right)^2-u_x^2-u_y^2}\right)$ 代表将二维傅里叶频谱投影到半个 Ewald 球壳上。球壳的方向取决于光沿 z 轴的传播方向。因此，位于 $z=0$ 平面上的二维傅里叶频谱实际上包含了完整三维光场的三维傅里叶频谱中的所有取值：

$$\hat{U}_{\text{2D}}(u_x, u_y, 0) = \hat{U}_{\text{3D}}(u_x, u_y, u_z), \quad u_z = \sqrt{\left(\frac{1}{\lambda}\right)^2-u_x^2-u_y^2} \tag{8-7}$$

同理，在 z 平面上的二维傅里叶频谱也可以与三维傅里叶频谱相关联，即

$$\hat{U}_{\text{2D}}(u_x, u_y, z) = \hat{U}_{\text{3D}}\left(u_x, u_y, \sqrt{\left(\frac{1}{\lambda}\right)^2-u_x^2-u_y^2}\right)\text{e}^{\text{j}2\pi z\sqrt{\left(\frac{1}{\lambda}\right)^2-u_x^2-u_y^2}} = \hat{U}_{\text{3D}}(u_x, u_y, u_z)\text{e}^{\text{j}2\pi u_z z} \tag{8-8}$$

8.2 三维相干传递函数与广义光瞳

在第 4 章中，我们知道相干成像系统是一个关于复振幅的线性系统，该系统完全由其相干传递函数所决定，即离焦的光瞳函数。为了便于分析与计算，以下我们假设光学系统具有轴向对称性，此时离焦的光瞳函数形式为

$$H(\rho) = P(\rho)e^{jk\Delta z\sqrt{1-\lambda^2\rho^2}}, P(\rho) = \mathrm{circ}\left(\frac{\rho}{\mathrm{NA}/\lambda}\right) = \begin{cases} 1 & \rho \leqslant \dfrac{\mathrm{NA}}{\lambda} \\ 0 & \mathrm{else} \end{cases} \qquad (8\text{-}9)$$

其中，$\rho = \sqrt{u_x^2 + u_y^2}$ 代表径向空间频率坐标；$P(\rho)$ 为物镜的瞳函数，其截止频率在 $\dfrac{\mathrm{NA}}{\lambda}$ 处。对式(8-9)进行 Hankel 变换，可以得到第 4.2 节所介绍的相干成像系统的离焦点扩散函数：

$$h(r,z) = \int_\rho P(\rho)e^{jkz\sqrt{1-\lambda^2\rho^2}} J_0(2\pi\mu\rho) 2\pi\rho\mathrm{d}\rho \qquad (8\text{-}10)$$

注意这里我们把离焦点扩散函数显式地写成了极坐标下 r 与 z 的函数，因为式(8-10)实际上代表了成像系统的三维点扩散函数，它描述了理想点光源经过成像系统所形成的像场在三维空间中的复振幅分布。此外，如果将式(8-10)两侧对变量 z 进行傅里叶变换，可以得到相干光场的三维相干传递函数：

$$H(\rho,\eta) = \int P(\rho)e^{jkz\sqrt{1-\lambda^2\rho^2}} e^{-j2\pi zl}\mathrm{d}z = P(\rho)\delta\left(l - \sqrt{\left(\frac{1}{\lambda}\right)^2 - \rho^2}\right) \qquad (8\text{-}11)$$

式(8-11)与式(8-6)形式上十分类似，它表明相干光场的三维相干传递函数也仅能在三维傅里叶空间中的 Ewald 球壳上取非零值(这是可以理解的，因为三维光学传递函数本身就是三维点扩散函数的傅里叶变换，而三维点扩散函数实际上就是定义在三维空间中的相干光场)。$\delta\left(l - \sqrt{\left(\dfrac{1}{\lambda}\right)^2 - \rho^2}\right)$ 代表将二维瞳函数(相干传递函数) $P(\rho)$ 投影到三维 Ewald 球壳上，投影方向取决于光沿 z 轴的传播方向(成像接收方向)。注意在上述推导中我们假设光波是在真空中传播的，对于光波在介质中传输的情况(如采用油浸物镜进行成像时)，式中的波长应该替换为光波在介质中等效波长 λ/n，其中 n 为介质的折射率。此外由于空间频率向量 (u_x, u_y, u_z) 与波矢量 $(k_x, k_y, k_z) = 2\pi(u_x, u_y, u_z)$ 之间只差一个比例常数，因此有时 Ewald 球也被定义在三维波矢空间中，此时 Ewald 球的半径为 $|\boldsymbol{k}| = n\dfrac{2\pi}{\lambda}$ (详见 8.4 节)。

在前面的章节，我们已经清楚了解到成像系统的孔径对最终成像的横向分辨率起决定作用。相干成像系统所能达到的横向分辨率衍射极限与 NA 成正比，为 $\dfrac{\mathrm{NA}}{\lambda}$。而实际上对于厚物体的三维成像而言，成像系统的有限孔径效应同样也会

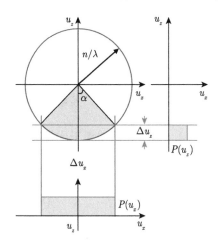

图 8-2　Ewald 球上的频谱被数值孔径角所限制得到广义光瞳函数

影响其轴向的分辨能力(或景深大小)。如图 8-2 所示，数值孔径角限制了最终成像系统只能接收到整个光场在 Ewald 球壳上截取的那一部分的信息。因此其相当于一个三维傅里叶空间中的带通滤波器，其横向截止频率即对应着相干衍射极限 $\dfrac{\mathrm{NA}}{\lambda}$，而轴向的截止频率为 $\dfrac{n-\sqrt{n^2-\mathrm{NA}^2}}{\lambda}$。该 Ewald 球壳上的带通滤波器被 McCutchen 称为广义光瞳[7]，其傅里叶逆变换就对应着成像系统的三维点扩散函数。可以发现，当介质折射率为 1，且满足傍轴近似时，广义光瞳的轴向的截止频率即对应着第 6.3.5 节中轴向坐标的归一化系数。

8.3　三维物体的散射势表征与近似条件

在之前的章节中，我们所讨论的大部分都属于二维(薄)物体的成像理论。对于这类物体，我们可以将其表示为由吸收与相位成分所构成的二维的复透射率分布 $T(x,y)=a(x,y)\exp[\mathrm{j}\phi(x,y)]$。其被相干光所照射后，透射光场的复振幅分布即为入射光场复振幅与物体复透射率的乘积。那么当考虑三维物体的成像时，我们究竟该如何对物体进行建模，并描述照明光与物体之间的相互作用呢？一个直接的想法是我们沿用二维的定义，即将三维厚物体定义为一个三维空间中复透射函数 $T(x,y,z)$。其被相干光所照射后，透射光场的复振幅分布即为入射光场复振幅与物体复透射率的乘积。这就是本节所要讨论的主要内容。

三维物体的相位成像通常又被称为三维物体光学衍射层析成像技术，其基本成像理论模型是 Wolf[1]于 1969 年提出的标量衍射层析理论。假设一单色平面波入射一个在三维空间 (x,y,z) 中折射率分布为 $n(\boldsymbol{r})$ 的样品，样品周围介质折射率分布为 n_{m}。注意这里的样品折射率 $n(\boldsymbol{r})$ 为一复值，其实部描述的是样品的折射率特性，虚部描述的是样品对光波的吸收特性。由于物体的折射率与所处介质折射率的不同，光在非均匀介质中传播时，满足如下的非均匀介质亥姆霍兹方程中波动方程：

$$[\nabla^2+k^2(\boldsymbol{r})]U(\boldsymbol{r})=0 \tag{8-12}$$

注意式(8-12)与自由空间中(均匀介质中)的亥姆霍兹方程的区别在于波数 $k(\boldsymbol{r}) = k_0[n_{\mathrm{m}} + \Delta n(\boldsymbol{r})]$，是个与折射率空间分布相关的变量，其中 $\Delta n(\boldsymbol{r}) = n(\boldsymbol{r}) - n_{\mathrm{m}}$，$k_0$ 为光波在自由空间内的波数。$U(\boldsymbol{r})$ 代表三维空间中总的三维光场的复振幅分布。将式(8-12)展开可得

$$(\nabla^2 + k_{\mathrm{m}}^2)U(\boldsymbol{r}) = -f(\boldsymbol{r})U(\boldsymbol{r}) \tag{8-13}$$

其中，$k_{\mathrm{m}} = k_0 n_{\mathrm{m}}$ 为介质中的波数；$f(\boldsymbol{r})$ 被定义为样品的散射势函数，其数学表达式为

$$f(\boldsymbol{r}) = k_0^2[n(\boldsymbol{r})^2 - n_{\mathrm{m}}^2] \tag{8-14}$$

显然在样品以外的区域散射势为 0。获得样品的散射势实际上就等价于获得样品的复折射率分布，因此我们通常也称 $f(\boldsymbol{r})$ 为物函数。由于三维空间中任一点的总的光场可以看作是入射光场和散射光场的叠加所形成，即

$$U(\boldsymbol{r}) = U_{\mathrm{in}}(\boldsymbol{r}) + U_{\mathrm{s}}(\boldsymbol{r}) \tag{8-15}$$

且入射光场满足均匀介质中的亥姆霍兹方程：

$$(\nabla^2 + k_{\mathrm{m}}^2)U_{\mathrm{in}}(\boldsymbol{r}) = 0 \tag{8-16}$$

将式(8-15)代入式(8-13)，且利用式(8-16)，可以得到散射场满足如下的方程：

$$(\nabla^2 + k_{\mathrm{m}}^2)U_{\mathrm{s}}(\boldsymbol{r}) = -f(\boldsymbol{r})U(\boldsymbol{r}) \tag{8-17}$$

式(8-17)所表示的微分方程无法进行直接求解，但可以借助于格林定理，将其解写成积分的表达形式：

$$U_{\mathrm{s}}(\boldsymbol{r}) = \int G(\boldsymbol{r} - \boldsymbol{r}')f(\boldsymbol{r}')U(\boldsymbol{r}')\mathrm{d}\boldsymbol{r}' = [f(\boldsymbol{r}')U(\boldsymbol{r}')] \otimes G(\boldsymbol{r}) \tag{8-18}$$

其中，$G(\boldsymbol{r})$ 为对应于均匀介质中的亥姆霍兹方程的格林函数，其就是一个位于 $\boldsymbol{r}$ 处点光源所发出球面波：

$$(\nabla^2 + k_{\mathrm{m}}^2)G(\boldsymbol{r}) = -\delta(\boldsymbol{r}) \tag{8-19}$$

$$G(\boldsymbol{r}) = \frac{\exp(\mathrm{j}k_{\mathrm{m}}|\boldsymbol{r}|)}{4\pi|\boldsymbol{r}|} \tag{8-20}$$

积分公式(式(8-18))背后的含义是将右侧源函数 $f(\boldsymbol{r})U(\boldsymbol{r})$（即总场与物函数的乘积）分解为源函数 $\delta(\boldsymbol{r})$ 的移位加权之和，而最终将这些 $\delta(\boldsymbol{r})$ 源所产生的散射场叠加起来就可以得到总的散射场了。我们还可以将源函数 $f(\boldsymbol{r})U(\boldsymbol{r})$ 进一步展开为两项，分别代表输入光场对于散射场的贡献以及散射场本身之间的耦合关联：

$$U_{s}(r) = \int G(r - r')f(r')U_{in}(r')dr' + \int G(r - r')f(r')U_{s}(r')dr' \qquad (8\text{-}21)$$

由于待求的 $U_{s}(r)$ 同时出现在等式左右(即又是源又是场),式(8-21)同样无法得到其数值解。而我们通常所希望的是建立输入场与物体之间的相互作用与某种可测量场之间的线性关系,从可测量场反演出物函数:

$$U_{s1}(r) = \int G(r - r')f(r')U_{in}(r')dr' \qquad (8\text{-}22)$$

其中,$U_{s1}(r)$ 称为输入场的一阶散射场,其代表输入场与物体单次散射后所产生散射场的线性表达。通过式(8-21)可以得到 $U_{s1}(r)$ 的表达式:

$$U_{s1}(r) = U_{s}(r) - \int G(r - r')f(r')U_{s}(r')dr' \qquad (8\text{-}23)$$

其与我们最终所要获取的物函数相关。然而,我们没有办法在得到 $f(r)$ 的先验后通过计算或测量得到 $U_{s1}(r)$,然后再反演出 $f(r)$,这显然是不符合逻辑的。因此严格意义上来说,式(8-22)仍然无法线性求解。为了解决这个问题,必须引入一定的近似条件,使式(8-22)中的 $U_{s1}(r)$ 近似为某可测场或者可通过测量/计算所得到的函数,且其表达式不依赖于最终待求的物函数。这里有两种常用的近似条件:

(1)**一阶玻恩(Born)近似**[1, 2]:当样品的折射率与介质的折射率相差较小时,它对光的散射将会很弱,在此情况下我们可以认为入射光成分远远大于散射光成分,即 $U_{in} \gg U_{s}$,此时式(8-23)中等号右边的第二项可以忽略,从而可以写为

$$U_{s}(r) \approx U_{s1}(r) = \int G(r - r')f(r')U_{in}(r')dr' \qquad (8\text{-}24)$$

式(8-24)表明,在一阶 Born 近似下,总散射场由一阶散射场所近似,而其中的高阶散射场(式(8-21)中的第二项)成分被忽略。此时物函数和总散射光场之间存在近似线性关系。值得注意的是,一阶 Born 近似仅适用弱物体的情形。数值模拟表明,当入射光场通过物体所引起的总相位延迟小于 π 时,Born 近似下的重构才会严格精确。当样品尺寸较大或相对于周围媒介的折射率差较大时,一阶 Born 近似将不再成立。此时最好选用一阶瑞托夫(Rytov)近似。

(2)**一阶瑞托夫(Rytov)近似**[8-10]:将总光场与入射场均写为复相位形式,即 $U(r) = \exp[\phi(r)]$,$U_{in}(r) = \exp[\phi_{in}(r)]$,并假设总光场的复相位为入射场的复相位与散射场的复相位之和:

$$\phi(r) = \phi_{in}(r) + \phi_{s}(r) \qquad (8\text{-}25)$$

注意这里并没有对散射场的复相位 $\phi_{s}(x)$ 进行直接定义 $U_{s}(r) = \exp[\phi_{s}(r)]$,而仅把它定义为总光场(物体)对入射场复相位的改变量。由于 $U_{s}(r) = U(r) - U_{in}(r)$,并结合式(8-25)可以将散射光场表达为

$$U_s(\boldsymbol{r}) = \exp[\phi_{\mathrm{in}}(\boldsymbol{r}) + \phi_s(\boldsymbol{r})] - \exp[\phi_{\mathrm{in}}(\boldsymbol{r})]$$
$$= \exp[\phi_{\mathrm{in}}(\boldsymbol{r})][\exp[\phi_s(\boldsymbol{r})] - 1] \qquad (8\text{-}26)$$
$$= U_{\mathrm{in}}(\boldsymbol{r})[\exp[\phi_s(\boldsymbol{r})] - 1]$$

由此可以得到散射场复相位的表达式为

$$\phi_s(\boldsymbol{r}) = \ln\left(\frac{U_s(\boldsymbol{r})}{U_{\mathrm{in}}(\boldsymbol{r})} + 1\right) = \ln\left(\frac{U(\boldsymbol{r})}{U_{\mathrm{in}}(\boldsymbol{r})}\right) \qquad (8\text{-}27)$$

基于上述表达，可以证明散射场方程(式(8-17))的解可以写成如下的积分方程形式：

$$U_{\mathrm{in}}(\boldsymbol{r})\phi_s(\boldsymbol{r}) = \int G(\boldsymbol{r} - \boldsymbol{r}')f(\boldsymbol{r}')[U_{\mathrm{in}}(\boldsymbol{r}') + |\nabla\phi_s(\boldsymbol{r}')|^2]\mathrm{d}\boldsymbol{r}' \qquad (8\text{-}28)$$

同理，为了使该方程变得线性可解，引入一阶 Rytov 近似，即当散射场的相位变换满足如下的缓变条件时：

$$n_\delta \gg |\nabla\phi_s|^2 \left(\frac{\lambda}{2\pi}\right)^2 \qquad (8\text{-}29)$$

其中，n_δ 是物体内部一个波长范围内的折射率的改变量，式(8-28)中的散射场复相位梯度项的贡献可以被忽略。此时式(8-28)可以简化为如下的形式：

$$U_{\mathrm{in}}(\boldsymbol{r})\phi_s(\boldsymbol{r}) \approx U_{\mathrm{s1}}(\boldsymbol{r}) = \int G(\boldsymbol{r} - \boldsymbol{r}')f(\boldsymbol{r}')U_{\mathrm{in}}(\boldsymbol{r}')\mathrm{d}\boldsymbol{r}' \qquad (8\text{-}30)$$

此时可以发现，散射场的复相位的作用可近似看作是一阶散射场对入射场的直接调制 $\phi_s(\boldsymbol{x}) \approx U_{\mathrm{in}}(\boldsymbol{r}) / U_{\mathrm{s1}}(\boldsymbol{r})$。式(8-30)与式(8-24)的差别仅在于等式左侧对一阶散射场项 $U_{\mathrm{s1}}(\boldsymbol{r})$ 的近似估计不同。由于 Rytov 近似受限于散射场的相位梯度，因此并不受限于样品的尺寸或总相位延迟的大小[10, 11]。此外不难证明，当散射场很弱或物体对入射光场所引起的总相位延迟很小时，Rytov 近似可近似等价于 Born 近似[10]。因此，一般而言 Rytov 近似比 Born 近似具有更好的普适性，其更加适用于较厚生物样品的三维相位成像[10-13]。

8.4 傅里叶切片定理与衍射层析定理

在上一节中，我们了解到对于三维物体光学衍射层析成像而言，物函数其实被建模为散射势，其满足式(8-17)的散射场方程。在 Rytov 近似或 Born 近似下，对一阶散射场进行近似，使该方程可以线性求解。其解的积分形式为式(8-22)，即一阶散射场对应输入场与物体单次散射后所产生的散射场。在本节中我们就来讨论式(8-22)的物理意义，以及如何利用它来实现三维物体光学衍射层析成像。首先，将式(8-22)右侧写成卷积形式：

$$U_{s1}(\boldsymbol{r}) = G(\boldsymbol{r}) \otimes [f(\boldsymbol{r})U_{in}(\boldsymbol{r})] \tag{8-31}$$

然后对两侧进行傅里叶变换，可以得到如下的公式：

$$\hat{U}_{s1}(\boldsymbol{k}) = \hat{G}(\boldsymbol{k})\, \{\hat{f}(\boldsymbol{k}) \otimes \hat{U}_{in}(\boldsymbol{k})\} \tag{8-32}$$

这里依照惯例，我们将采用波矢 $\boldsymbol{k} = (k_x, k_y, k_z)$ 代表傅里叶变换后的频域坐标，且其模为介质中的波数 $|\boldsymbol{k}| = k_m$。由于照明光场一般为平面波，即 $U_{in}(\boldsymbol{r}) = \exp(\mathrm{j}\boldsymbol{k}_i \cdot \boldsymbol{r})$，其中 $\boldsymbol{k}_i$ 为平面波的波矢量，式(8-32)中其傅里叶变换为(注意，由于傅里叶变换中变量被替换成了 $\boldsymbol{k}$，因此正变换和逆变换每个维度之间应该差一个常数 2π，因此一共是 $8\pi^3$，但以下我们省略了这些不重要的常数)：

$$\hat{U}_{in}(\boldsymbol{k}) = \delta(\boldsymbol{k} - \boldsymbol{k}_i) \tag{8-33}$$

因此，

$$\hat{f}(\boldsymbol{k}) \otimes \hat{U}_{in}(\boldsymbol{k}) = \hat{f}(\boldsymbol{k} - \boldsymbol{k}_i) \tag{8-34}$$

$\hat{G}(\boldsymbol{k})$ 为格林函数的傅里叶变换(Weyl 表达)，即

$$\hat{G}(\boldsymbol{k}) = \mathscr{F}\left\{\frac{\exp(\mathrm{j}k_m\,|\boldsymbol{r}|)}{4\pi\,|\boldsymbol{r}|}\right\} = \frac{1}{|\boldsymbol{k}|^2 - k_m^2} \tag{8-35}$$

式(8-34)所代表的物理意义是：任何一个复杂相干光场都可以进行角谱分解为不同传播方向的平面波，它们被映射到三维 Ewald 球面上。但入射光场中一个给定传播方向为 $\boldsymbol{k}_i$ 的平面波，它只能在 Ewald 球面上的一个点 $\boldsymbol{k}_i$ 处取非零值。当与物函数相互作用时，相当于将物函数频谱 $\hat{f}(\boldsymbol{k})$ 在频域中以 $\boldsymbol{k}_i$ 方向进行了平移。由于格林函数满足式(8-35)，我们同样也可以对公式(8-19)两侧进行傅里叶变换，然后利用 $\mathscr{F}\{\nabla^2\} = -|\boldsymbol{k}|^2$ 得到式(8-35)的结果。注意这里式(8-35)的形式是有些争议的[10]，因为将式(8-35)进行傅里叶逆变换，会在 $|\boldsymbol{k}|^2 = k_m^2$ 处(Ewald 球壳上)出现奇异点。而对奇异点沿不同的积分路径将得到符号不同(即源/宿的奇异性，source/sink ambiguity)的积分结果(这是因为式(8-35)本身就没有考虑到除零错误，一种严谨的处理方式是当 $|\boldsymbol{k}|^2 = k_m^2$ 时，添加 $\hat{G}(\boldsymbol{k}) = \mathrm{j}\delta(|\boldsymbol{k}|^2 - k_m^2)$ 的表达形式)，因此在后续积分运算中，需要选择合适的积分路径以获得物理上具有意义的结果。将式(8-33)~式(8-35)代入式(8-32)并化简得到：

$$\hat{U}_{s1}(\boldsymbol{k}) = \frac{\hat{f}(\boldsymbol{k} - \boldsymbol{k}_i)}{|\boldsymbol{k}|^2 - k_m^2} \tag{8-36}$$

这里我们得到了一阶散射场三维傅里叶变换的表达式。由于一般情况下我们对场的测量仅能够在某一平面上进行(探测器是平面的),此外在本章一开始我们就讨论了相干光场的傅里叶频谱本身是高度冗余的,因此由单个面上的复振幅分布就可以推知三维全场的复振幅。因此我们的思路是建立一阶散射场在某平面上的二维傅里叶频谱与物函数三维频谱的关联。这里一种常规的思路是首先将式(8-36)进行三维傅里叶逆变换获得一阶散射场的空间分布 $U_{s1}(\boldsymbol{r})$,然后不失一般性地认为我们的测量平面平行于 z 平面,即测量场为 $U_{s1}(x,y,z=z_D)$。再将 $U_{s1}(x,y,z=z_D)$ 对 (x,y) 进行傅里叶变换得到 $U_{s1}(k_x,k_y,z=z_D)$,从而得到某平面上的二维傅里叶频谱与物函数三维频谱的关联。但实际上上述步骤是冗余的,因为我们其实无需来回对 (x,y) 进行傅里叶变换,而仅仅对式(8-36) k_z 进行傅里叶逆变换,即可以得到不同 z 平面上一阶散射场的二维傅里叶频谱 $U_{s1}(k_x,k_y,z)$ 了。基于上述想法,我们首先对 $\hat{U}_{s1}(\boldsymbol{k})$ 进行部分分式展开得到奇异点:

$$\hat{U}_{s1}(\boldsymbol{k}) = \frac{\hat{f}(\boldsymbol{k}-\boldsymbol{k}_i)}{|\boldsymbol{k}|^2 - k_m^2} = \frac{\hat{f}(\boldsymbol{k}_\perp - \boldsymbol{k}_{i\perp}, k_z - k_{iz})}{2k_z'}\left(\frac{1}{k_z - k_z'} - \frac{1}{k_z + k_z'}\right) \tag{8-37}$$

注意这里我们定义了横向频率坐标为 $\boldsymbol{k}_\perp = (k_x, k_y)$,并引入一个新的变量 $k_z' = \sqrt{k_m^2 - k_x^2 - k_y^2}$,它是一个与 k_z 无关的,仅与横向频率 k_x, k_y 相关的传播常数。显然这里有两个奇异点 $k_z = \pm\sqrt{k_m^2 - k_x^2 - k_y^2}$,分别对应了一阶散射场的正向透射成分与反向反射成分。一般情况下,我们所能探测的为透射场,因此仅保留 $k_z' = \sqrt{k_m^2 - k_x^2 - k_y^2}$ 的奇异点并对 k_z 进行傅里叶逆变换:

$$\hat{U}_{s1}(\boldsymbol{k}_\perp, z) = \mathscr{F}_z^{-1}\left\{\frac{\hat{f}(\boldsymbol{k}_\perp - \boldsymbol{k}_{i\perp}, k_z - k_{iz})}{2k_z'}\frac{1}{k_z - k_z'}\right\} = j\frac{\hat{f}(\boldsymbol{k}_\perp - \boldsymbol{k}_{i\perp}, z)e^{jk_{iz}z}}{2k_z'}\underset{z}{\otimes}e^{jk'z} \tag{8-38}$$

注意 $\mathscr{F}_z^{-1}\left\{\dfrac{1}{k_z - k_z'}\right\} = je^{jk'z}$,这里还利用了傅里叶变换的平移性质。注意上述推导中的一个核心是格林函数(发散球面波)的傅里叶变换的处理。我们先对格林函数进行了三维傅里叶变换解得了式(8-35),然后又针对 z 坐标求了一维傅里叶逆变换得到了式(8-38)中的 $\dfrac{j}{k_z'}\exp(jk_zz)$,其代表球面波的正向传播分量在不同 z 平面上的角谱分布(即平面波分解)。实际上,式(8-38)亦可以直接采用 Weyl 表达[14],即直接对 $\boldsymbol{k}_\perp$ 进行傅里叶变换以避免运算过程中可能存在的歧义:

$$\mathscr{F}_{x,y}\left\{\frac{\exp(jk_m|\boldsymbol{r}|)}{|\boldsymbol{r}|}\right\} = \frac{j}{k_z}\exp(jk_zz) \tag{8-39}$$

根据卷积与傅里叶变换的定义有 $f(z) \underset{z}{\otimes} \mathrm{e}^{\mathrm{j}k'z} = \mathrm{e}^{\mathrm{j}k'z}\hat{f}(k')$，即函数与一个复指数函数卷积相当于对函数进行傅里叶变换后再乘以该复指数函数本身。利用该性质，我们将 z 对应的频率坐标替换为 k'，并把平移项收回到物函数中 $\hat{f}(\boldsymbol{k}_\perp - \boldsymbol{k}_{\mathrm{i}\perp}, z)\mathrm{e}^{\mathrm{j}k_{iz}z} \underset{z}{\otimes} \mathrm{e}^{\mathrm{j}k'z} = \mathrm{e}^{\mathrm{j}k'z}\hat{f}(\boldsymbol{k}_\perp - \boldsymbol{k}_{\mathrm{i}\perp}, k' - k_{\mathrm{i}z})$，最终令 $z = z_\mathrm{D}$ 并忽略常系数，可以得到如下的表达式：

$$\hat{U}_{\mathrm{s}1}(\boldsymbol{k}_\perp, z_\mathrm{D}) = -\mathrm{j}\frac{\mathrm{e}^{\mathrm{j}k'z_\mathrm{D}}}{k'_z}\hat{f}(\boldsymbol{k}_\perp - \boldsymbol{k}_{\mathrm{i}\perp}, k' - k_{\mathrm{i}z})\bigg|_{z_\mathrm{D} \geqslant 0, \text{探测正向散射}} \tag{8-40}$$

注意这里等式的左侧 $\hat{U}_{\mathrm{s}1}(\boldsymbol{k}_\perp, z_\mathrm{D})$ 实际上即为一阶散射场在 $z = z_\mathrm{D}$ 平面上的二维傅里叶频谱 $\hat{U}_{\mathrm{s}1}(k_x, k_y, z_\mathrm{D})$，而 $\mathrm{e}^{\mathrm{j}k'z_\mathrm{D}}$ 实际上就对应了角谱衍射因子(对照式(8-8))，其用于补偿离焦距离 z_D 所造成的影响。当所获得的一阶散射场在聚焦平面 $z = 0$ 时(如聚焦拍摄或者将一阶散射场的复振幅采用数值反传播到焦面上)，该项消失。由于相干光场在三维傅里叶频谱空间中仅会在 Ewald 球壳上能够取非零值，且右侧物函数也定义在三维傅里叶空间中，为了更清晰地展现式(8-40)的物理意义，我们也可以将上式左侧显式地写成一个三维函数，对应于二维频谱向三维的 Ewald 球壳上映射：

$$\hat{U}_{\mathrm{s}1}(\boldsymbol{k}, z_\mathrm{D}) = \mathrm{j}\frac{\exp(\mathrm{j}k_z z_\mathrm{D})}{k_z}\hat{f}(\boldsymbol{k} - \boldsymbol{k}_\mathrm{i}) \tag{8-41}$$

式(8-41)即为著名的傅里叶衍射投影定理的基本公式[1, 10]。其中 $\boldsymbol{k} = (k_x, k_y, k_z)|_{k_z = \sqrt{k_\mathrm{m}^2 - k_x^2 - k_y^2}}$ 代表一阶散射场的三维空间频率坐标。由于相干光场在三维傅里叶频谱空间中仅会在 Ewald 球壳上取非零值，给定 (k_x, k_y) 坐标后也就确定了 $k_z = \sqrt{k_\mathrm{m}^2 - k_x^2 - k_y^2}$，所以注意这里三个频率坐标其实并不是独立的，其自由度只有二维 (k_x, k_y)。同理，右侧的 $\hat{f}(\boldsymbol{k} - \boldsymbol{k}_\mathrm{i})$ 则代表物体三维频谱空间中能够最终贡献/体现在一阶散射场中的是位于 Ewald 球壳上频率成分 $\boldsymbol{k}$ 受照明平面波 $\boldsymbol{k}_\mathrm{i}$ 平移后的频率成分，其三个频率坐标也并非独立的，而是具有如下的关联：

$$\boldsymbol{g} = \boldsymbol{k} - \boldsymbol{k}_\mathrm{i} \tag{8-42}$$

这就是著名的劳厄(Laue)方程[15]。由于 $\boldsymbol{k}$ 代表一阶散射场的 Ewald 球壳，$\boldsymbol{k}_\mathrm{i}$ 为一个模长为 k_m 的矢量，因此 $\boldsymbol{g}$ 最终是一个被移动后的 Ewald 球壳，球心在 $-\boldsymbol{k}_\mathrm{i}$ 处且球壳表面经过原点。如图 8-3 所示，当给定的入射光波矢为 $\boldsymbol{k}_\mathrm{i}$，一阶散射场的波矢为 $\boldsymbol{k}$，那么频率向量 $\boldsymbol{g}$ 就是物体所能被探测/成像的那个频率分量。由于 $\boldsymbol{k}$ 局限于 Ewald 球壳(注意：和物体坐标系不同)上，将其沿着散射场坐标系原点

绕一圈 g 所画的轨迹即是在该入射光波矢所能接收到物体的全部信息。这对于物体坐标系而言，是一个球心在 $-k_i$ 处的整的 Ewald 球壳，当然这里我们理想假设能够拍摄得到物体透射和反射两方向上各角度的一阶散射场。如果仅能拍摄到透射分量时，那么只有经过物体坐标系原点的那半球壳上信息是能够被接收到的。此外，我们还可以改变入射光波矢 k_i 的朝向，将其沿着物体坐标系原点绕一圈，Ewald 球壳能够扫过的范围即是所能探测到物体频谱的最大范围。如果透/反射散射场均可以接收，且照明角度可以覆盖三维空间任何可能的角度，那么可以想象这个物空间的频谱的最大覆盖范围是个半径为 $2k_m$ 的球，我们称该大球(相比较相干光场的 Ewald 球而言半径大了 2 倍)为物空间的 Ewald 限制球(Ewald limiting sphere)[16]。

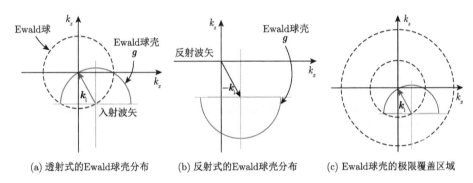

(a) 透射式的Ewald球壳分布 (b) 反射式的Ewald球壳分布 (c) Ewald球壳的极限覆盖区域

图 8-3 **Ewald 球壳分布及其极限覆盖区域**

8.5 相干照明下的三维衍射层析(三维相位)成像

傅里叶衍射投影定理(式(8-41))为解决三维样品的逆散射问题，并为重构其三维折射率分布提供了一个强大的工具。根据该定理，沿着某一个投影方向用平面波照射三维物体，得到包含有物信息的一阶散射场的前向透射投影数据，对其进行傅里叶变换，就可以得到物函数在频域空间中相应半球冠上(Ewald 频域球)的频谱值，如图 8-4 所示。由于入射光场 $U_{in}(r)$ 的形式是已知的，我们可以通过干涉或相位复原的方法来测量得到总光场的复振幅信息 $U(r)$，因此就可以通过 8.3 节中介绍的两种近似手段来获得一阶散射场的估计值：

$$U_{s1}(r) \approx \begin{cases} U_s(r) = U(r) - U_{in}(r) & \text{一阶Born近似} \\ U_{in}(r)\varphi_s(r) = U_{in}(r)\ln\left(\dfrac{U(r)}{U_{in}(r)}\right) & \text{一阶Rytov近似} \end{cases} \tag{8-43}$$

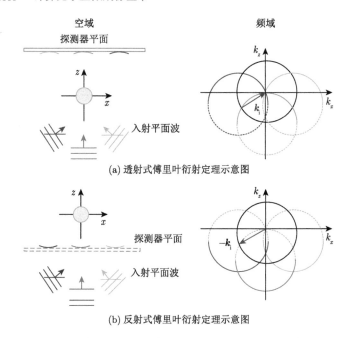

图 8-4　**在透射和反射情况下的傅里叶衍射定理示意图**

$U_s(\boldsymbol{r})$ 获得后进行傅里叶变换，获得 $\hat{U}_{s1}(\boldsymbol{k}, z_D)$ 并反向传播到聚焦平面获得 $\hat{U}_{s1}(\boldsymbol{k}, 0)$，即能按照 Laue 方程将一阶散射场的频谱映射到物函数的频域空间中相应半球冠上。

　　至此为止，我们通过单次复振幅测量获得了物函数频域中的一个半球冠上的取值。为了更精准地对物体进行三维成像，并获得物体的三维折射率分布，我们必须获得物体在更多频谱位置上的信息。一种可行的方式是通过改变照明平面波的入射方向 $\boldsymbol{k}_i$，从而获取不同照明方向上对应的一阶散射场 Ewald 球半球冠上的谱值。当记录到的透射场投影数足够多时，将根据式(8-41)得到的二维频谱值填充到物体的三维频谱中，即得到了 $\hat{f}(\boldsymbol{k})$ 的估计值，最终就可以通过三维傅里叶逆变换得到物体的三维折射率分布。这种方式下频谱的映射方式如图 8-5 所示。当入射光沿所有可能的方向($\pm 90°$)进行扫描时，散射势频率空间的填充情况如图 8-5 所示。可以发现物体的三维频谱中仅有有限的区域被数据填充(物空间的 Ewald 限制球内的一些区域)，其为一个顶点在坐标原点、半径为 k_m 的球沿着 z 轴旋转 360° 所覆盖区域。尽管横向的最大值达到了物空间的 Ewald 限制球，但轴向出现了测量数据缺失的缺失锥。在实际显微镜系统中，由于显微物镜数值孔径的限制，我们实际采集到的数据所对应的最大照明/探测角度为 $\arcsin\left(\dfrac{\mathrm{NA}}{n_m}\right)$，不完全的角度扫描将引起更大的缺失锥区域，如图 8-5 所示。缺失锥的存在将导致重建图像分辨率的降低，尤其影响成像的轴向分辨率[3, 5]。

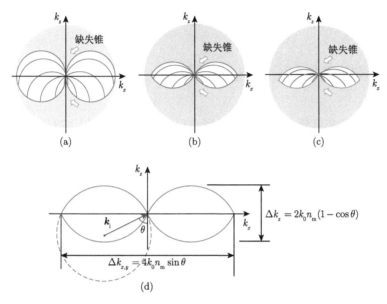

图 8-5　在不同入射光线角度和光瞳可探测角度覆盖范围下的三维散射势频谱空间分布

　　当然不仅限于改变照明角度的方式，我们还可以采用类似于传统 CT 成像那样旋转待测样品的方式以获得更大的频谱覆盖。这种情况下我们一般保证照明光相对于探测器正直入射，$\boldsymbol{k} = (0, 0, k_m)$。那么每次所能获得物体的频谱信息相当于是一个顶点位于原点的半球面(图 8-6 中蓝色部分)。样品旋转相当于物体的三维频谱发生了旋转，那么半球面沿物体频谱扫过一周后即可填充物体的三维频谱，从而获得物体的三维折射率信息，如图 8-6 所示。在此设置下，频谱扫过的区域的最大覆盖半径为 $\sqrt{2}k_m$，但注意即使我们转动样品记录 360° 视角内各个角度的散射场分布，获取的频谱仍然存在"苹果核频谱缺失"的问

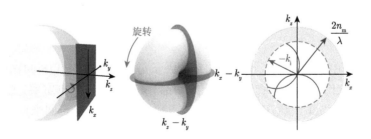

图 8-6　样品旋转时散射势的三维频谱覆盖情况

题[3](轴向的缺失锥问题相比改变照明角度而言有所减弱，但横向分辨率同时也有所降低)。此外不难发现，当波长 $\lambda \to 0$ 时，$k_{\mathrm{m}} \to \infty$ 即圆弧半径趋于无穷大，此时的圆弧变成切线(式(8-41))，与傅里叶投影切片定理相吻合。可见傅里叶投影切片定理就是傅里叶衍射投影定理在波长很小情况下的特例[10]。

8.6　三维相干传递函数的不同形式

上节中我们在推导傅里叶衍射投影定理时假设能够理想地接收物体透射方向上各个角度的一阶散射场，即散射场所包含的信息能够覆盖 Ewald 半球壳。但对于一个有限孔径的成像系统而言，我们实际采集到的数据仅包含被光瞳所限制的 Ewald 球壳上截取的那一部分的信息。当考虑光瞳的作用后，并假设照明的平行光垂直于接收平面，式(8-41)可以被改写为

$$\hat{U}_{\mathrm{s1}}(u_x, u_y, u_z) = \mathrm{j}\frac{H(u_x, u_y)}{2\pi\sqrt{\left(\frac{n_{\mathrm{m}}}{\lambda}\right)^2 - u_x^2 - u_y^2}}\hat{f}(u_x, u_y, u_z) \otimes \hat{U}_{\mathrm{in}}(u_x, u_y, u_z)$$

$$= \mathrm{j}\frac{H(u_x, u_y)}{2\pi\sqrt{\left(\frac{n_{\mathrm{m}}}{\lambda}\right)^2 - u_x^2 - u_y^2}}\hat{f}(u_x, u_y, u_z)\delta\left(u_z - \sqrt{\left(\frac{n_{\mathrm{m}}}{\lambda}\right)^2 - u_x^2 - u_y^2}\right)$$

$$(8\text{-}44)$$

其中，$H(u_x, u_y)$ 为包含了孔径效应与离焦因子的相干传递函数。不难发现，式(8-44)所表示物函数和一阶散射场具有线性关系 $\hat{U}_{\mathrm{s1}}(u_x, u_y, u_z) = H_{\mathrm{3D}}(u_x, u_y, u_z)\hat{f}(u_x, u_y, u_z)$，它们之间通过如下的三维传递函数所关联：

$$H_{\mathrm{3D}}(u_x, u_y, u_z) = \frac{H(u_x, u_y)}{\sqrt{\left(\frac{n_{\mathrm{m}}}{\lambda}\right)^2 - u_x^2 - u_y^2}}\delta\left(u_z - \sqrt{\left(\frac{n_{\mathrm{m}}}{\lambda}\right)^2 - u_x^2 - u_y^2}\right) \quad (8\text{-}45)$$

注意式(8-45)中我们忽略了不重要的常数因子与复数单位 j(式(8-44)中存在 j 是因为振幅和相位信息在三维物函数中正好实部、虚部相反了(振幅(实)-吸收(虚)，相位(虚)-折射率(实))，这在后面推导传递函数的过程中会修正回来)。

将式(8-45)与式(8-11)对照可以看出，傅里叶衍射投影定理所推导得到的三维相干传递函数与我们在 8.2 节直接通过角谱衍射理论所推导得到的三维相

干传递函数在形式上差了一个 $u_z = \sqrt{\left(\dfrac{n_{\mathrm{m}}}{\lambda}\right)^2 - u_x^2 - u_y^2}$。因此傅里叶衍射投影定理认

为，三维相干传递函数并不是孔径函数二维频谱向三维 Ewald 球壳上的直接均匀投影，而是经过 u_z 加权后的投影，即在较高的横向频率(较大数值孔径)上具有较小的增益，如图 8-7 所示(这意味着一个三维物体形成的散射场在二维平面上接收后，物体所产生的高频/大角度散射场分量相对而言更容易被接收到，特别是衍射角接近 90° 时候，这部分光场信息的增益系数为正无穷大。这其实有些让人难理解)。导致这一差异的主要原因还是在于选取的格林函数形式上存在区别：傅里叶衍射投影定理所基于的空域格林函数是一个正向传播的球面波(相当于对应第二瑞利-索末菲衍射积分，即公式(8-20))，其二维傅里叶变换对应了式(8-40)，这样分母多出现了个 k_z，从而与角谱衍射公式(分子)产生了区别，而且在 $k_z = 0$ 处存在奇异点(这对应沿着 z 轴传播的平面波，出现了无穷大的增益)，见图 8-8(b)。而角谱衍射传递函数所对应的空域冲击响应函数/格林函数的形式是一个带有倾斜因子(对应于第一瑞利-索末菲衍射积分，即公式(8-19))的球面波：

$$\mathscr{F}_{x,y}\left\{\frac{\exp(\mathrm{j}k_{\mathrm{m}}\,|\,\boldsymbol{r}\,|)}{\mathrm{j}\lambda\,|\,\boldsymbol{r}\,|}\cos\theta\right\} = \mathscr{F}_{x,y}\left\{\frac{\partial}{\partial z}\frac{\exp(\mathrm{j}k_{\mathrm{m}}\,|\,\boldsymbol{r}\,|)}{\mathrm{j}\lambda\,|\,\boldsymbol{r}\,|}\right\} = \exp(\mathrm{j}k_z z) \qquad (8\text{-}46)$$

其中，θ 为光线传播方向与光轴之间的夹角，即图 8-8(a) 中所示的。由于 $u = \dfrac{n_{\mathrm{m}}\cos\alpha}{\lambda} = \dfrac{n_{\mathrm{m}}\sin\theta}{\lambda}$，因此 $\cos\theta$ 在傅里叶变换中抵消了式(8-39)分母中的 k_z，从而与角谱衍射理论达到了统一。

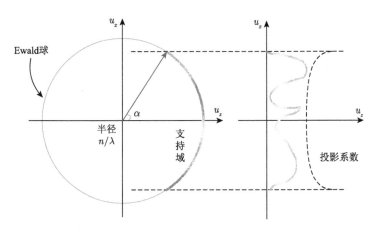

图 8-7　三维相干传递函数在二维平面上的投影示意图

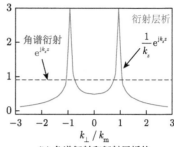

图 8-8　角谱传播方法和衍射层析方法之间的对比

　　由于采用两种不同推导方式得到的三维相干传递函数在形式上并不统一，二者也在许多文献中得到交叉使用，因此对该问题至今还存在一定的争议[17, 18]。虽然在傍轴近似下 $\cos\theta \approx 1$，式(8-39)中权重因子也退化为常数，二者的形式可以达到统一，但是在大部分三维成像的情形中采用的都是大角度/数值孔径条件下的照明与探测，此时成像特性并不满足傍轴近似。在共焦显微镜的相关文献中，大数值孔径下的三维相干传递函数通常采用德拜(Debye)衍射积分所得到[7, 19-21]，即认为最终成像光场是由成像系统孔径所限制的几何圆锥空间(立体角)内的平面子波的叠加。在 Debye 近似下，小数值孔径的显微物镜的光瞳函数即是广义光瞳函数(式(8-11))，而大数值孔径下(NA＞0.75)还需考虑映射函数/切趾函数的影响，即在光瞳函数上还需要再乘上一个以孔径角 θ 为变量的映射函数/切趾函数(apodization)[22, 23]。切趾函数的形式受很多因素影响，包括物镜的折射(反射)率的变化、物镜设计的原则、物镜前的空间滤波器的引入等。故成像系统三维相干传递函数在考虑切趾函数影响下的表现形式为

$$H(\rho, l) = H(\rho)P(\theta)\delta\left(l - \sqrt{\left(\frac{1}{\lambda}\right)^2 - \rho^2}\right) \tag{8-47}$$

常用的切趾函数如表 8-1 所示。在显微物镜满足正弦条件时，其在焦平面上具有二维空间不变性，因此大多数商业显微物镜的设计都按照正弦条件，此时 $P(\theta) = \cos\theta$，表明大孔径角下具有较大的衰减，高频信息受到抑制。而在赫歇尔(Herschel)条件下，$P(\theta) = 1$，此时与广义光瞳函数(式(8-11))的形式完全吻合，即各孔径角下具有均匀的响应。而亥姆霍兹条件下，随着会聚角的增大，切趾函数反而单调递增，从而高频信息得到增强，有利于得到更高频的细节信息，提高成像分辨率，这与傅里叶衍射投影的三维相干传递函数式(式(8-45))趋势类似。但类似趋势的切趾函数一般仅反射类型的透镜才具有，大部分显微物镜的设计还是遵

循正弦条件与 Herschel 条件。所以本书之后推导时还是沿用式(8-47)的三维相干传递函数的形式，但分析与运算时一般采用正弦条件或 Herschel 条件下所得到的结果以保证更加符合物理意义。

表 8-1　不同设计条件下的薄透镜的切趾函数

设计条件	映射函数	切趾函数
正弦条件	$g(\theta) = \sin\theta$	$P(\theta) = P(r)\sqrt{\cos\theta}$
赫歇尔条件	$g(\theta) = 2\sin(\theta/2)$	$P(\theta) = P(r)$
拉格朗日条件	$g(\theta) = \theta$	$P(\theta) = P(r)\sqrt{\theta/\sin\theta}$
亥姆霍兹条件	$g(\theta) = \tan\theta$	$P(\theta) = P(r)(1/\sqrt{\cos\theta})^3$

8.7　部分相干三维光学传递函数、三维交叉传递系数与三维弱物体传递函数

8.3 节中我们讨论了在三维相干成像中，物函数和一阶散射场具有以下的线性关系：

$$U_{s1}(\boldsymbol{r}) = \int h(\boldsymbol{r}-\boldsymbol{r}')f(\boldsymbol{r}')U_{in}(\boldsymbol{r}')\mathrm{d}\boldsymbol{r}' \tag{8-48}$$

其中，$h(\boldsymbol{r})$ 为三维相干点扩散函数，其傅里叶变换即广义光瞳的形式我们已经在 8.6 节进行了详细讨论 $H(\boldsymbol{\rho},l) = \mathscr{F}[h(\boldsymbol{r})]$。为了简化分析，下面我们引入一阶 Born 近似，即认为一阶散射场与总散射场近似相等 $U_{s1}(\boldsymbol{r}) \approx U_s(\boldsymbol{r})$，此时总场：

$$\begin{aligned} U(\boldsymbol{r}) &= U_{in}(\boldsymbol{r}) + U_s(\boldsymbol{r}) = U_{in}(\boldsymbol{r}) + \int h(\boldsymbol{r}-\boldsymbol{r}')f(\boldsymbol{r}')U_{in}(\boldsymbol{r}')\mathrm{d}\boldsymbol{r}' \\ &= \int h(\boldsymbol{r}-\boldsymbol{r}')T(\boldsymbol{r}')U_{in}(\boldsymbol{r}')\mathrm{d}\boldsymbol{r}' \end{aligned} \tag{8-49}$$

其中，$T(\boldsymbol{r}) = 1 + f(\boldsymbol{r}) = 1 + k_0[n^2(\boldsymbol{r}) - n_m^2]$ 被定义为物体的三维复透射函数。在此表达形式下，三维相干成像与二维相干成像在形式上统一了起来。以下我们就可以采用类似于第 6.3 节的方法推导出部分相干照明下的成像模型。当物体被交叉谱密度为 $W_S(\boldsymbol{r}_1,\boldsymbol{r}_2)$ 的部分相干光场照射后，其透射光场的交叉谱密度可以表示为

$$W_O(\boldsymbol{r}_1,\boldsymbol{r}_2) = W_S(\boldsymbol{r}_1,\boldsymbol{r}_2)T(\boldsymbol{r}_1)T^*(\boldsymbol{r}_2) \tag{8-50}$$

根据 van Cittert-Zernike 定理，到达物体前的照明光场的交叉谱密度形式为

$$W_S(\boldsymbol{r}_1, \boldsymbol{r}_2) = W_S(\boldsymbol{r}_1 - \boldsymbol{r}_2) = \int S(\boldsymbol{u}) e^{j2\pi \boldsymbol{u} \cdot (\boldsymbol{r}_1 - \boldsymbol{r}_2)} d\boldsymbol{u} \tag{8-51}$$

注意此处推导中 $\boldsymbol{u} = (\boldsymbol{\rho}, \eta)$ 为三维频域坐标。式(8-51)中的 $S(\boldsymbol{u})$ 为定义在 Ewald 球壳上的非相干的广义光源函数,其定义类似于广义光瞳函数(因为在 6f 成像系统中光源面其实和物镜光瞳面互为共轭):

$$S(\boldsymbol{\rho}, \eta) = S(\boldsymbol{\rho}) \delta \left(\eta - \sqrt{\left(\frac{1}{\lambda}\right)^2 - |\boldsymbol{\rho}|^2} \right) \tag{8-52}$$

透射光场经过傅里叶变换后,在光瞳面需要乘上两次三维相干传递函数 $H(\boldsymbol{u})$ (式(8-47)),然后再进行傅里叶逆变换后获得图像平面处的交叉谱密度函数:

$$W_I(\boldsymbol{r}_1, \boldsymbol{r}_2) = \iint \hat{W}_O(\boldsymbol{u}_1, \boldsymbol{u}_2) H(\boldsymbol{u}_1) H^*(\boldsymbol{u}_2) e^{j2\pi(\boldsymbol{u}_1 \boldsymbol{r}_1 + \boldsymbol{u}_2 \boldsymbol{r}_2)} d\boldsymbol{u}_1 d\boldsymbol{u}_2 \tag{8-53}$$

上式中的 $H(\boldsymbol{u}_1) H^*(\boldsymbol{u}_2)$ 又被称为三维互相干传递函数(3D mutual coherent transfer function)。等价地,它也可以在空域中被写成如下的卷积形式:

$$W_I(\boldsymbol{r}_1, \boldsymbol{r}_2) = \iint W_O(\boldsymbol{r}_1', \boldsymbol{r}_2') h(\boldsymbol{r}_1 - \boldsymbol{r}_1') h^*(\boldsymbol{r}_2 - \boldsymbol{r}_2') d\boldsymbol{r}_1' d\boldsymbol{r}_2' \tag{8-54}$$

其中, $h(\boldsymbol{r}_1) h^*(\boldsymbol{r}_2)$ 称为三维互点扩散函数(3D mutual point spread function)。我们在图像平面处所能拍摄的光强其实是交叉谱密度函数的对角元素,即

$$I(\boldsymbol{r}) = W_I(\boldsymbol{r}, \boldsymbol{r}) = \iint W_S(\boldsymbol{r}_1, \boldsymbol{r}_2) T(\boldsymbol{r}_1) T^*(\boldsymbol{r}_2) h(\boldsymbol{r} - \boldsymbol{r}_1) h^*(\boldsymbol{r} - \boldsymbol{r}_2) d\boldsymbol{r}_1 d\boldsymbol{r}_2 \tag{8-55}$$

将式(8-51)再代入式(8-55),该表达式可以得到化简并被表示为

$$I(\boldsymbol{r}) = \int S(\boldsymbol{u}) \left| \int T(\boldsymbol{r}') h(\boldsymbol{r} - \boldsymbol{r}') e^{j2\pi \boldsymbol{u} \boldsymbol{r}'} d\boldsymbol{r}' \right|^2 d\boldsymbol{u} \equiv \int S(\boldsymbol{u}) I_{\boldsymbol{u}}(\boldsymbol{r}) d\boldsymbol{u} \tag{8-56}$$

式(8-56)表明,最终在图像平面处拍摄得到的光强可以看作非相干广义光源函数每个点源(即广义光源函数落在 Ewald 球面上的每个点)产生相干平面波照明物体形成的图像 $I_{\boldsymbol{u}}(\boldsymbol{r})$ 的强度(非相干)叠加,这与 6.3.1 节中所讨论的部分相干照明下的二维成像所得到的结论类似。将式(8-51)代入式(8-56)后写成如下的傅里叶积分形式:

$$I(\boldsymbol{r}) = \iiint S(\boldsymbol{u}) \hat{T}(\boldsymbol{u}_1) \hat{T}^*(\boldsymbol{u}_2) H(\boldsymbol{u} + \boldsymbol{u}_1) H^*(\boldsymbol{u} + \boldsymbol{u}_2) e^{j2\pi \boldsymbol{r}(\boldsymbol{u}_1 - \boldsymbol{u}_2)} d\boldsymbol{u}_1 d\boldsymbol{u}_2 d\boldsymbol{u} \tag{8-57}$$

并将样品和成像系统的贡献区分开,其中与成像系统因素相关的部分定义为三维交叉传递系数(3D-TCC):

$$\text{TCC}(\boldsymbol{u}_1, \boldsymbol{u}_2) = \int S(\boldsymbol{u}) H(\boldsymbol{u} + \boldsymbol{u}_1) H^*(\boldsymbol{u} + \boldsymbol{u}_2) d\boldsymbol{u} \tag{8-58}$$

借助于 TCC, 我们可以将式(8-57)写成如下的简化形式:

$$I(\boldsymbol{r}) = \iint \hat{T}(\boldsymbol{u}_1)\,\hat{T}^*(\boldsymbol{u}_2)\mathrm{TCC}(\boldsymbol{u}_1,\boldsymbol{u}_2)\mathrm{e}^{\mathrm{j}2\pi x(\boldsymbol{u}_1-\boldsymbol{u}_2)}\mathrm{d}\boldsymbol{u}_1\mathrm{d}\boldsymbol{u}_2 \tag{8-59}$$

上述结论与二维部分相干成像推导的结果类似, 只是维度上 TCC 从四维增加到六维。其可以通过求解广义光源函数及两个移动的广义光瞳(三个半球壳)交叠的部分的函数积分得到。从三维复透射函数的分布中分离出的实部和虚部, 分别对应于相位成分 $P(\boldsymbol{r})$ 和吸收成分 $A(\boldsymbol{r})$ (注意三维物函数的实部为相位成分, 而这与二维的情况正好相反):

$$T(\boldsymbol{r}) = 1 + f(\boldsymbol{r}) = 1 + k_0[n^2(\boldsymbol{r}) - n_{\mathrm{m}}^2] = 1 + P(\boldsymbol{r}) + \mathrm{j}A(\boldsymbol{r}) \tag{8-60}$$

且显然在一阶 Born 近似下, 忽略散射光之间的干涉项, 物体的互频谱可以近似为

$$\hat{T}(\boldsymbol{u}_1)\,\hat{T}^*(\boldsymbol{u}_2) = \delta(\boldsymbol{u}_1)\delta(\boldsymbol{u}_2) + \delta(\boldsymbol{u}_2)[\hat{P}(\boldsymbol{u}_1) + \mathrm{j}\hat{A}(\boldsymbol{u}_1)] + \delta(\boldsymbol{u}_1)[\hat{P}(\boldsymbol{u}_2) - \mathrm{j}\hat{A}(\boldsymbol{u}_2)] \tag{8-61}$$

将式(8-61)代入式(8-60), 并利用 TCC 的厄米对称性质可得弱物体在部分相干下的光强分布公式:

$$I(\boldsymbol{r}) = \mathrm{TCC}(\boldsymbol{0},\boldsymbol{0}) + 2\,\mathrm{Re}\left\{\int \mathrm{TCC}(\boldsymbol{u},\boldsymbol{0})[\hat{P}(\boldsymbol{u}) + \mathrm{j}\hat{A}(\boldsymbol{u})]\mathrm{e}^{\mathrm{j}2\pi x u}\mathrm{d}\boldsymbol{u}\right\} \tag{8-62}$$

其中, $\mathrm{TCC}(\boldsymbol{u},\boldsymbol{0})$ 是交叉传递系数的线性部分, 即为三维弱物体传递函数(weak object transfer function, WOTF):

$$\mathrm{WOTF}(\boldsymbol{u}) \equiv \mathrm{TCC}(\boldsymbol{u},\boldsymbol{0}) = \int S(\boldsymbol{u}')H(\boldsymbol{u}' + \boldsymbol{u})H^*(\boldsymbol{u}')\mathrm{d}\boldsymbol{u}' \tag{8-63}$$

对式(8-62)进行傅里叶变换, 并分离出相位成分 $P(\boldsymbol{u})$ 和吸收成分 $A(\boldsymbol{u})$ 对最终光强频谱的贡献, 得到如下的表达形式:

$$\hat{I}(\boldsymbol{u}) = I_0\delta(\boldsymbol{u}) + H_{\mathrm{A}}(\boldsymbol{u})\hat{A}(\boldsymbol{u}) + H_{\mathrm{P}}(\boldsymbol{u})\hat{P}(\boldsymbol{u}) \tag{8-64}$$

由于图像是个实函数, 因此 $\mathrm{WOTF}(\boldsymbol{u})$ 的实偶部分与虚奇部分分别对应着物体吸收的部分相干三维传递函数 $H_{\mathrm{P}}(\boldsymbol{u})$ 与相位(折射率)部分的三维传递函数 $H_{\mathrm{A}}(\boldsymbol{u})$:

$$H_{\mathrm{A}}(\boldsymbol{u}) = \mathrm{WOTF}(\boldsymbol{u}) + \mathrm{WOTF}^*(-\boldsymbol{u}) \tag{8-65}$$

$$H_{\mathrm{P}}(\boldsymbol{u}) = \mathrm{WOTF}(\boldsymbol{u}) - \mathrm{WOTF}^*(-\boldsymbol{u}) \tag{8-66}$$

注意, 这里的吸收和相位部分的传递函数的虚实特性又互换回来了。实际上广义光瞳与物函数映射关系中是有个虚数单位的, 如式(8-44)所述。式(8-65)和式(8-66)的形式与二维的情形也是类似的。

8.8　相干、非相干、部分相干照明下三维相位传递函数

下面我们再来讨论一下一个轴对称的光学系统在不同的照明相干性下三维传递函数的形式。首先在相干照明下(相干参数 $S \to 0$)，光源退化为轴上的理想点光源，即

$$S(\rho, \eta) = \delta(\rho)\delta\left(\eta - \frac{1}{\lambda}\right) \tag{8-67}$$

其中，$\rho = \sqrt{u_x^2 + u_y^2}$ 代表径向空间频率坐标；η 代表轴向空间频率坐标。将式(8-67)代入 WOTF 的表达式可得

$$\text{WOTF}(\rho, \eta) = H\left(\rho, \eta + \frac{1}{\lambda}\right) \tag{8-68}$$

可见相干照明情况下，弱物体传递函数就是广义光瞳/三维相干传递函数 $H(\boldsymbol{u})$(式(8-47))平移到原点处的结果。这是不难理解的，因为三维成像的线性关系本身就是基于一阶 Born 近似下推导得到的(如傅里叶衍射层析定理)，因此三维相干传递函数本身就隐含了"弱物体"假设。由于广义光瞳函数本身是个实函数，因此振幅部分和相位部分的三维传递函数分别为

$$H_{\text{A}}(\rho, \eta) = H\left(\rho, \eta + \frac{1}{\lambda}\right) + H\left(\rho, -\eta - \frac{1}{\lambda}\right) \tag{8-69}$$

$$H_{\text{P}}(\rho, \eta) = H\left(\rho, \eta + \frac{1}{\lambda}\right) - H\left(\rho, -\eta - \frac{1}{\lambda}\right) \tag{8-70}$$

其为在原点背靠背的两个 Ewald 半球壳，三维吸收传递函数关于 η 轴呈偶对称，在原点处取得最大值；而三维相位传递函数关于 η 呈奇对称，在原点处为 0(代表均匀/无梯度的相位物体并不会引起光强的变化)。

对于非相干照明的情况，弱物体下要求 $s = \text{NA}_{\text{ill}} / \text{NA}_{\text{obj}} \geqslant 1$，此时广义光源被物镜的光瞳所限制，弱物体传递函数成为了成像系统相干传递函数(两个错位球壳)的自相关：

$$\text{WOTF}_{\text{incoh}}(\boldsymbol{u}) = \int H(\boldsymbol{u}' + \boldsymbol{u})H^*(\boldsymbol{u}')\mathrm{d}\boldsymbol{u}' \tag{8-71}$$

其始终是一个实函数(即使是存在离焦的情形)，即相位传递函数始终为 0。当忽略广义光瞳/三维相干传递函数 $H(\boldsymbol{u})$(式(8-47))中的切趾函数时(满足 Herschel 条件)，传递函数可以被表示为[20]

$$\mathrm{WOTF}_{\mathrm{incoh}}(\overline{\rho},\overline{\eta}) = \frac{4}{\pi K}\arccos\left[\frac{1}{M}\left(\frac{2\cos\alpha}{|\overline{\eta}|}+1\right)\right] \tag{8-72}$$

其中，$K = \sqrt{\overline{\rho}^2+\overline{\eta}^2}$；$M = \frac{2|\overline{\rho}|}{K|\overline{\eta}|}\sqrt{1-\frac{K^2}{4}}$；$\alpha$ 为成像系统的孔径角。注意这里的横向频率与轴向频率 $\overline{\rho},\overline{\eta}$ 均由 $1/\lambda$ 所归一化。

对于部分相干照明的情况，我们假设当光源与成像系统均为轴向对称的圆形，且成像系统完美无相差时，可以推导得到：

$$H_{\mathrm{A}}(\overline{\rho},\overline{\eta}) = \mathrm{WOTF}(\overline{\rho},\overline{\eta}) + \mathrm{WOTF}(\overline{\rho},-\overline{\eta}) \tag{8-73}$$

$$H_{\mathrm{P}}(\overline{\rho},\overline{\eta}) = \mathrm{WOTF}(\overline{\rho},\overline{\eta}) - \mathrm{WOTF}(\overline{\rho},-\overline{\eta}) \tag{8-74}$$

其中，$\mathrm{WOTF}(\overline{\rho},\overline{\eta})$ 的形式为

$$\mathrm{WOTF}(\overline{\rho},\overline{\eta}) = \frac{\lambda}{2\pi}\frac{\overline{\rho}^2\sigma}{K^2\overline{\eta}}\sqrt{1-\frac{\overline{\rho}^2}{4}-\frac{\overline{\rho}^2\sigma^2}{\overline{\eta}^2}} + \left(\sqrt{1-\frac{\overline{\rho}^2}{4}-\frac{\overline{\eta}^2}{2\overline{\rho}}}\right)\arccos\left(\frac{\overline{\rho}\sigma}{\overline{\eta}\sqrt{1-\overline{\rho}^2/4}}\right) \tag{8-75}$$

其中，参数 σ 的表达式为

当 $0 < \overline{\rho} < \overline{\rho}_{\mathrm{P}} - \overline{\rho}_{\mathrm{S}}$：

$$\sigma = \frac{\overline{\eta}}{\overline{\rho}}\left(\frac{\overline{\eta}}{2}-\sqrt{1-\overline{\rho}_{\mathrm{S}}^2}\right), \quad \sqrt{1-\overline{\rho}_{\mathrm{S}}^2}-\sqrt{1-(\overline{\rho}_{\mathrm{P}}-\overline{\rho}_{\mathrm{S}})^2} \leqslant \overline{\eta} \leqslant \sqrt{1-\overline{\rho}_{\mathrm{S}}^2}-\sqrt{1-(\overline{\rho}_{\mathrm{P}}+\overline{\rho}_{\mathrm{S}})^2} \tag{8-76}$$

当 $\overline{\rho}_{\mathrm{S}} < \overline{\rho} < \overline{\rho}_{\mathrm{P}}+\overline{\rho}_{\mathrm{S}}$：

$$\sigma = \begin{cases} \dfrac{\overline{\eta}}{\overline{\rho}}\left(\dfrac{\overline{\eta}}{2}-\sqrt{1-\overline{\rho}_{\mathrm{S}}^2}\right), & \sqrt{1-\overline{\rho}_{\mathrm{S}}^2}-\sqrt{1-(\overline{\rho}_{\mathrm{P}}-\overline{\rho}_{\mathrm{S}})^2} \leqslant \overline{\eta} \leqslant \sqrt{1-\overline{\rho}_{\mathrm{S}}^2}-\sqrt{1-\overline{\rho}_{\mathrm{P}}^2} \\[3mm] \dfrac{\overline{\eta}}{\overline{\rho}}\left(-\dfrac{\overline{\eta}}{2}-\sqrt{1-\overline{\rho}_{\mathrm{S}}^2}\right), & \sqrt{1-\overline{\rho}_{\mathrm{S}}^2}-\sqrt{1-\overline{\rho}_{\mathrm{P}}^2} \leqslant \overline{\eta} \leqslant \sqrt{1-(\overline{\rho}_{\mathrm{P}}-\overline{\rho}_{\mathrm{S}})^2}-\sqrt{1-\overline{\rho}_{\mathrm{S}}^2} \end{cases} \tag{8-77}$$

其中，$\overline{\rho}_{\mathrm{S}}$ 与 $\overline{\rho}_{\mathrm{P}}$ 为被 $1/\lambda$ 归一化的光源/物镜数值孔径频率，即 $\overline{\rho}_{\mathrm{S}} = \mathrm{NA}_{\mathrm{ill}}$，$\overline{\rho}_{\mathrm{P}} = \mathrm{NA}_{\mathrm{obj}}$。傍轴近似下的弱物体传递函数早在 1985 年就被 Streibl[24] 所提出，而后被 Sheppard[25] 利用 TCC 理论进一步归纳并应用于三维显微成像，相比之下傍轴近似下传递函数的表达式要简单得多。而上述非傍轴近似下的传递函数的解析表达则是最近才被推导得到，且被应用于高分辨的光强传输衍射层析成像[17, 26, 27]。

最后需要注意的是，通过三维传递函数的相关表达式，我们可以直接获得二

维情形下的离焦弱物体传递函数。因为三维光强的傅里叶变换与不同焦面二维光强的傅里叶变换通过如下 z 变量的傅里叶变换相关联[28]：

$$I_z(\boldsymbol{r}) = \int I(\boldsymbol{u}) \mathrm{e}^{-\mathrm{j}2\pi z\eta} \mathrm{d}\eta \qquad (8\text{-}78)$$

对式(8-78)中的复指数利用欧拉公式，可以得到三维传递函数与离焦二维传递函数之间存如下的关联[29]：

$$H_{\mathrm{A}}(\rho, z) = \int H_{\mathrm{A}}(\rho, \eta) \cos(2\pi z\eta) \mathrm{d}\eta \qquad (8\text{-}79)$$

$$H_{\mathrm{P}}(\rho, z) = \int H_{\mathrm{P}}(\rho, \eta) \sin(2\pi z\eta) \mathrm{d}\eta \qquad (8\text{-}80)$$

不难证明通过上面的关系，且忽略广义光瞳/三维相干传递函数中的切趾函数(满足 Herschel 条件)，本节中所推导得到的三维吸收/相位传递函数均可以直接转化到第 7 章所推导的二维离焦吸收/相位传递函数。

8.9　部分相干照明下的三维衍射层析(三维相位)成像

正如本章开始所介绍的，光学三维衍射层析技术[1, 3, 5, 6]通常需将相位测量技术(数字全息或相位复原技术)与计算机断层扫描技术相结合：通过旋转物体[30, 31]或改变照明方向[11, 32-34]等方式得到多组定量相位信息，然后结合衍射层析理论重建出物体的三维空间折射率分布，这部分内容我们已经在 8.5 节讨论过。本节中，我们将讨论实现三维衍射层析成像的另一种方式——"光强传输衍射层析技术"。和光强传输方程定量相位成像技术类似，光强传输衍射层析技术无需采用相干照明与干涉测量，只需要直接拍摄物体不同焦面的强度图像，利用反卷积三维相位传递函数的方式直接反演出物体的三维折射率分布，从而避免了传统 ODT 技术干涉测量与光束机械扫描的难题。该方法的思想和三维荧光反卷积方法类似，只是所采用的三维传递函数为部分相干光场下的三维相位传递函数[24]。其看作是光强传输方程定量相位复原技术的一个拓展，即将光强传输方程的光强二维"面传输"拓展为三维"体传输"，以解决三维相位层析问题。相比于旋转物体或是改变照明方向，这种基于轴向扫描物体获得各层光强图像的数据采集方式不但大大简化了系统结构，而且与传统基于光强传输方程的相位成像系统完全一致。图 8-9 展示了传统相干照明三维衍射层析技术和部分相干照明下的光强传输衍射层析技术的原理区别：传统相干照明三维衍射层析技术通过调节入射光角度进行多角度扫描，实现对物体函数三维频谱中不同频率成分的覆盖。只要照明角度足够多，经过一定次数的测量后最终即可得到被填充之后的三维物体频率。而部分相干照明由于可以看作采用扩展面光源一次性对待测样品进行了"并行化"的多角度照明，从而可以更快速的完成物体三维频谱的覆盖。

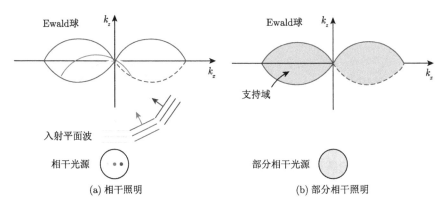

图 8-9　传统相干照明三维衍射层析技术和部分相干照明下的光强传输衍射层析技术的原理

在 8.7 节和 8.8 节中，我们已经推导出在部分相干照明下的弱散射物体，其三维强度分布可以被表示为物体散射势的实部和虚部分别与对应点扩散函数线性叠加(式(8-62))，而这种线性关系在傅里叶域则更加清晰：

$$\hat{I}(\boldsymbol{u}) = I_0\delta(\boldsymbol{u}) + H_{\mathrm{A}}(\boldsymbol{u})\hat{A}(\boldsymbol{u}) + H_{\mathrm{P}}(\boldsymbol{u})\hat{P}(\boldsymbol{u}) \tag{8-81}$$

其中，$\hat{I}(\boldsymbol{u})$ 为三维物体的强度分布的傅里叶变换；I_0 为背景光强；$\hat{A}(\boldsymbol{u})$ 和 $\hat{P}(\boldsymbol{u})$ 分别为散射势的虚部(吸收/振幅)和实部(折射率/相位)；$H_{\mathrm{A}}(\boldsymbol{u})$ 和 $H_{\mathrm{P}}(\boldsymbol{u})$ 分别为三维成像系统的振幅和相位传递函数。不同于传统的相干衍射层析成像技术，部分相干照明下的三维衍射层析成像通常是采用轴向离焦的方式来采集强度图像堆栈，然后采用三维反卷积的形式来重建样品三维折射率信息，因此此项技术又被称作(三维)光强传输衍射层析技术。但这里需要注意的是，在公式(8-81)中，待测物体的相位(折射率)信息和强度(吸收)信息是耦合在一起的，也就是说对于所测量的强度图像堆栈中既有相位信息的贡献又有强度信息的贡献。所以一般情况下，我们需要对相位信息和强度信息进行解耦，即分离三维强度图像堆栈中相位信息和强度信息的作用。这通常有三种可行的做法：①分别自下而上与自上而下照明样品获取两组光强堆栈，对这两组光强堆栈作差即可消去吸收的贡献，仅仅剩下折射率的贡献。②采集同一物体在两组不同光瞳函数下的传递函数[24]，通过求解线性方程组实现相位和强度信息的解耦。③利用类似于二维成像中的相位吸收对偶性(phase-attenuation duality)原理，即折射率与吸收率二者呈线性关系，此时式(8-81)可以简化为

$$\hat{I}(\boldsymbol{u}) = B\delta(\boldsymbol{u}) + \hat{P}(\boldsymbol{u})[H_{\mathrm{P}}(\boldsymbol{u}) + \varepsilon H_{\mathrm{A}}(\boldsymbol{u})] \tag{8-82}$$

其中，ε 为一常数参数或者等于 0，通常需要手动进行调节以获得最好的重建效果[26]。当待测物体为纯相位物体时，$\varepsilon H_A(\boldsymbol{u})$ 可直接简化为一常数，并可通过直接三维反卷积实现物体三维折射率分布的重建：

$$\hat{P}(\boldsymbol{u}) = \frac{\hat{I}(\boldsymbol{u})H_P^*(\boldsymbol{u})}{|H_P(\boldsymbol{u})|^2 + \beta} \tag{8-83}$$

其中，β 为反卷积中的 Tikhonov 正则化参数。尽管我们可以通过拍摄一个强度图像堆栈和传递函数的反卷积操作来复原三维物体的相位信息，但是传递函数的分布直接决定着最终成像结果的分辨率和信噪比等各项参数。在部分相干照明中，对系统传递函数影响较大的是圆形照明光源的相干系数，不同相干参数的圆形光源的三维传递函数的解析表达式也已被推导出。Strebil 和 Bao 分别给出了在傍轴和非傍轴情况下的传递函数，非傍轴情况下圆形光瞳所对应的相位和吸收传递函数如 8.7 节公式(8-65)和(8-66)所示。

根据式(8-74)，我们可以画出在不同相干系数下的圆形光瞳对应的三维相位传递函数的分布，图 8-10 展示了相干参数为 $s = 0.3$，0.6 和 0.95 情况下的相位传递函数的轴向切片分布。如图 8-10 可见，较小的相干参数所对应的传递的低频响应较强，但是所覆盖的频谱范围较小，所对应的横向和轴向分辨率较低。但随着该相干参数的增大，传递函数的频谱覆盖逐渐增大，在低频和高频的响应也具有较好的响应幅值。但如果继续增加相干参数直到 $s = 1$，尽管理论上传递函数的频谱覆盖范围可以被拓展至非相干衍射极限，但和二维相位成像的结论类似，在非相干照明下相位衬度完全消失，也就是说相位信息无法被反映到所拍摄的光强堆栈中。上述现象与二维定量相位成像分辨率与信噪比的矛盾相类似，较小的相干系数可以对应着较强对比度的强度图像，但最终重构分辨率较低。较大的相干系数可以提供较高的成像分辨率，但这时的相位衬度较差，会导致相位重构的信噪降低。所以综合考虑上述两方面影响，我们通常将相干系数设定为 0.4～0.7 之间以便获取较好的三维相位重构结果。

经上述分析可以发现，单一照明孔径所对应的相位传递函数的幅度响应与频谱覆盖无法同时兼得，也就意味着我们无法同时获得较高的成像信噪比与分辨率。因此与二维定量相位成像类似，我们可以采用多种照明光瞳来实现多组三维传递函数的合成，以解决上述矛盾和问题。注意与二维定量相位成像中的多距离频率合成技术不同的是，三维强度图像堆栈中已经包含了轴向距离扫描，因此多距离在这里是没法实现也是没意义的，唯一可以调控的参量就是照明函数。因此我们采用的是多照明孔径调控方式来解决上述问题。然而我们知道，想要提高分辨率必须开大照明孔径，而圆形照明孔径随着相干参量的增大而相位衬度骤减，也就意味着圆形照明下物体高频信息总是无法获得很好的重

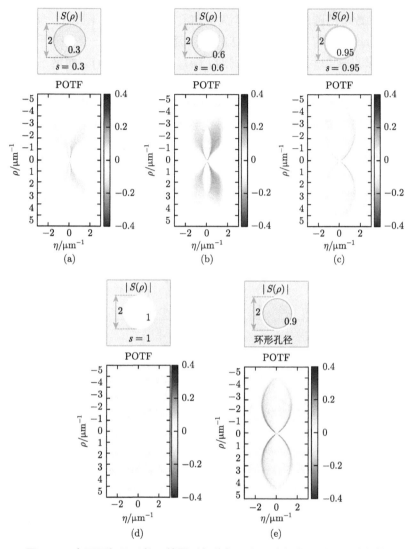

图 8-10 在不同相干系数下的圆形部分相干照明孔径和环形照明孔径的
三维相位传递函数的轴向切片分布图

构信噪比。同样受到二维相位成像的启发,我们采用环形照明孔径的方式来解
决这一问题。图 8-10 展示环形照明光瞳所对应的相位传递函数的轴向分布,
可以看到环形照明孔径可以在较强幅度响应的前提下获得很大的频谱覆盖,成
像分辨率可达非相干衍射极限,从而可有效地解决传统圆形照明在大孔径下的
信噪比过低的问题。

综合了圆形和环形两种光瞳传递函数的优势,Li 等[27]提出了一种基于多照明
孔径的频率合成的三维相位成像方法。该方法采用三个照明孔径,其中包含两个

低、中相干参数下的圆形光瞳和一个大数值孔径环形光瞳。图 8-11 为基于多照明孔径的频率合成的三维相位成像方法的具体流程图。在这三个光瞳下拍摄的三个强度图像对应的傅里叶频谱堆栈分别为 $\hat{I}_1(\boldsymbol{u})$，$\hat{I}_2(\boldsymbol{u})$ 和 $\hat{I}_3(\boldsymbol{u})$，而这三个光瞳所对应的相位传递函数为 $H_{\mathrm{P1}}(\boldsymbol{u})$，$H_{\mathrm{P2}}(\boldsymbol{u})$ 和 $H_{\mathrm{P3}}(\boldsymbol{u})$。我们通过最小二乘拟合的方法来计算各频率成分所对应的相位传递函数的权重系数为 ε，基于此对三组不同光瞳下重建得到的三维折射率分布进行最优频率组合。具体可被表达为

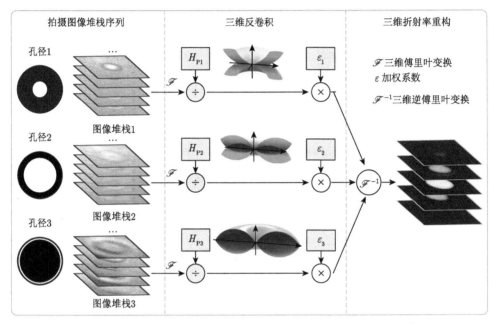

图 8-11　基于多照明孔径频率结合方法的三维衍射层析成像方法示意图

$$P(\boldsymbol{r}) = \mathscr{F}^{-1}\left(\frac{\hat{I}_1(\boldsymbol{u})}{H_{\mathrm{P1}}(\boldsymbol{u})}\varepsilon_1 + \frac{\hat{I}_2(\boldsymbol{u})}{H_{\mathrm{P2}}(\boldsymbol{u})}\varepsilon_2 + \frac{\hat{I}_3(\boldsymbol{u})}{H_{\mathrm{P3}}(\boldsymbol{u})}\varepsilon_3 \right) \tag{8-84}$$

其中，$\mathscr{F}^{-1}$ 为逆三维傅里叶变换。每个光瞳所对应的频率成分的权重系数可以通过以下的最小二乘公式得到：

$$\varepsilon_i = \frac{H_{\mathrm{P}i}^*(\boldsymbol{u})H_{\mathrm{P}i}(\boldsymbol{u})}{|H_{\mathrm{P1}}(\boldsymbol{u})|^2 + |H_{\mathrm{P2}}(\boldsymbol{u})|^2 + |H_{\mathrm{P3}}(\boldsymbol{u})|^2} \tag{8-85}$$

在将上式代入公式(8-84)，即可得到基于多孔径频率结合方法的三维相位的重构公式：

$$P(\boldsymbol{r}) = \mathscr{F}^{-1}\left\{ \frac{\hat{I}_1(\boldsymbol{u})H_{\mathrm{P1}}^*(\boldsymbol{u}) + \hat{I}_2(\boldsymbol{u})H_{\mathrm{P2}}^*(\boldsymbol{u}) + \hat{I}_3(\boldsymbol{u})H_{\mathrm{P3}}^*(\boldsymbol{u})}{|H_{\mathrm{P1}}(\boldsymbol{u})|^2 + |H_{\mathrm{P2}}(\boldsymbol{u})|^2 + |H_{\mathrm{P3}}(\boldsymbol{u})|^2 + \beta} \right\} \tag{8-86}$$

　　在本章的结尾我们需要重新声明一下"三维相位成像"这一概念，在显微成像中相位通常是指由于物体的折射率或厚度的空间分布不均匀引起的等相位面的延迟，这一定义对于所测量的二维薄物体是适用的，而对三维物体进行测量的时候，"相位"这一词已不再适用了，故"三维相位成像"这一说法是不准确的。但本书中所提及的三维相位成像技术通常是指代三维折射率成像或者三维层析成像，能够重构出待测厚物体在空间中的横向与轴向的分布，而"三维相位成像"这一名词的引入是为了更加通俗的阐述和理解本书中的概念，故在此进行申明。

参 考 文 献

[1]　Wolf E. Three-dimensional structure determination of semi-transparent objects from holographic data[J]. Optics Communications, 1969, 1(4): 153-156.

[2]　Kak A C, Slaney M. Principles of computerized tomographic imaging[C]. SIAM, 2001.

[3]　Haeberle O, Belkebir K, GiovaninniI H, et al. Tomographic diffractive microscopy: basics, techniques and perspectives[J]. Journal of Modern Optics, 2010, 57(9): 686-699.

[4]　Rappaz B, Marequet A P, Cuche E, et al. Measurement of the integral refractive index and dynamic cell morphometry of living cells with digital holographic microscopy[J]. Optics express, 2005, 13(23): 9361-9373.

[5]　Lauer V. New approach to optical diffraction tomography yielding a vector equation of diffraction tomography and a novel tomographic microscope[J]. Journal of Microscopy, 2002, 205(Pt 2): 165-176.

[6]　Choi W. Tomographic phase microscopy and its biological applications[J]. 3D Research, 2012, 3(4).

[7]　Mccutchen C W. Generalized Aperture and the Three-Dimensional Diffraction Image[J]. JOSA, 1964, 54(2): 240-244.

[8]　Devaney A J. Inverse-scattering theory within the Rytov approximation[J]. Optics Letters, 1981, 6(8): 374-376.

[9]　Devaney A J. A filtered backpropagation algorithm for diffraction tomography[J]. Ultrasonic Imaging, 1982, 4(4): 336-350.

[10]　Kak A C, Slaney M. Principles of Computerized Tomographic Imaging[C]. SIAM, 1988.

[11]　Sung Y, Choi W, Fang-yen C, et al. Optical diffraction tomography for high resolution live cell imaging[J]. Optics Express, 2009, 17(1): 266-277.

[12]　Fiddy M A. Inversion of optical scattered field data[J]. Journal of Physics D: Applied Physics, 1986, 19(3): 301.

[13]　Chen B, Stamnes J J. Validity of diffraction tomography based on the first Born and the first Rytov approximations[J]. Applied Optics, 1998, 37(14): 2996-3006.

[14]　Stamnes J J. Waves in Focal Regions: Propagation, Diffraction and Focusing of Light, Sound and Water Waves[M]. Boca Raton: CRC Press, 1986.

[15]　Sommerffld A. Mathematische Theorie der Diffraction[J]. Mathematische Annalen, 1896, 47(2-3): 317-374.

[16]　Dandliker R, Weiss K. Reconstruction of the three-dimensional refractive index from scattered waves[J]. Optics Communications, 1970, 1(7): 323-328.

[17]　Bao Y, Gaylord T K. Quantitative phase imaging method based on an analytical nonparaxial partially

coherent phase optical transfer function[J]. Journal of the Optical Society of America A, 2017, 33(11): 2125-2136.

[18] Bao Y, Gaylord T K. Clarification and unification of the obliquity factor in diffraction and scattering theories: discussion[J]. JOSA A, 2017, 34(10): 1738-1745.

[19] Sheppars C J R, Matthews H J. Imaging in high-aperture optical systems[J]. JOSA A, 1987, 4(8): 1354-1360.

[20] Sheppard C J R, Kawata Y, Kawata S, et al. Three-dimensional transfer functions for high-aperture systems[J]. JOSA A, 1994, 11(2): 593-598.

[21] Gu M. Advanced Optical Imaging Theory[M]. Berlin Heidelberg: Springer Berlin Heidelberg, 2000, 75.

[22] Allen L J, Oxley M P. Phase retrieval from series of images obtained by defocus variation[J]. Optics Communications, 2001, 199: 65-75.

[23] Liba O, Lew M D, Sorelle E D, et al. Speckle-modulating optical coherence tomography in living mice and humans[J]. Nat. Commun., Nature Publishing Group, 2017, 8: 15845.

[24] Streibl N. Three-dimensional imaging by a microscope[J]. JOSA A, 1985, 2(2): 121-127.

[25] Sheppard C J. Three-dimensional phase imaging with the intensity transport equation[J]. Applied optics, 2002, 41(28): 5951-5955.

[26] Soto J M, Rodrigo J A, Alieva T. Label-free quantitative 3D tomographic imaging for partially coherent light microscopy[J]. Optics Express, 2017, 25(14): 15699-15712.

[27] Li J, Chen Q, Sun J, et al. Three-dimensional tomographic microscopy technique with multi-frequency combination with partially coherent illuminations[J]. Biomedical Optics Express, 2018, 9(6): 2526-2542.

[28] Barone-nugent E D, Barty A, Nugent K A. Quantitative phase-amplitude microscopy I: optical microscopy[J]. Journal of Microscopy, 2002, 206(3): 194-203.

[29] Zuo C, Chen Q, Qu W, et al. High-speed transport-of-intensity phase microscopy with an electrically tunable lens[J]. Optics Express, 2013, 21(20): 24060 -24075.

[30] Charriere F, Marian A, Montfort F, et al. Cell refractive index tomography by digital holographic microscopy[J]. Optics Letters, 2006, 31(2): 178-180.

[31] Charriere F, Pavillon N, Colomb T, et al. Living specimen tomography by digital holographic microscopy: morphometry of testate amoeba[J]. Optics Express, 2006, 14(16): 7005.

[32] Choi W, Fang-yen C, Badizadegan K, et al. Tomographic phase microscopy[J]. Nature Methods, 2007, 4(9): 717-719.

[33] Kim K, Yoon H, Diez-silva M, et al. High-resolution three-dimensional imaging of red blood cells parasitized by Plasmodium falciparum and in situ hemozoin crystals using optical diffraction tomography[J]. Journal of Biomedical Optics, 2014, 19(1): 011005.

[34] Cotte Y, Toy F, Jourdain P, et al. Marker-free phase nanoscopy[J]. Nature Photonics, 2013, 7(2): 113-117.

9 　光强传输方程在光学显微成像中的应用 > > >

本章将重点偏向于光强传输方程的实验系统与具体应用。在第 9.1 节，将介绍光强传输方程的传统实验装置。对于传统实验装置，为了采集多个与光轴垂直的平面上的光强图像，往往需要移动待测物体或者相机平面，这是非常不便且十分耗时的。在第 9.2 节，将回顾光强传输方程实验装置的若干改进方案，这些方案的特点在于可以避免采集强度图像所引入的机械移动，可以应用于动态成像的场合。随后 9.3 节，将介绍基于光强传输方程的三维衍射层析成像光学装置。最后，在 9.4 节，将回顾光强传输方程在光学显微成像中的应用，并给出具有代表性的实验结果。

9.1 　相位成像基本光路结构

光强传输方程法需要采集不同离焦面上的光强信息。为了采集这些离焦光强图像，通常需要采用一个 4f 系统对物体成像，光路结构如图 9-1(a)所示。由于 4f 系统中物象呈严格共轭关系，所以通过移动物平面或者移动图像平面(相机)都可以获得物体离焦面上的光强信息。这两种方式在本质上是等价的，但考虑横向与轴向放大率之间的关系，物面离焦距离与像面离焦距离之间的比例会相差 f_2^2 / f_1^2 的比例系数。对于光学显微镜而言，如果是无限远校正的远心光学系统，那么光路结构也是与图 9-1(a)所等价的。图 9-1(a)的准直透镜等价于无穷远校正显微镜中的聚光镜，而透镜 L_1 和透镜 L_2 相当于显微镜中的显微物镜和筒透镜，而 f_2 / f_1 即为显微镜的放大率。所以无需对显微镜进行任何改造即可直接将采集的图像用于光强传输方程相位复原。当然光强传输方程也可采用图 9-1(b)所示的无透镜成像光路结构，在此结构中我们所拍摄的光强图像均位于离焦平面。最终重构的相位也是位于该离焦面上的，还需要额外进行数值反衍射才能重构出物面的复振幅信息。

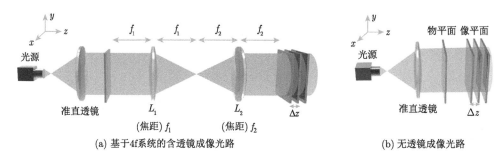

(a) 基于4f系统的含透镜成像光路   (b) 无透镜成像光路

图 9-1   光强传输方程所采用的传统实验装置原理图

9.2   动态定量相位成像光路结构

光强传输方程的传统光路结构采集图像时需要移动待测物体或探测器。这样无可避免地降低了数据采集的速度，使其难以应用于高速、动态甚至实时测量场合。针对此问题，近年来关于改进光强传输方程法强度记录方式的研究也层出不穷。它们共同的目的是避免强度图像采集中所引入的机械移动：如 Blanchard 等[1]在成像透镜前放置了一个二次扭曲光栅(quadratically distorted grating)，使成像系统单帧能够采集三个不同焦面的光强图像(图 9-2(a))。Waller 等[2]提出利用显微镜中固有的色差效应实现单次彩色图像曝光获取三幅聚焦位置不同的光图像；她还提出了基于体全息布拉格(Bragg)选择特性分束形成多幅不同聚焦面的强度图像[3](图 9-2(b))；Almoro 等[4]通过在 4f 成像系统的傅里叶平面放置空间光调制器实现非机械离焦(图 9-2(c))；Gorthi 等[5]使细胞样品顺次通过倾斜放置的流式细胞仪，这样在细胞移动的过程中相机就可获得一系列位于不同焦面的光强图像(图 9-2(d))；Martino 等[6]通过分束镜与多次反射实现单次记录两幅不同聚焦深度的光强图像(图 9-2(e))。

不仅限于独立的成像系统，由于光强传输方程成像结构兼容无限远校正的光学显微镜，还可以通过在显微镜相机接口处附加光路以实现动态相位成像。Zuo 等[7, 8]提出了两种基于显微镜的动态相位显微成像光路结构。基于电控变焦透镜的光强传输显微系统(TL-TIE)利用电控可变焦透镜实现了整个光学系统高速、非机械、精确可控的远心离焦[7](图 9-3(a))。单帧光强传输定量相位显微系统(SQPM)利用空间光调制器实现可编程数字离焦，并结合类迈克耳孙光路结构实现了单帧采集两幅不同焦面上的光强图像，实现了单帧非干涉光强传输定量相位显微[8](图 9-3(b))。

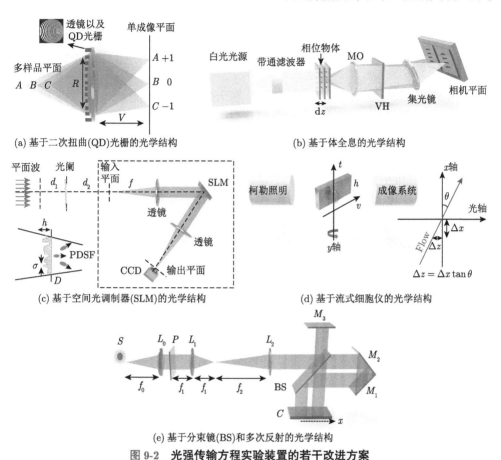

(a) 基于二次扭曲(QD)光栅的光学结构

(b) 基于体全息的光学结构

(c) 基于空间光调制器(SLM)的光学结构

(d) 基于流式细胞仪的光学结构

(e) 基于分束镜(BS)和多次反射的光学结构

图 9-2　光强传输方程实验装置的若干改进方案

(a) 基于电控变焦透镜的TIE显微系统(TL-TIE)

(b) 基于SLM的单帧电控变焦透镜的TIE显微系统(SQPM)

图 9-3　基于显微镜的光强传输方程动态成像光路结构(可在传统显微镜上增加简单附加模块实现)

9.3　三维衍射层析光路结构

　　相比较光强传输方程定量相位复原，基于光强传输方程实现三维衍射层析的光路结构要相对复杂一些。这里有两种典型的实现方案，一种是基于传统光学衍射层析技术的思想，通过旋转物体或改变照明方向等方式得到多组定量相位信息，然后结合断层扫描理论重建出物体的空间三维折射率分布。与传统基于干涉或者数字全息的三维衍射层析成像不同的是，每个角度照射下光场的复振幅信息是通过光强传输方程以非干涉方式获取的(图 9-4)。比较典型的工作如：2000 年，Barty 等[9]利用注射器针尖固定样品并利用电机转动实现样品的旋转，并基于传统显微镜与光强传输方程实现了不同角度下的相位获取，并采用逆 Radon 变换合成了光纤的三维折射率分布。2011 年 Lee 等[10]基于类似的思想与实验装置对固定在旋转

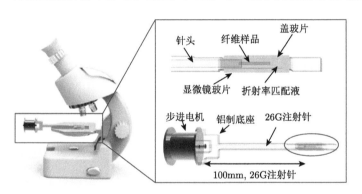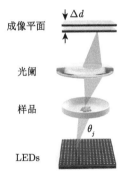

(a) 层析成像系统，其中样品由针尖固定，并由电动台旋转

(b) 基于LED阵列多角度照明的光强传输方程衍射层析成像系统

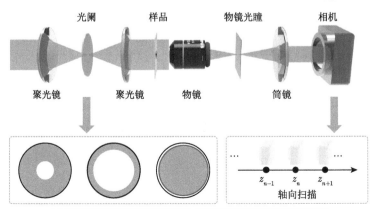

(c) 基于轴向强度图像堆栈扫描方式的光强传输三维衍射层析成像

图 9-4　基于光强传输方程的三维衍射层析成像光学装置

位移台上的玻璃钻石实现了三维层析成像。2015 年 Jenkins 等[11]结合物体旋转技术和轴向扫描反卷积算法实现了单模光纤的剖面折射率分布。随后 Nguyen 等[12, 13]基于 Zuo 等[7, 8]提出的电控变焦透镜的光强传输显微系统(TL-TIE)与单帧光强传输定量相位显微系统(SQPM)，并且结合旋转转台，测量了多角度下的定量相位图像，成功实现了对光纤和宝石微球的三维定量折射率重构。借助于光强传输方程能够适用于部分相干照明的优势，2015 年 Zuo 等[14]提出基于彩色 LED 阵列的多波长，多角度照明的小型化无透镜显微镜系统。该系统利用 RGB 三色波长照射物体后产生的衍射光强作为三幅不同焦面的光强图像，通过求解光强传输方程获得相位后进行数字重聚焦实现无透镜显微成像，然后通过不同 LED 元素实现待测样品的多角度扫描，再结合光学衍射层析理论重建出物体的空间三维折射率分布。2017 年 Li 等[15]将该技术拓展到了传统显微镜光路结构：通过将传统明场显微镜的科勒照明系统替换为可编程 LED 阵列照明，并通过拍摄待测样品在各个 LED 照明角度下两个不同离焦面上的光强图像；通过求解光强传输方程之后获得物体在不同入射光方向上的相位信息，并利用衍射层析定理复原出待测物体的三维折射率信息。

受到光强传输方程相位成像技术的启发，自 2017 年起，另一种"光强传输衍射层析技术"逐渐得到研究者们的关注。该技术采用部分相干照明样品并拍摄其轴向不同位置上的强度堆栈信息，利用反卷积三维相位传递函数来实现三维衍射层析成像。该方法有效避免了传统衍射层析技术干涉测量与光束机械扫描的难题，并且可与传统明场显微镜系统完全兼容。Soto 等[16]在电控变焦透镜的光强传输显微系统的基础上实现了三维衍射层析成像。他们利用电控变焦透镜的焦距扫描拍摄一系列在特定照明光瞳下的强度图像，并集合反卷积算法复原出待测物体的折射率分布。而对于单一照明来说，整个成像系统所对应的相位传递函数的幅度响应与频谱覆盖无法同时兼得。2018 年 Li 等[17]提出了在三维衍射层析中进行多照明孔径的合成来实现更加全面的三维频谱覆盖。传统的圆孔照明孔径无法同时实现较高的成像信噪比与分辨率，而环形照明可以很好地解决这一矛盾。基于传统明场显微镜(改变照明光阑)通过多个照明孔径的频率成分合成来获得更优的三维成像性能，最终获取更高质量的成像分辨率与信噪比。

9.4　光强传输方程的应用

与大部分相位复原算法类似，光强传输方程在发展伊始主要是面向于自适应光学[18-22]、X 射线衍射成像[23, 24]、扫描透射电子衍射显微成像(STEM)[25-28]、中子射线成像(radiography)[29, 30]、透射电子显微等，相关的内容我们已经在第 1 章中进行过介绍。而近年来，由于部分相干照明下光强传输方程相位复原的相关理论逐步完善，加之部分相干成像在光学成像方面的独特优势，光强传输方程在可见光波段的光学成像与显微方面也得到了越来越多的关注。同时，研究者们也取得了一系列令人瞩目的研究成果。考虑到篇幅所限，本章着重于回顾其在可见光波段的光学成像与显微方面的应用与最新进展。

9.4.1　生物定量相位显微成像

光强传输方程在光学显微成像方面的应用最早可以追溯到 1984 年(距离 Teague 推导出光强传输方程仅过了一年)，Streibl[31]基于部分相干理论简要证明了采用传统显微镜的科勒照明结构进行相位成像的可行性，并对老鼠精巢细胞切片进行了成像(图 9-5)。由于当时尚无行之有效的求解光强传输方程的数值方法发表，他仅给出了光强轴向微分图像而并没有给出定量相位重构结果。Streibl 认为该光强轴向微分图像能够有效呈现出强度图像中难以观察到的相位细节。1998 年，Barty 等[9]简要报道了采用光强传输方程实现了人体颊上皮细胞与光纤的定量相位成像(图 9-6)。严格来说，这才是光强传输方程在定量相位显微成像上的首次登台亮相。他们还强调求解光强传输方程所得到的相位就是连续的，不需要再进行相位解包裹(笔者注：无需相位解包裹是光强传输方程相位复原的一大优点，但由于求解光强传输方程必须基于待求相位是个单值连续函数这一假设，所以这并没有从根本上去除传统相位测量所存在的 2π 歧义性的问题，只是简化了相位重建的过程而已)。光强传输方程在显微成像领域的成功应用以及 Barty 等漂亮的实验结果为后续光强传输方程在细胞成像与生物医学领域广泛应用拉开了序幕。2005 年，Ross 等[32]采用光强传输方程更好地提高了未经过染色细胞在微束辐照(microbeam irradiations)下的成像对比度。2006 年，Curl 等[33, 34]利用光强传输方程定量检测了细胞的形貌与生长速度，并指明相比于传统明场显微成像技术，定量相位图像更利于后续数据的处理与分析，如细胞分割与计数。2007 年，

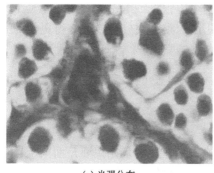
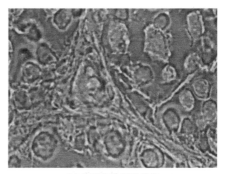

(a) 光强分布　　　　　　　　　　　　　　(b) 光强轴向微分分布

图 9-5　老鼠精巢细胞切片的成像结果[31]

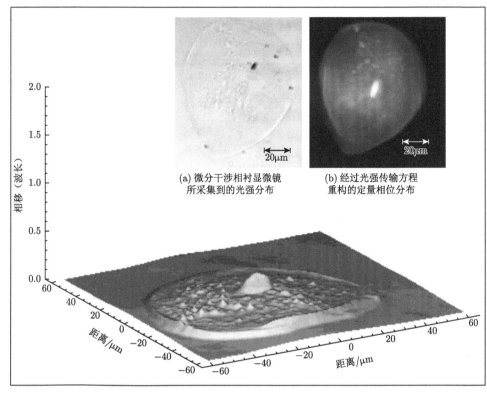

(a) 微分干涉相衬显微镜
所采集到的光强分布

(b) 经过光强传输方程
重构的定量相位分布

图 9-6　人体颊上皮细胞与光纤的定量相位成像结果[9]

Dragomir 等[35]将此光强传输方程成功运用到心肌细胞双折射效应的定量测量。这些应用都展现了光强传输方程在细胞成像与光学检测领域的发展潜力。

2010 年，Kou 等[36]指出光强传输方程不仅仅可以直接应用于明场显微镜，其还可以与微分干涉相衬成像技术结合，直接采集三幅不同焦面的 DIC 图像求解光强传输方程即可实现相位信息的定量获取。他们成功地重构了人体颊上皮细胞的定量相位图像，且相位重构结果与偏振相移微分干涉相衬测量结果吻合良好(图 9-7)。2011 年，Waller 等采用体全息分束多幅不同聚焦面的强度图像的单次曝光采集[3]，并通过色差与颜色通道复用实现单次彩色图像曝光获取三幅不同聚焦面的光强图[2]，对变形微镜阵列与 Hela 细胞等样品进行了定量相位成像。2011 年，Kou[37]提出利用反卷积光学传递函数法取代传统光强传输方程实现定量相位复原，并基于人蛔虫卵细胞(ascaris)相位成像的结果与光强传输方程法进行了对比分析，二者结果十分相似。这也是十分容易理解的：因为部分相干照明下弱离焦 WOTF 其实就是一个频域的逆拉普拉斯滤波器，其形式与均匀光强下的光强传输方程相一致。2012 年，Gorthi 与 Schonbrun[5]首次将光强传输方程应用到流式细胞术(flow cytometry)，利用细胞流过倾斜微流通道所产生的轴向离焦结合光强传输方程重构出细胞的定量相位分布，并基于从定量相位提取的形态学信息对血红细胞进行了高通量分选(图 9-8)。同年，Phillips 等[38]在传统明场显微

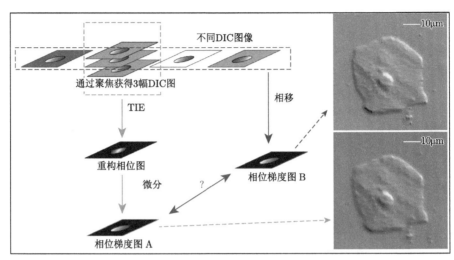

图 9-7　人体颊上皮细胞的定量相位成像结果[36]

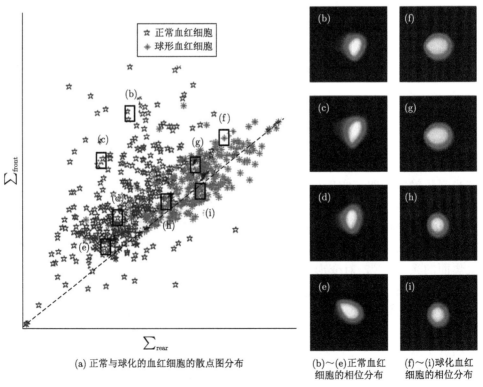

(a) 正常与球化的血红细胞的散点图分布

(b)~(e)正常血红细胞的相位分布

(f)~(i)球化血红细胞的相位分布

图 9-8　基于流式细胞仪的血红细胞定量相位成像与分选[5]

镜下基于光强传输定量相位成像技术实现了血红细胞折射率、干质量、体积和密度的多参数测量(值得注意的是，虽然他们声称可以获得细胞的三维折射率分布，但是直接采用焦面平移结合光强传输相位成像的方式实现三维层析成像在原理上是不够严谨的)。随后，Phillips 等[39]进一步将此项技术应用到卵巢癌患者的循环肿瘤细胞 CTC 筛查与分析中：通过光强传输方程测得了细胞的干质量，并通过计算重构的 DIC 图像获取细胞体积。实验发现 HD-CTCs 细胞的体积与干质量都要明显大于白细胞，这种特性有望为癌症的流体动力学提供重要的见解，并可能为基于其物理性质的 CTCs 分离、监测或靶向 CTCs 的策略提供依据。

2013 年，Zuo 等[7]基于电控变焦透镜定量相位显微系统，获取了 MCF-7 乳腺癌细胞细胞膜与片状伪足的动态浮动过程(图 9-9)的定量相位成像，并由定量相位分布计算出了数字 DIC 图像并生成了细胞的动态三维渲染视频。同年，Zuo 等[8]基于单帧定量相位显微系统实现了两幅不同焦面光强图的单帧采集，并对 RAW264.7 小鼠巨噬细胞的凋亡与吞噬过程(图 9-10)等进行了高分辨率动态三维定量相位显微成像。2015 年，Bostan 等[40]采用光强传输方程对 HeLa 细胞样品进行了定量相位成像，相位测量结果与数字全息显微所得结果相吻合。他们还指出定量相位图

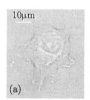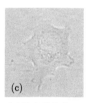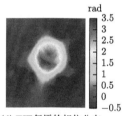

(a～c) 离焦距离分别为−2.5, 0, 2.5μm对应的光强分布　　(d) TIE复原的相位分布　　(e) 通过纯计算得到的微分干涉相衬显微图像

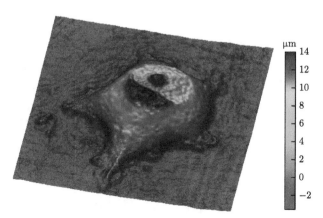

(f) 细胞厚度的伪彩色三维显示

图 9-9　**单一乳腺癌细胞(MCF-7)的多模态动态定量相位成像**[7]

像给后续细胞分割与计数带来了极大的便利(图 9-10)。2016 年，Li 等[41]基于光强传输方程定量相位成像技术实现了计算多模态显微成像，对 HeLa 细胞的分裂过程实现了数字 Zernike 相差、DIC、定量相位、光场成像等多模态动态显微成像(图 9-11)。2018 年，Li 等[42]基于类似于 Zuo 等的单帧定量相位显微系统对活的人成骨细胞进行了动态定量相位显微成像(图 9-12)。同年，Liao 等[43]在自研的双 LED 照明的自聚焦显微镜系统中采用光强传输方程实现相位复原，实现了未染色小鼠肾脏切片的全波片相位成像。同年，Zheng 等[44]将激光共聚焦显微(CLSM)与光强传输方程定量相位成像技术相结合，在光强传输定量相位成像模式下利用

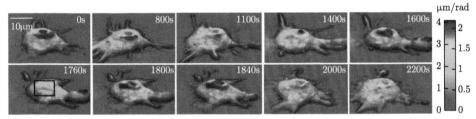

(a) 巨噬细胞吞噬过程不同阶段的伪彩色三维相位分布

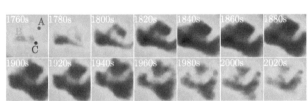

(b) 在吸入细胞的阶段细胞核附近区域的相位变化
（对应于(a)中的黑色矩形方框区域）

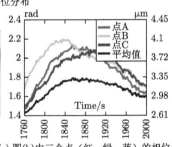

(c) 图(b)中三个点（红、绿、蓝）的相位/
厚度随时间的变换曲线，其中黑色曲线
对应于方框区域内的平均值

图 9-10　巨噬细胞吞噬过程的动态定量相位成像[8]

(a) 明场显微镜下的光强图像

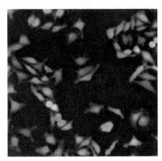

(b) 经过光强传输方程恢复的相位分布

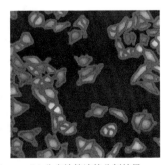

(c) 分水岭算法的分割结果

图 9-11　HeLa 细胞的定量相位成像与分割[40]

可调谐的声折射率(TAG)透镜轴向扫描扩展了 CLSM 的景深范围，使得激光共聚焦扫描系统可以直接与光强传输方程相兼容。通过将 CLSM 荧光成像获得的细胞的外围轮廓与光强传输方程获得的具有像素对应关系相位分布的二者互补，可以方便快捷地对活细胞的折射率进行测定。2019 年，Li 等[42]在之前工作的基础上基于相位相关成像技术(phase correlation imaging，PCI)定量研究了活成骨细胞(osteoblastic cell)的细胞形态和细胞骨架动力学，并对单个细胞迁移过程中的细胞质量传递实现了可视化。

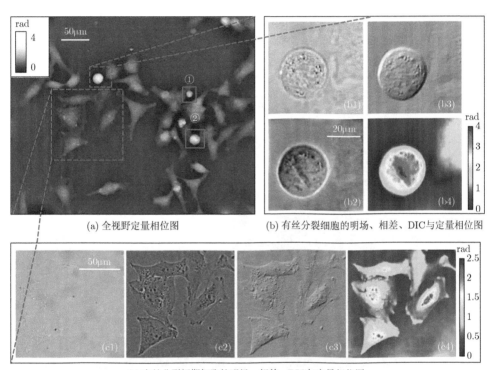

(a) 全视野定量相位图　　　　(b) 有丝分裂细胞的明场、相差、DIC与定量相位图

(c) 有丝分裂间期细胞的明场、相差、DIC与定量相位图

图 9-12　HeLa 活细胞的多模态成像[42]

9.4.2　生物衍射层析显微成像

生物衍射层析技术与生物定量相位显微成像最大的区别在于其能够获得生物样本的"真三维"折射率分布。2015 年，同年，Zuo 等[14]采用基于彩色 LED 阵列照明的无透镜成像光路对马蛔虫子宫切片进行了相位断层扫描成像(图 9-13)。该方法首先由不同波长、不同角度的照明光照射待测样品后，再利用光强传输方程对各照明角度下的样品的相位进行复原，最后基于衍射层析(diffraction tomography)理论重构出样品的三维折射率分布。该小型化系统实现了生物样品的大视场(24mm²)，高分辨(横向分辨率 3.72μm，轴向分辨率 5μm)的定量相位成像与三维显微层析成像。2017 年，Soto 等[16]基于光强传输三维衍射层析技术重构了人红细胞的三维折射率分布。随后该项技术又被 Rodrigo 等[45]运用于快速动态的生物样片三维定量折射率重构，再利用光学操控技术来实现细菌在激光捕获状态下的三维形态和折射率分布。2018 年，Li 等[15]利用多照明孔径下频率结合方法的三维衍射层析技术成功实现了人类口腔上皮细胞的定量折射率成像，并达到 260nm 的横向分辨率，并且对比了在单个照明孔径下的成像结果，实验证明多照明孔径的频率覆盖率明显优于传统单个照明孔径的成像结果。除此之外，还给出了未染色的实球藻细胞和人类宫颈癌细胞的三维折射率渲染结果(图 9-14)。

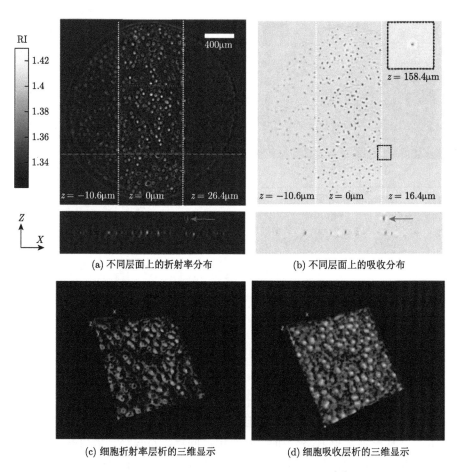

(a) 不同层面上的折射率分布　　　　　(b) 不同层面上的吸收分布

(c) 细胞折射率层析的三维显示　　　　(d) 细胞吸收层析的三维显示

图 9-13　马蛔虫子宫切片相位断层扫描成像[14]

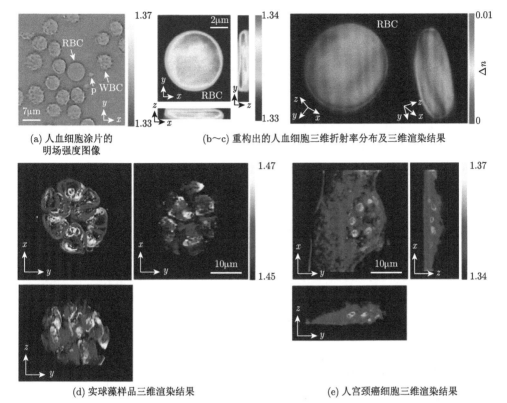

(a) 人血细胞涂片的
明场强度图像

(b~c) 重构出的人血细胞三维折射率分布及三维渲染结果

(d) 实球藻样品三维渲染结果

(e) 人宫颈癌细胞三维渲染结果

图 9-14　利用衍射层析显微成像技术对几种不同的生物样片的三维重构结果[15,45]

9.4.3　光学检测

作为一种定量相位成像技术，光强传输方程还被广泛应用于光学检测领域。早在 1998 年，Barty 等[9]就在传统光学显微镜下成功地对浸泡在折射率匹配液中的光纤进行了定量相位测量。2000 年，Barty 等[46]又将此项工作拓展到了相位断层扫描(phase tomography)，通过转动物体测量出物体各个角度投影的相位分布后，采用逆 Radon 变换合成了各种光纤的(单模、多模)三维折射率分布(图 9-15)。2002 年，Roberts 等[47]基于光纤的轴对称假设，仅仅通过光强传输方程测量得到的相位分布进行逆 Abel 变换，即得到了光纤的径向折射率分布。实验结果与商业剖面仪得到的指数剖面之间的一致性很好，误差约在 0.0005 以内。由于该方法简单易用，后续也得到了一些学者的关注与进一步改进[48-50]。2007 年，Dorrer 与 Zuegel[51]利用光强传输方程法对激光棒上磁流变精整工艺过程引起的表面变化进行了定量测量，并成功将该技术应用于欧米茄 EP 激光设备(OMEGA EP laser facility)。2012 年 Almoro 等[52]利用散斑场照明提高了光强传输方程法测量平滑相位分布的信噪比，并展示了该项技术可以有效提升透镜相位测量的精度。同年，

Shomali 等[53]提出了将光强传输方程应用于非球面检测的思想。传统非球面光学元件的检测往往基于"零位检测"，例如采用 DOE 匹配参考波前或者倾斜波面干涉法，检测系统极其复杂且制造成本很高。而光强传输方程只需拍摄样品在不同焦面的强度图像，可以有效解决传统干涉法在波前陡变区域内干涉条纹过密造成的信息混叠，以非干涉方式直接获取复杂面型的绝对相位分布。2014 年，Zuo 等[54]还将光强传输方程运用于微光学元件的表征。采用基于离散余弦变换的求解算法对微透镜阵列、柱面微透镜、菲涅耳透镜等微光学元件进行了精确测量，解决了传统傅里叶变换法对这类复杂样品(不满足周期边界条件)边界处相位难以准确复原的难题。图 9-16 给出了对间距为 250μm 平凸石英微透镜阵列的测量结果，通过光强传输方程法得到的曲率半径为 346.7μm，共聚焦显微镜测量得到的结果为350.4μm，均与厂商提供的参考值吻合良好(350μm)。2017 年，Pan 等[55]利用光强传输方程重建激光束的复振幅分布，然后利用角谱衍射理论获得光场沿传播方向任意截面位置的光束强度分布，并以此计算出光束的 M^2 质量因子。He-Ne 和高功率光纤激光源的实验结果表明该方法可以获得较为准确的 M^2 质量因子，数值与光束传播分析仪(beam propagation analyzer)吻合良好。

(a) 光纤垂直于光轴横截面分布

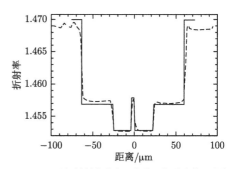

(b) 已知折射率分布（实线）与重建的3D分布中间的线轮廓（虚线）的比较

图 9-15   光纤的三维折射率分布相位断层扫描测量结果[46]

9.4.4   无透镜成像

片上无透镜全息显微成像技术是一种不利用成像光学系统，直接将所观测的样本紧贴于成像器件光敏面上方，并由准相干光场照射记录同轴衍射全息图，再结合相位复原技术实现物体强度与相位的反演与重构的新型成像系统。其最初于2009 年被美国加州大学洛杉矶分校(UCLA)的 Ozcan 课题组[56]所提出。相比于传统透镜式的显微系统，这种无透镜的成像系统结构具有两个显著的优点：第一，由于物体与探测器距离很小(一般小于 1mm)，系统最终的成像放大率接近于 1，

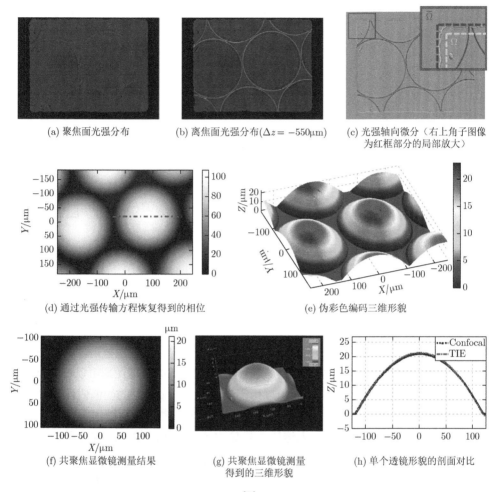

(a) 聚焦面光强分布   (b) 离焦面光强分布($\Delta z = -550\mu m$)   (c) 光强轴向微分（右上角子图像
为红框部分的局部放大）

(d) 通过光强传输方程恢复得到的相位   (e) 伪彩色编码三维形貌

(f) 共聚焦显微镜测量结果   (g) 共聚焦显微镜测量
得到的三维形貌   (h) 单个透镜形貌的剖面对比

**图 9-16 对平凸石英微透镜阵列进行表征[54]（SUSS MicroOptics，透镜间距 250μm，
透镜直径 240μm，六角形封装）**

即成像视场完全由探测器的光敏面大小所决定；第二，由于物体与探测器距离很小，成像系统的等效数值孔径也接近于 1，即几乎样品的所有正向散射光均能够被探测器所接收。最初的芯片上无透镜全息显微成像技术大多是基于迭代相位复原技术，通过稀疏物体约束[56,57]或多距离强度约束复原光场的相位分布[58,59]，再通过角谱反衍射重构出物面的强度和相位分布。2015 年，Zuo 等[14]基于菲涅耳域内照明波长与传播距离的可置换性，采用"多波长照明、固定物平面"的方式构建了基于光强传输方程的微型化无透镜显微镜。这是光强传输方程在无透镜相位显微层析成像上的首次成功应用(图 9-17)。

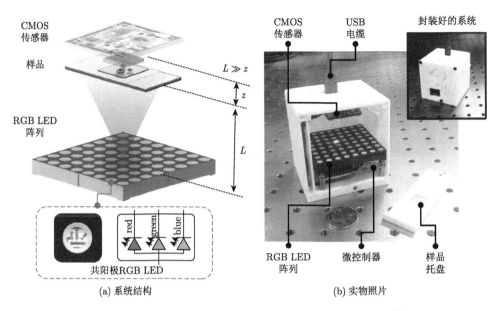

图 9-17　基于彩色 LED 照明的小型化无透镜成像光路结构[14]

　　一方面，自从光强传输方程技术在显微成像领域得到广泛重视后，其也被逐步引入到传统无透镜显微成像领域中。得益于仅需要 2～3 幅强度图即可以重构出相位分布这一优点，光强传输方程通常可以用于快速得到一个相位的初值估计[14, 60, 61]。该初值而后被迭代法相位复原优化，以提升其空间分辨率并补偿由于傍轴近似等引起的相位误差。另一方面，无透镜全息显微技术将传统的显微成像系统中的空间带宽积受限这一问题转移到了成像器件的采样率受限上。原则上说，限制芯片上无透镜全息显微技术成像分辨率的是欠采样引起的高频信号混淆失真，而非数值孔径不足引起的高频信号丢失。因此，该领域大量的研究工作都集中在"像素超分辨"上，即通过某种方式缩小等效像元尺寸，实现"亚像元成像"，从而就可以实现大数值孔径的高分辨率探测。相关方法包括：传感器二维横向亚像素扫描[60]、光源微位移亚像素扫描[62]、传感器轴向多离焦距离扫描[63]、照明光波长扫描[64]等。2018 年，Zhang 等[65]提出了基于倾斜平行平板的主动亚像素微扫描方案，利用低成本的机械部件实现了高精度的可控亚像素扫描。并借助于光强传输方程与 GS 相位迭代技术突破了传感器原始像素所限制的奈奎斯特采样频率，实现了接近于波长量级的空间分辨率(相当于 NA≈0.5 的透镜式显微系统)的大视场定量相位成像(图 9-18)。

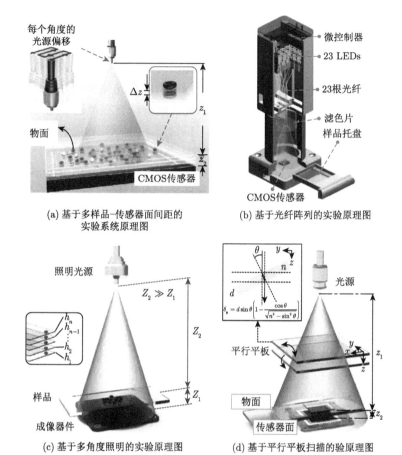

图 9-18　无透镜显微成像中实现"亚像素超分辨"的几种典型方式[58, 65-67]

9.4.5　光场成像

在第 7 章中，我们曾经讨论了在部分相干光场下采用光强传输方程可以获得的光场的一阶矩(重心)，也就是经过空间每个位置光学的平均方向，因此可以重构出部分光场信息。2013 年，Orth 与 Crozier[68]提出了"光场矩成像"(light field moment imaging)。他们推导出了一个连续性方程(他们当时并不知晓该方程就是光强传输方程)，通过采用两幅不同焦面的光强图像并通过求解该方程可以近似重构出场景多个视角的图像。"光场矩成像"的"矩"正是指该方法只能获得光场的一阶矩，而无法获得完全的光场信息。为了获得完整的四维光场，Orth 等假设光场的角分布符合高斯模型来填充这些缺失的数据。该做法虽然物理上缺乏依据，实验上却给出了不错的视觉效果。2014 年，Zuo 等[69]发表评论指出"光场矩成像"实际上就是光强传输方程在几何光学近似下的变体，因此任何关于光强传输方程的求解与轴向微分估计算法等均可以直接"移植"到光场矩成像中。如 2015 年，Liu 等[70]采用基于多平面光强测量的高阶有限差分法去优化光强轴向微分估计，提高了光场矩成像的信噪比。2015 年，Zuo 等[71]基于相空间光学的维格纳函数的传输方程推导出了部分相干光场下的广义光强传输方程。当在几何光学近似下，维格纳函数近似为光场[72]，因此光强传输方程可以与光场成像二者有机统一起来。Zuo 等[71]推导发现在某些简单的情形下(空域平稳照明下的缓变物体)，此时四维光场高度冗余(样品为一个"无散"系统，其并不改变入射光场的角分布(由主级光源光强所决定)，仅仅对其起到整体移动的作用。在光源分布已知的前提下，求解光强传输方程可实现对四维光场的完全重构。

9.4.6　其他应用

除了上述成像与测量的应用外，光强传输方程近来还被应用在空间相位去包裹中。由于求解光强传输方程本身可以直接获得没有包裹的连续相位，因此它看似可以有效绕过干涉测量的相位解包裹步骤。基于此特性，2013 年，Zuo 等[73]将光强传输方程求解算法与数字全息技术相结合，对利用数字全息重构出的光场复振幅信息进行菲涅耳衍射，产生出三幅不同焦面的光强图像并求解光强传输方程以直接获得连续相位信息。他还指出了该方法也可以当作是一种空间相位去包裹算法去使用(假设均匀强度分布)。2016 年，Pandey 等[74]利用了类似的方法将光强传输方程应用于空间相位去包裹，并指出其去包裹效果优于传统基于路径的(path-dependent)Goldstein 法。随后，Zuo[75]指出均匀光强下的光强传输方程本身上是一个泊松方程，利用其进行相位去包裹本质上与标准的(全局)最小二乘相位展开算法的思想相同。仿真结果表明，采用光强传输方程相比于传统最小二乘相位展开法还存在额外的数值误差。2017 年，Martinez-Carranza 等[76]进一步改善了光强传输方程相位去包裹算法，借助了最小二乘相位展开算法的思想直接计算出包裹相位的二阶拉普拉斯，避免了 Pandey 等[74]方法中使用的耗时的数值衍射传播算法，并有效地提升了相位重建精度。2019 年，Zhao 等[77]利用迭代 DCT 方法对相位展开误差进行迭代校正，提升了算法的抗噪性。除此以外，光强传输方程还被应用到了光学图像加密[78-81]与微型化的手机显微平台中[82, 83]。

参 考 文 献

[1] Blanchard P M, Fisher D J, Woods S C, et al. Phase-diversity wave-front sensing with a distorted diffraction grating[J]. Appl. Optics, Optical Society of America, 2000, 39(35): 6649-6655.

[2] Waller L, Kou S S, Sheppard C J, et al. Phase from chromatic aberrations[J]. Opt. Express, Optical Society of America, 2010, 18(22): 22817-22825.

[3] Waller L, Luo Y, Yang S Y, et al. Transport of intensity phase imaging in a volume holographic microscope[J]. Opt. Lett., Optical Society of America, 2010, 35(17): 2961-2963.

[4]　Almoro P F, Waller L, Agour M, et al. Enhanced deterministic phase retrieval using a partially developed speckle field[J]. Opt. Lett., Optical Society of America, 2012, 37(11): 2088-2090.

[5]　Gorthi S S, Schonbrun E. Phase imaging flow cytometry using a focus-stack collecting microscope[J]. Opt. Lett., Optical Society of America, 2012, 37(4): 707-709.

[6]　Di Martino J M, Ayubi G A, Dalchiele E A, et al. Single-shot phase recovery using two laterally separated defocused images[J]. Opt. Commun., Elsevier, 2013, 293: 1-3.

[7]　Zuo C, Chen Q, Qu W, et al. High-speed transport-of-intensity phase microscopy with an electrically tunable lens[J]. Opt. Express, Optical Society of America, 2013, 21(20): 24060-24075.

[8]　Zuo C, Chen Q, Qu W, et al. Noninterferometric single-shot quantitative phase microscopy[J]. Opt. Lett., Optical Society of America, 2013, 38(18): 3538-3541.

[9]　Barty A, Nugent K, Paganin D, et al. Quantitative optical phase microscopy[J]. Opt. Lett., Optical Society of America, 1998, 23(11): 817-819.

[10]　Lee J W, Ku J, Waller L, et al. Transport of intensity imaging applied to quantitative optical phase tomography[C]. Digital Holography and Three-Dimensional Imaging Optical Society of America, 2011.

[11]　Jenkins M H, Gaylord T K. Three-dimensional quantitative phase imaging via tomographic deconvolution phase microscopy[J]. Appl. Optics, 2015, 54(31): 9213-9227.

[12]　Nguyen T, Nehmetallah G, Tran D, et al. Fully automated, high speed, tomographic phase object reconstruction using the transport of intensity equation in transmission and reflection configurations[J]. Appl. Optics, 2015, 54(35): 10443-10453.

[13]　Nguyen T, Nehmetallah G. Non-Interferometric Tomography of Phase Objects Using Spatial Light Modulators[J]. J. Imaging, 2016, 2(4): 30.

[14]　Zuo C, Sun J, Zhang J, et al. Lensless phase microscopy and diffraction tomography with multi-angle and multi-wavelength illuminations using a LED matrix[J]. Opt. Express, Optical Society of America, 2015, 23(11): 14314-14328.

[15]　Li J, Chen Q, Zhang J, et al. Optical diffraction tomography microscopy with transport of intensity equation using a light-emitting diode array[J]. Opt. Laser Eng., 2017, 95: 26-34.

[16]　Soto J M, Rodrigo J A, Alieva T. Label-free quantitative 3D tomographic imaging for partially coherent light microscopy[J]. Opt. Express, 2017, 25(14): 15699-15712.

[17]　Li J, Chen Q, Sun J, et al. Three-dimensional tomographic microscopy technique with multi-frequency combination with partially coherent illuminations[J]. Biomed. Opt. Express, 2018, 9(6): 2526-2542.

[18]　Roddier F. Wavefront sensing and the irradiance transport equation[J]. Appl. Optics, Optical Society of America, 1990, 29(10): 1402-1403.

[19]　Roddier F, Roddier C, Roddier N. Curvature sensing: a new wavefront sensing method[C]. Statistical Optics. International Society for Optics and Photonics, 1988, 976: 203-209.

[20]　Roddier F. Curvature sensing and compensation: a new concept in adaptive optics[J]. Appl. Optics, Optical Society of America, 1988, 27(7): 1223-1225.

[21]　Roddier N A. Algorithms for wavefront reconstruction out of curvature sensing data[C]. Active and Adaptive Optical Systems. International Society for Optics and Photonics, 1991, 1542: 120-129.

[22]　Roddier C, Roddier F. Wave-front reconstruction from defocused images and the testing of ground-based optical telescopes[J]. JOSA A, Optical Society of America, 1993, 10(11): 2277-2287.

[23]　Nugent K A, Gureyev T E, Cookson D F, et al. Quantitative phase imaging using hard X rays[J]. Phys. Rev.

Lett., 1996, 77(14): 2961.

[24] Wilkins S W, Gureyev T E, Gao D, et al. Phase-contrast imaging using polychromatic hard X-rays[J]. Nature, 1996, 384(6607): 335-338.

[25] Bajt null, Barty null, Nugent null, et al. Quantitative phase-sensitive imaging in a transmission electron microscope[J]. Ultramicroscopy, 2000, 83(1-2): 67-73.

[26] McMahon P J, Barone-Nugent E D, Allman B E, et al. Quantitative phase-amplitude microscopy II: differential interference contrast imaging for biological TEM[J]. J. Microsc-Oxford, 2002, 206(Pt 3): 204-208.

[27] Beleggia M, Schofield M A, Volkov V V, et al. On the transport of intensity technique for phase retrieval[J]. Ultramicroscopy, 2004, 102(1): 37-49.

[28] Volkov V V, Zhu Y. Lorentz phase microscopy of magnetic materials[J]. Ultramicroscopy, 2004, 98(2): 271-281.

[29] Allman B, McMahon P, Nugent K A, et al. Phase radiography with neutrons[J]. Nature, Nature Publishing Group, 2000, 408(6809): 158-159.

[30] McMahon P, Allman B, Jacobson D L, et al. Quantitative phase radiography with polychromatic neutrons[J]. Phys. Rev. Lett., APS, 2003, 91(14): 145502.

[31] Streibl N. Phase imaging by the transport equation of intensity[J]. Opt. Commun., Elsevier, 1984, 49(1): 6-10.

[32] Ross G J, Bigelow A W, Randers-Pehrson G, et al. Phase-based cell imaging techniques for microbeam irradiations[J]. Nuclear Instruments and Methods in Physics Research Section B: Beam Interactions with Materials and Atoms, Elsevier, 2005, 241(1-4): 387-391.

[33] Curl C L, Bellair C J, Harris P J, et al. Quantitative phase microscopy: a new tool for investigating the structure and function of unstained live cells[J]. Clinical and experimental pharmacology and physiology, Wiley Online Library, 2004, 31(12): 896-901.

[34] Curl C L, Bellair C J, Harris P J, et al. Single cell volume measurement by quantitative phase microscopy (QPM): a case study of erythrocyte morphology[J]. Cell. Physiol. Biochem., Karger Publishers, 2006, 17(5-6): 193-200.

[35] Dragomir N M, Goh X M, Curl C L, et al. Quantitative polarized phase microscopy for birefringence imaging[J]. Opt. Express, Optical Society of America, 2007, 15(26): 17690-17698.

[36] Kou S S, Waller L, Barbastathis G, et al. Transport-of-intensity approach to differential interference contrast (TI-DIC)microscopy for quantitative phase imaging[J]. Opt. Lett., Optical Society of America, 2010, 35(3): 447-449.

[37] Kou S S, Waller L, Barbastathis G, et al. Quantitative phase restoration by direct inversion using the optical transfer function[J]. Opt. Lett., Optical Society of America, 2011, 36(14): 2671-2673.

[38] Phillips K G, Jacques S L, McCarty O J T. Measurement of single cell refractive index, dry mass, volume, and density using a transillumination microscope[J]. Phys. Rev. Lett., 2012, 109(11).

[39] Phillips K G, Velasco C R, Li J, et al. Optical quantification of cellular mass, volume, and density of circulating tumor cells identified in an ovarian cancer patient[J]. Front. Oncol., 2012, 2: 72.

[40] Bostan E, Froustey E, Nilchian M, et al. Variational Phase Imaging Using the Transport-of-Intensity Equation[J]. IEEE Transactions on Image Processing, 2016, 25(2): 807-817.

[41] Li J, Chen Q, Sun J, et al. Multimodal computational microscopy based on transport of intensity equation[J]. J. Biomed. Opt., 2016, 21(12): 126003.

[42] Li Y, Di J, Ma C, et al. Quantitative phase microscopy for cellular dynamics based on transport of intensity equation[J]. Opt. Express, 2018, 26(1): 586.

[43]　Liao J, Wang Z, Zhang Z, et al. Dual light-emitting diode-based multichannel microscopy for whole-slide multiplane, multispectral and phase imaging[J]. J. Biophotonics, 2018, 11(2): e201700075.

[44]　Zheng J, Zuo C, Gao P, et al. Dual-mode phase and fluorescence imaging with a confocal laser scanning microscope[J]. Opt. Lett., 2018, 43(22): 5689.

[45]　Rodrigo J A, Soto J M, Alieva T. Fast label-free microscopy technique for 3D dynamic quantitative imaging of living cells[J]. Biomed. Opt. Express, 2017, 8(12): 5507-5517.

[46]　Barty A, Nugent K A, Roberts A, et al. Quantitative phase tomography[J]. Opt. Commun., 2000, 175(4): 329-336.

[47]　Roberts A, Ampem-Lassen E, Barty A, et al. Refractive-index profiling of optical fibers with axial symmetry by use of quantitative phase microscopy[J]. Opt. Lett., 2002, 27(23): 2061-2063.

[48]　Ampem-Lassen E, Huntington S T, Dragomir N M, et al. Refractive index profiling of axially symmetric optical fibers: a new technique[J]. Opt. Express, 2005, 13(9): 3277-3282.

[49]　Darudi A, Shomali R, Tavassoly M T. Determination of the refractive index profile of a symmetric fiber preform by the transport of intensity equation[J]. Opt. Laser Technol., 2008, 40(6): 850-853.

[50]　Frank J, Matrisch J, Horstmann J, et al. Refractive index determination of transparent samples by noniterative phase retrieval[J]. Appl. Optics, 2011, 50(4): 427-433.

[51]　Dorrer C, Zuegel J D. Optical testing using the transport-of-intensity equation[J]. Opt. Express, 2007, 15(12): 7165-7175.

[52]　Almoro P F, Pedrini G, Gundu P N, et al. Phase microscopy of technical and biological samples through random phase modulation with a diffuser[J]. Opt. Lett., Optical Society of America, 2010, 35(7): 1028-1030.

[53]　Shomali R, Darudi A, Nasiri S. Application of irradiance transport equation in aspheric surface testing[J]. Optik- International Journal for Light and Electron Optics, 2012, 123(14): 1282-1286.

[54]　Zuo C, Chen Q, Li H, et al. Boundary-artifact-free phase retrieval with the transport of intensity equation II: applications to microlens characterization[J]. Opt. Express, 2014, 22(15): 18310.

[55]　Pan S, Ma J, Zhu R, et al. Real-time complex amplitude reconstruction method for beam quality $M^{2 \cdot}$ factor measurement[J]. Opt. Express, 2017, 25(17): 20142.

[56]　Seo S, Su T W, K. Tseng D, et al. Lensfree holographic imaging for on-chip cytometry and diagnostics[J]. Lab on A Chip, 2009, 9(6): 777-787.

[57]　Mudanyali O, Tseng D, Oh C, et al. Compact, light-weight and cost-effective microscope based on lensless incoherent holography for telemedicine applications[J]. Lab on A Chip, 2010, 10(11): 1417-1428.

[58]　Greenbaum A, Ozcan A. Maskless imaging of dense samples using pixel super-resolution based multi-height lensfree on-chip microscopy[J]. Opt. Express, 2012, 20(3): 3129.

[59]　Luo W, Zhang Y, Göröcs Z, et al. Propagation phasor approach for holographic image reconstruction[J]. Sci. Rep-UK, 2016, 6(1): 22738.

[60]　Greenbaum A, Zhang Y, Feizi A, et al. Wide-field computational imaging of pathology slides using lens-free on-chip microscopy[J]. Sci. Transl. Med., 2014, 6(267): 267ra175

[61]　Zhang Y, Wu Y, Zhang Y, et al. Color calibration and fusion of lens-free and mobile-phone microscopy images for high-resolution and accurate color reproduction[J]. Sci. Rep-UK, 2016, 6(1): 27811.

[62]　Bishara W, Su T W, Coskun A F, et al. Lensfree on-chip microscopy over a wide field-of-view using pixel super-resolution[J]. Opt. Express, 2010, 18(11): 11181.

[63]　Zhang J, Sun J, Chen Q, et al. Adaptive pixel-super-resolved lensfree in-line digital holography for wide-field on-chip microscopy[J]. Sci. Rep-UK, 2017, 7(1): 11777.

[64] Luo W, Zhang Y, Feizi A, et al. Pixel super-resolution using wavelength scanning[J]. Light: Science & Applications, 2015, 5(4): e16060.

[65] Zhang J, Chen Q, Li J, et al. Lensfree dynamic super-resolved phase imaging based on active micro-scanning[J]. Opt. Lett., 2018, 43(15): 3714.

[66] Bishara W, Sikora U, Mudanyali O, et al. Holographic pixel super-resolution in portable lensless on-chip microscopy using a fiber-optic array[J]. Lab on A Chip, 2011, 11(7): 1276-1279.

[67] Luo W, Greenbaum A, Zhang Y, et al. Synthetic aperture-based on-chip microscopy[J]. Light: Science & Applications, 2015, 4(3): e261.

[68] Orth A, Crozier K B. Light field moment imaging[J]. Opt. Lett., Optical Society of America, 2013, 38(15): 2666-2668.

[69] Zuo C, Chen Q, Asundi A. Light field moment imaging: comment[J]. Opt. Lett., Optical Society of America, 2014, 39(3): 654-654.

[70] Liu J, Xu T, Yue W, et al. Light-field moment microscopy with noise reduction[J]. Opt. Express, 2015, 23(22): 29154-29162.

[71] Zuo C, Chen Q, Tian L, et al. Transport of intensity phase retrieval and computational imaging for partially coherent fields: The phase space perspective[J]. Opt. Laser Eng., Elsevier, 2015, 71: 20-32.

[72] Zhang Z, Levoy M. Wigner distributions and how they relate to the light field[C]. 2009 IEEE International Conference on Computational Photography(ICCP). 2009: 1-10.

[73] Zuo C, Chen Q, Qu W, et al. Direct continuous phase demodulation in digital holography with use of the transport-of-intensity equation[J]. Opt. Commun., 2013, 309: 221-226.

[74] Pandey N, Ghosh A, Khare K. Two-dimensional phase unwrapping using the transport of intensity equation[J]. Appl. Optics, 2016, 55(9): 2418-2425.

[75] Zuo C. Connections between transport of intensity equation and two-dimensional phase unwrapping[J]. Appl. Optics, 2017, 3.

[76] Martinez-Carranza J, Falaggis K, Kozacki T. Fast and accurate phase-unwrapping algorithm based on the transport of intensity equation[J]. Applied optics, 2017, 56(25): 7079-7088.

[77] Zhao Z, Zhang H, Xiao Z, et al. Robust 2D phase unwrapping algorithm based on the transport of intensity equation[J]. Meas. Sci. Technol., 2019, 30(1): 015201.

[78] Zhang C, He W, Wu J, et al. Optical cryptosystem based on phase-truncated Fresnel diffraction and transport of intensity equation[J]. Opt. Express, 2015, 23(7): 8845-8854.

[79] Yoneda N, Saita Y, Komuro K, et al. Transport-of-intensity holographic data storage based on a computer- generated hologram[J]. Applied Optics, 2018, 57(30): 8836.

[80] Rajput S K, Matoba O. Security-enhanced optical voice encryption in various domains and comparative analysis[J]. Applied Optics, 2019, 58(11): 3013-3022.

[81] Sui L, Zhao X, Huang C, et al. An optical multiple-image authentication based on transport of intensity equation[J]. Opt. Laser Eng., 2019, 116: 116-124.

[82] Yang Z, Zhan Q. Single-Shot Smartphone-Based Quantitative Phase Imaging Using a Distorted Grating[J]. I. Georgakoudi. PLOS ONE, 2016, 11(7): e0159596.

[83] Meng X, Huang H, Yan K, et al. Smartphone based hand-held quantitative phase microscope using the transport of intensity equation method[J]. Lab on A Chip, 2017, 17(1): 104-109.

后　记

　　基于光强传输方程的相位复原方法的出现、发展与完善标志着相位检测技术已发展到一个崭新阶段，即从干涉发展为非干涉、从迭代发展为非迭代，从单纯的相位测量发展为光场重构，从严格相干发展为部分相干甚至非相干。本书从光强传输方程的基本原理、方程求解、光强轴向微分的差分估计、部分相干成像与光场成像、三维衍射层析成像以及其在光学显微成像中的应用等几个方面综述了其研究现状与最新进展。这些研究工作不仅完善了光强传输方程的理论体系，还为生物成像和生物医学研究提供了一种强大的无标记影像学工具。光强传输方程的非干涉、适于时空部分相干照明的优点使定量相位成像可以完美地与传统光学显微镜相兼容。得益于显微镜系统内置的柯勒照明结构与经过像差优化的成像物镜，我们可以很容易地获得具有衍射受限分辨率的定量相位图像而不用担心任何相干噪声问题。该技术可以很容易地与荧光显微技术相结合构成多模态成像机制，以获得分子的特异性，从而为在细胞和亚细胞水平上研究生物过程打开新的窗口。此外，它的单光束(共路)结构简单稳定，对环境振动和其他外部干扰不敏感，无需复杂笨重的隔震平台。同时，求解光强传输方程可直接获得连续的绝对相位，无需复杂的相位解包裹过程，这使相位重构过程得以大大简化。光强传输方程的上述优点以及相关领域的快速发展使我们有理由相信：它今后有望在定量相位显微成像领域替代传统干涉测量技术，在光学成像和计量领域占据一席之地(数字全息与光强传输方程的对比列于表 1 中[1])。

表 1　数字全息与光强传输方程的比较

项目	数字全息	光强传输方程
测量相位原理	干涉	非干涉
光束干涉要求	高相干度	低相干度，可以部分相干
原始数据类型	全息图(干涉图)	离焦强度图像(衍射图样)
数值处理方法	相位解调和数值传播	求解偏微分方程
主要噪声类型	空间相干噪声(散斑)	低频噪声(云雾状伪影)

続表 / 续表

项目	数字全息	光强传输方程
分辨率限制	CCD 尺寸和像素分辨率 (无透镜光路) 相干衍射极限 (传统透镜光路)	部分相干衍射极限 (照明孔径、数值孔径)
动态测量	离轴光路	需要特定的光学结构
相位重构范围	包裹到$[-\pi, \pi)$ (需要相位解包裹)	连续的 (不需要解包裹)

　　尽管光强传输方程在光学成像和显微镜领域显示了巨大的潜力，但仍有几个重要的理论和技术问题值得在未来进一步研究：

　　1)光强传输方程在零强度或相位漩涡存在下的适用性

　　自光强传输方程问世以来，这一直是一个有争议的问题。2001 年，Allen 等[2]提出通过迭代相位复原来解决这个问题，这需要在一个大的离焦距离上记录一个额外的强度图像。2013 年，Lubk 等[3]指出了 Allen 等推导过程的错误，并提出了一种新的"穷举测试"方法来排除相位漩涡所引起的强度模糊。然而，在实际实验中，由于噪声和其他干扰，很难准确定位光强分布中的所有奇异点(零强度)。

　　2)相位(折射率)检索的"确定性"取决于某些近似值

　　确定性的相位复原依赖于强度和相位信息之间关系的线性化。然而，线性化的建立一般取决于某些近似值。例如，传统的光强传输方程是基于傍轴近似和小离焦近似，相干传递函数或混合传递函数方法要求样品满足弱物体近似或缓变物体近似，可基于光强传输方程的三维衍射层析成像只对一阶 Born 近似下的弱散射样品有效等。然而，在实际应用中，这些近似通常不容易被严格满足。

　　3)相位(折射率)复原的定量性仍有争议

　　尽管光强传输方程已被证明是一种定量的相位复原方法，但根据目前文献中的报道结果，其相位测量的精度与干涉测量法相比仍然不是很高。事实上，尽管光强传输方程大大放松了干涉测量法对光源和成像系统的严格要求，但它对轴向离焦距离的精确校准、边界条件的准确获取以及数值解的正确实现提出了更严格的要求。这些因素是光强传输方程能够在实际工程应用中进行高精度相位测量的一个瓶颈。

　　除上述三大局限性以外，下面还列出了笔者认为未来较有前景的几个研究方向：

1)超分辨率定量相位成像

目前光强传输方程所重构的相位的空间分辨率仍然局限于成像系统的衍射极限(相干照明对应于相干衍射极限,匹配物镜数值孔径的环形照明对应于非相干衍射极限[4])。而对于其超越非相干衍射极限分辨率方面的理论与实验尚未见报道,这是今后一个有趣且极具挑战的研究方向。

2)基于光强传输方程的四维光场信息的完全重构

虽然对于一般部分相干光场而言,由于其光场信息的高维度(四维),难以通过光强传输方程对其实现完全重构。但是试想再引入一些额外的信息,比如结合低分辨率的光场相机(夏克-哈特曼波前传感器)测量结合传统离焦高分辨率光强序列,这样在信息量上是等量的,有望实现四维光场全分辨率复原,或者等价地实现维格纳函数/模糊函数的全分辨率复原。

3)超越"光强传输"的广义相位复原

光强传输方程本身是借助于光波在自由空间传播产生的光强相衬,从而将光强转化为定量相位信息。但产生相衬的方式不仅仅只有"传输"(自由传播或离焦,本质上是一个二次相位因子)。很多像差函数都会对光强产生改变(如泽尼克相衬函数,其可以将相位转换为强度显现出来),这就为新的定量相位复原方法提供了可能性,而不必局限于基于离焦方式的光强传输方程。

4)"深度学习"与光强传输方程相结合

傍轴近似、小离焦近似、边界误差、相位差异、低频噪声和高频相位模糊是光强传输方程中所面临的典型限制型因素,这些问题有望通过最近兴起的深度学习技术得以解决[5-10]。与传统的光强传输方程"先建立正向数学模型""后求解反问题"不同,深度学习可以在大量训练数据的帮助下直接建立输入(离焦强度图像)和理想输出(定量相位分布)之间的非线性复杂映射,从而为规避传统光强传输方程的上述限制开辟了新的途径。

以上提及的 4 个研究方向主要集中于理论层面。当然,光强传输显微成像系统的进一步小型化、实用化以及仪器化也将会是未来研究工作的重点。

参 考 文 献

[1]　Zuo C, Chen Q, Asundi A. Comparison of digital holography and transport of intensity for quantitative phase contrast imaging[C]//Osten W. Fringe 2013, Berlin: Springer, 2014: 137-142.

[2]　Allen L J, Faulkner H M L, Nugent K A, et al. Phase retrieval from images in the presence of first-order

vortices[J]. Phys. Rev. E, 2001, 63(3): 037602.

[3] Lubk A, Guzzinati G, Börrnert F, et al. Transport of intensity phase retrieval of arbitrary wave fields including vortices[J]. Phys. Rev. Lett., 2013, 111(17): 173902.

[4] Zuo C, Sun J, Li J, Zhang J, et al. High-resolution transport-of-intensity quantitative phase microscopy with annular illumination[J]. Sci. Rep., 2017, 7: 7654. https://doi.org/10.1038/s41598-017-06837-1.

[5] LeCun Y, Bengio Y, Hinton G. Deep learning[J]. Nature, 2015, 521: 436-444.

[6] Sinha A, Lee J, Li S, et al. Lensless computational imaging through deep learning[J]. Optica, 2017, 4: 1117.

[7] Rivenson Y, Zhang Y, Günaydin H, et al. Phase recovery and holographic image reconstruction using deep learning in neural networks[J]. Light-Sci. Appl., 2018, 7: 17141.

[8] Feng S, Chen Q, Gu G, et al. Fringe pattern analysis using deep learning[J]. Adv. Photon., 2019, 1: 34-40.

[9] Barbastathis G, Ozcan A, Situ G. On the use of deep learning for computational imaging[J]. Optica, 2019, 6: 921.

[10] Zuo C, Qian J, Feng S, et al. Deep learning in optical metrology: a review[J]. Light-Sci. Appl., 2022, 11: 39.